住房和城乡建设部“十四五”规划教材
高等职业教育建筑与规划类专业
“十四五”数字化新形态教材

建筑装饰工程施工组织与管理

主　编　张翠竹
副主编　陈梦琦　胡　望
徐运明
主　审　蒋梓明

中国建筑工业出版社

出版说明

党和国家高度重视教材建设。2016 年，中办国办印发了《关于加强和改进新形势下大中小学教材建设的意见》，提出要健全国家教材制度。2019 年 12 月，教育部牵头制定了《普通高等学校教材管理办法》和《职业院校教材管理办法》，旨在全面加强党的领导，切实提高教材建设的科学化水平，打造精品教材。住房和城乡建设部历来重视土建类学科专业教材建设，从“九五”开始组织部级规划教材立项工作，经过近 30 年的不断建设，规划教材提升了住房和城乡建设行业教材质量和认可度，出版了一系列精品教材，有效促进了行业部门引导专业教育，推动了行业高质量发展。

为进一步加强高等教育、职业教育住房和城乡建设领域学科专业教材建设工作，提高住房和城乡建设行业人才培养质量，2020 年 12 月，住房和城乡建设部办公厅印发《关于申报高等教育职业教育住房和城乡建设领域学科专业“十四五”规划教材的通知》（建办人函〔2020〕656 号），开展了住房和城乡建设部“十四五”规划教材选题的申报工作。经过专家评审和部人事司审核，512 项选题列入住房和城乡建设领域学科专业“十四五”规划教材（简称规划教材）。2021 年 9 月，住房和城乡建设部印发了《高等教育职业教育住房和城乡建设领域学科专业“十四五”规划教材选题的通知》（建人函〔2021〕36 号）。为做好“十四五”规划教材的编写、审核、出版等工作，《通知》要求：（1）规划教材的编著者应依据《住房和城乡建设领域学科专业“十四五”规划教材申请书》（简称《申请书》）中的立项目标、申报依据、工作安排及进度，按时编写出高质量的教材；（2）规划教材编著者所在单位应履行《申请书》中的学校保证计划实施的主要条件，支持编著者按计划完成书稿编写工作；（3）高等学校土建类专业课程教材与教学资源专家委员会、全国住房和城乡建设职业教育教学指导委员会、住房和城乡建设部中等职业教育专业指导委员会应做好规划教材的指导、协调和审稿等工作，保证编写质量；（4）规划教材出版单位应积极配合，做好编辑、出版、发行等工作；（5）规划教材封面和书脊应标注“住房和城乡建设部‘十四五’规划教材”字样和统一标识；（6）规划教材应在“十四五”期间完成出版，逾期不能完成的，不再作为《住房和城乡建设领域学科专业“十四五”规划教材》。

住房和城乡建设领域学科专业“十四五”规划教材的特点，一是重点以修订教育部、住房和城乡建设部“十二五”“十三五”规划教材为主；二是严格按照专业标准规范要求编写，体现新发展理念；三是系列教材具有明显特点，满足不同层次和类型的学校专业教学要求；四是配备了数字资源，适应现代化教学的要求。规划教材的出版凝聚了作者、主审及编辑的心血，得到了有关院校、出版单位的大力支持，教材建设管理过程有严格保障。希望广大院校及各专业师生在选用、使用过程中，对规划教材的编写、出版质量进行反馈，以促进规划教材建设质量不断提高。

住房和城乡建设部“十四五”规划教材办公室
2021 年 11 月

前　言

为了适应职业技术教育变革需求，培养建筑装饰行业应用型技能人才，根据建筑装饰工程技术专业的国家教学标准，结合企业走访调研情况，制定了以装饰施工员、装饰质量员、装饰预算员、装饰资料员等工作岗位需求为指导的教材编写大纲。在教材内容上突出以就业为导向、以能力为本位、以岗位为依据、以素质为目标。在教材知识点上注重“岗课赛证”融通，与装饰施工员、装饰质量员等职业岗位培训鉴定考核内容相一致，同时对接世界职业院校技能大赛“建筑装饰数字化施工”赛项竞赛内容。注重专业升级、数字化转型、绿色化改造，选取了装配式装饰装修、智能建造、智慧管理等实际工程项目作为各单元的导读或项目案例，并将最新的 CBDA 中国建筑装饰协会团体标准融入课程教学内容中。

本教材由湖南城建职业技术学院张翠竹担任主编，中湘装饰工程集团有限公司蒋梓明担任主审，共 11 个单元，参与编写的人员有：陈梦琦、胡望、李凡、李欣俊、陈博、徐运明、杨芃芃、宋小娟、吕慧娟、刘春燕、邓夏清、杨姣艳、谢复兴、彭璐、潘清宇。教材编写具体分工如下：单元 1、单元 7 由湖南城建职业技术学院李欣俊编写；单元 2、单元 3、单元 4 由湖南城建职业技术学院陈梦琦编写；单元 5 由湖南城建职业技术学院胡望编写；单元 6 由湖南城建职业技术学院张翠竹编写；单元 8、单元 9 由湖南城建职业技术学院李凡编写；单元 10、单元 11 由湖南城建职业技术学院陈博编写；湖南省第六工程有限公司杨姣艳为本书的编写提供并整理项目资料；湖南城建职业技术学院谢复兴、彭璐、潘清宇负责收集整理“建筑装饰数字化施工”赛项竞赛内容；湖南城建职业技术学院陈梦琦负责组织录制微课视频，参与视频录制的教师有湖南城建职业技术学院陈梦琦、张翠竹、徐运明、胡望、刘春燕、邓夏清；邵阳职业技术学院杨芃芃、常德职业技术学院宋小娟、长沙环境保护职业技术学院吕慧娟协助编撰、整理二维码资源；全书由湖南城建职业技术学院张翠竹负责统稿。

在编写过程中，参考和引用了国内外大量文献资料，在此谨向原作者表示衷心感谢。由于课程资源库的建设和教学改革是一个系统工程，需要不断更新与完善，恳切希望广大同仁、专家和读者向编者提供宝贵意见和珍贵素材（请发送至 6531938@qq.com），不胜感激。由于编者水平有限，本教材难免存在不足和疏漏之处，敬请各位读者批评指正。

本教材旨在让建筑装饰工程技术专业的学生熟练掌握施工现场各目标管理的知识和技能，通过案例分析解决现场目标管理问题，兼顾建筑室内设计等相关专业教学服务。本书既可作为职业院校建筑设计与规划类专业的教材和指导用书，也可以作为土建施工类及工程管理类等专业职业资格考试的培训教材。

编者

目 录

1

Danyuanyi Gaishu

单元 1
概述

本单元重点阐释建筑装饰施工组织与管理的基础概念。学生将系统学习各方项目管理的目标和任务，明晰建设项目及建筑装饰施工的程序，深入理解施工组织设计的内涵、作用与分类，有助于学生初步认识项目规划与组织相关工作，这为后续施工员、质量员等现场施工管理岗位知识技能的学习筑牢理论根基。职业院校技能大赛中，考查学生对项目管理理念的实际运用。在课程思政方面，通过剖析火神山医院的建设奇迹，激发学生的爱国情怀与担当精神，让学生深刻领悟高效组织管理在国家重大建设项目中的关键价值。

单元 1 课件

单元 1 课前练一练

二维码 1-1
某建筑装饰项目施工组织设计

教学目标

知识目标：

1. 了解各方项目管理的目标和任务；
2. 熟悉建设项目和建筑装饰施工的建设程序；
3. 理解建设程序与施工程序的区别；
4. 了解施工组织设计的作用、内容和基本原则。

能力目标：

1. 能区分建设程序和施工程序；
2. 能参与编制施工组织设计。

典型工作任务——施工组织设计内容分析

任务描述	调查分析某建筑装饰项目施工组织设计的内容
任务目的	了解施工组织设计的作用，熟悉施工组织设计的内容
任务要求	1. 列出施工组织设计中包含的内容； 2. 阐述这些内容的对现场施工的意义
完成形式	1. 根据班级情况可分组完成，也可以独立完成； 2. 采用 PPT 汇报的方式完成

导读——从项目管理的理念与方法看十天建成火神山医院的“中国速度”

奇迹般的火神山医院在建设初期面临很多问题，“建设标准高、资源组织难度大、现场协调难度大、安全防疫难度大”都是摆在面前的现实问题，最终一一克服了这些问题，并且在 10 天内交付使用，从项目管理角度分析，火神山医院的建设有哪些要素呢？

1. 项目优先级高；
2. 目标明确；
3. 组织过程资产（项目管理计划、项目文件、经验教训总结）的积累；
4. 总承包单位强大的项目管理能力和资源整合能力（管理优势、技术优势、人才优势和资源优势）；
5. 最大限度地调动资源；
6. 采用装配式建设工艺；
7. 强大的专业能力支撑下的工期压缩技术；
8. 全社会支援。

其中，组织过程资产的积累是非常重要的一环，这也启示企业：平时要注重组织过程资产的积累与传承，不能因项目或者人员的调整而流失。同时，为了保证项目的高效运行，模块化的设计、模块化的施工与模块化的项目管理是未来发展的趋势。

二维码 1-2
火神山医院

如此“中国速度”的背后是因为我们有强大的组织能力、执行能力、生产能力、动员能力、集体责任和国民意识。

思考：

在这样一个争分夺秒的火神山医院建设过程中，项目管理人员需要重点解决哪些问题？

1.1 项目管理的目标和任务

1.1.1 施工方项目管理

1. 施工方项目管理的目标和任务

施工方作为项目建设的一个参与方，其项目管理主要服务于项目的整体利益和施工方本身的利益。其项目管理的目标包括施工的成本目标、施工的进度目标和施工的质量目标。

施工方的项目管理工作主要在施工阶段进行，但也涉及设计准备阶段、设计阶段、动用前准备阶段和保修阶段。在工程实践中，设计阶段和施工阶段往往是交叉的，因此施工方的项目管理工作也涉及设计阶段。

施工方项目管理的任务包括：施工安全管理、施工成本控制、施工进度控制、施工质量控制、施工合同管理、施工信息管理、与施工有关的组织与协调。

施工方是承担施工任务的单位的总称谓，它可能是施工总承包方、施工总承包管理方、分包施工方、建设项目总承包的施工任务执行方或仅仅提供施工劳务的参与方。当施工方担任的角色不同，其项目管理的任务和工作重点也会有差异。

2. 施工总承包方的管理任务

施工总承包方（General Contractor，GC）对所承包的建设工程承担施工任务的执行和组织的总责任，它的主要管理任务如下：

（1）负责整个工程的施工安全、施工总进度控制、施工质量控制和施工的组织与协调等。

（2）控制施工的成本（这是施工总承包方内部的管理任务）。

（3）施工总承包方是工程施工的总执行者和总组织者，除了完成自己承担的施工任务以外，还负责组织和指挥其自行分包的施工单位和业主指定的分包施工单位的施工（业主指定的分包施工单位有可能与业主单独签订合同，也可能与施工总承包方签约，不论采用何种合同模式，施工总承包方应负责组织和管理业主指定的分包施工单位的施工，这也是国际惯例），并为分包施工单位提供和创造必要的施工条件。

（4）负责施工资源的供应组织。

（5）代表施工方与业主方、设计方、工程监理方等外部单位进行必要的联系和协调等。分包施工方承担合同所规定的分包施工任务，以及相应的项目管理任务。若采用施工总承包或施工总承包管理模式，分包方（不论是一般的分包方，还是由业主指定的分包方）必须接受施工总承包方或施工总承包管理方的工作指令，服从其总体的项目管理。

3. 施工总承包管理方的主要特征

二维码 1-3
施工总承包方与施工总承包管理方的区别

施工总承包管理方（Managing Contractor，MC）对所承包的建设工程承担施工任务组织的总责任，主要特征如下：

（1）一般情况下，施工总承包管理方不承担施工任务，主要进行施工的总体管理和协调。如果施工总承包管理方通过投标（在平等条件下竞标）获得一部分施工任务，则也可参与施工。

（2）一般情况下，施工总承包管理方不与分包方和供货方直接签订施工合同，这些合同都由业主方直接签订。但若施工总承包管理方应业主方的要求，协助业主参与施工的招标和发包工作，其参与的工作深度由业主方决定。业主方也可能要求施工总承包管理方负责整个施工的招标和发包工作。

（3）不论是业主方选定的分包方，还是经业主方授权后由施工总承包管理方选定的分包方，施工总承包管理方都承担对其的组织和管理责任。

（4）施工总承包管理方和施工总承包方承担相同的管理任务和责任，即负责整个工程的施工安全控制、施工总进度控制、施工质量控制和施工的组织与协调等。因此，由业主方选定的分包方应经施工总承包管理方的认可，否则施工总承包管理方难以承担对工程管理的总责任。

（5）负责组织和指挥分包施工单位的施工，并为分包施工单位提供和创造必要的施工条件。

（6）与业主方、设计方、工程监理方等外部单位进行必要的联系和协调等。

1.1.2　其他各方项目管理

1. 业主方项目管理的目标和任务

业主方项目管理服务于业主的利益，其项目管理的目标包括项目的投资目标、进度目标和质量目标。其中投资目标指的是项目的总投资目标。进度目标指的是项目动用的时间目标，即项目交付使用的时间目标，如工厂建成可以投入生产、道路建成可以通车、办公楼建成可以启用、旅馆建成可以开业的时间目标等。项目的质量目标不仅涉及施工的质量，还包括设计质量、材料质量、设备质量和影响项目运行或运营的环境质量等。质量目标包括满足相应的技术规范和技术标准的规定，以及满足业主方相应的质量要求。

项目的投资目标、进度目标和质量目标之间既有矛盾的一面，也有统一的一面，它们之间是对立统一的关系。要加快进度往往需要增加投资，欲提高质量往往也需要增加投资，过度地缩短工期会影响质量目标的实现，这都表现了目标之间关系矛盾的一面。但通过有效的管理，在不增加投资的前提下，也可缩短工期和提高工程质量，这反映了关系统一的一面。

建设工程项目的全寿命周期包括项目的决策阶段、实施阶段和使用阶段。项目的实施阶段包括设计准备阶段、设计阶段、施工阶段、动用前准备阶段和保修阶段，如图1-1所示。招标投标工作分散在设计准备阶段、设计阶段和施工阶段中进行，因此可以不单独列为招标投标阶段。

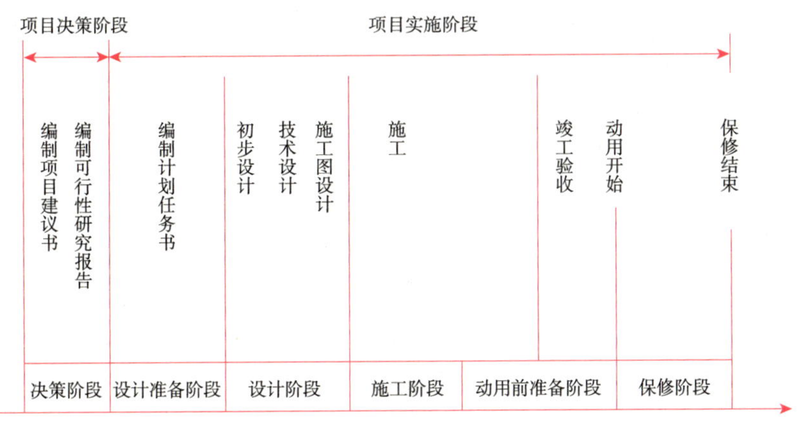

图1-1 建设工程项目的决策阶段和实施阶段

业主方的项目管理工作涉及项目实施阶段的全过程，即在设计准备阶段、设计阶段、施工阶段、动用前准备阶段和保修阶段分别进行如下工作：安全管理、投资控制、进度控制、质量控制、合同管理、信息管理、组织和协调。

2. 设计方项目管理的目标和任务

设计方作为项目建设的一个参与方，其项目管理主要服务于项目的整体利益和设计方本身的利益。其项目管理的目标包括设计的成本目标、设计的进度目标和设计的质量目标，以及项目的投资目标。项目的投资目标能否实现与设计工作密切相关。

设计方的项目管理工作主要在设计阶段进行，但也涉及设计准备阶段、施工阶段、动用前准备阶段和保修阶段。

设计方项目管理的任务包括：与设计工作有关的安全管理、设计成本控制和与设计工作有关的工程造价控制、设计进度控制、设计质量控制、设计合同管理、设计信息管理、与设计工作有关的组织和协调。

3. 供货方项目管理的目标和任务

供货方作为项目建设的一个参与方，其项目管理主要服务于项目的整体利益和供货方本身的利益。其项目管理的目标包括供货方的成本目标、供货的进度目标和供货的质量目标。

供货方的项目管理工作主要在施工阶段进行，但也涉及设计准备阶段、设计阶段、动用前准备阶段和保修阶段。

供货方项目管理的主要任务包括：供货的安全管理、供货的成本控制、供货的进度控制、供货的质量控制、供货的合同管理、供货的信息管理、与供货有关的组织与协调。

4. 建设项目工程总承包方项目管理的目标和任务

二维码 1-4
《建设项目工程总承包管理规范》
GB/T 50358—2017

建设项目工程总承包方作为项目建设的一个参与方，其项目管理主要服务于项目的利益和建设项目总承包方本身的利益。其项目管理的目标包括项目的总投资目标和总承包方的成本目标、项目的进度目标和项目的质量目标。

建设项目工程总承包方项目管理工作涉及项目实施阶段的全过程，即设计准备阶段、设计阶段、施工阶段、动用前准备阶段和保修阶段。

参考《建设项目工程总承包管理规范》GB/T 50358—2017 的规定，建设项目工程总承包方的管理工作涉及：项目设计管理、项目采购管理、项目施工管理、项目试运行管理和项目收尾等。

其中属于项目总承包方项目管理的任务包括：

（1）项目风险管理。

（2）项目进度管理。

（3）项目质量管理。

（4）项目费用管理。

（5）项目安全、职业健康与环境管理。

（6）项目资源管理。

（7）项目沟通与信息管理。

1.2　建筑装饰施工程序

1.2.1　建设项目基本概念

1. 建设项目

凡按一个总体设计的建设工程组织施工，在完工后具有完整的系统，可以独立地形成生产能力或使用价值的工程，称为一个建设项目。例如：在工业建设中，以一个企业为一个建设项目，如一座工厂；在民用建筑中，以一个事业单位为一个建设项目，如一所学校。大型分期建设的工程，如果分为几个总体设计，则就有几个建设项目。凡执行基本建设项目投资的企业或事业单位称为基本建设单位，简称建设单位。建设单位在行政上是独立的组织，独立进行经济核算，可以直接与其他单位建立经济往来关系。

2. 建设项目分类

按照不同的角度，可以将建设项目分为不同的类别。

（1）按照建设性质分类

建设项目可分为基本建设项目和更新改造项目。基本建设项目包括新建项目、扩建项目、拆建项目和重建项目，更新改造项目包括技术改造项目和技术引进项目。

（2）按照建设规模分类

建设项目按照设计生产能力和投资规模分为大型项目、中型项目和小型项目三类，更新改造项目按照投资额分为限额以上项目和限额以下项目。

（3）按照建设项目的用途分类

建设项目可分为生产性建设项目（包括工业、农田水利、交通运输、商业物资供应、地质资源勘探等）和非生产性建设项目（包括文教、住宅、卫生、公用生活服务事业等）。

（4）按照建设项目投资的主体分类

建设项目可分为国家投资、地方政府投资、企业投资、“三资”企业以及各类投资主体联合投资的建设项目。

3. 建设项目组成

一个建设项目，按建筑工程质量验收规范划分为单位（子单位）工程、分部（子分部）工程、分项工程和检验批。

（1）单位（子单位）工程

单位工程是指具备独立施工条件并能形成独立使用功能的建筑物及构筑物。建筑规模较大的单位工程，可将其能形成独立使用功能的部分称为一个子单位工程。例如：工业建设项目中各个独立的生产车间、办公楼，民用建设项目中学校的教学楼、食堂、图书馆等，这些都可以称为一个单位工程。

（2）分部（子分部）工程

组成单位工程的若干个分部称为分部工程。分部工程的划分应按照建筑部位、专业性质确定。当分部工程较大或较复杂时，可按材料种类、施工特点、施工程序、专业系统及类别等划分为若干个子分部工程。一个单位（子单位）工程一般由若干个分部（子分部）工程组成。如建筑工程中的建筑装饰工程为一项分部工程，其地面工程、墙面工程、顶棚工程、门窗工程、幕墙工程等为子分部工程。

（3）分项工程

分项工程是分部工程的组成部分。分项工程应按主要工种、材料、施工工艺、设备类别等进行划分。如幕墙工程的分项工程为玻璃幕墙、金属幕墙、石材幕墙等。

（4）检验批

分项工程可由一个或若干个检验批组成。检验批可根据施工及质量控制和专业验收需要，按楼层、施工段、变形缝等进行划分。

二维码 1-5
建设项目（微课）

二维码 1-6
工程建设程序（微课）

1.2.2 建设项目的建设程序

建设程序是建设项目在整个建设过程中各项工作必须遵守的先后顺序，它是几十年来我国建设工作实践经验的总结，是拟建项目在整个建设过程中必须遵循的客观规律。建设项目的建设程序一般分为四个阶段：

1. 项目决策阶段

这个阶段是建设项目及其投资的决策阶段，是根据国民经济长、中期发展规划进行项目的可行性研究，编制建设项目的计划任务书。其主要工作包括调查研究、经济论证、选择与确定建设项目的地址、规模和时间要求。

2. 建设准备阶段

这个阶段是建设项目的工程准备阶段。它主要根据批准的计划任务书进行勘察设计，做好建设准备工作，安排建设计划。其主要工作包括：工程地质勘察、初步设计、扩大初步设计（技术设计）和施工图设计、编制设计概算、设备订货、征地拆迁、编制分年度的投资及项目建设计划等。

3. 工程实施阶段

这个阶段是基本建设项目及其投资的实施阶段，是根据设计图纸和技术文件进行建筑施工，做好生产或使用准备，以保证建设计划的全面完成。施工前要认真做好图纸的会审工作，编制施工图预算和施工组织设计，明确投资、进度、质量的控制要求。施工中要严格按照施工图施工，如需要变更应取得设计单位的同意；要坚持合理的施工程序和顺序，严格执行施工验收规范，按照质量评定标准进行工程质量验收，确保工程质量。对质量不合格的工程要及时采取措施，不留隐患，不合格的工程不得交工。施工单位必须按合同规定的内容全面完成施工任务。

4. 竣工验收、交付使用阶段

工程竣工验收是建设程序的最后一步，是全面考核建设成果、检验设计和施工的重要步骤，也是建设项目转入生产和使用的标志。对于建设项目的竣工验收，要求生产性项目经负荷试运转和试生产合格，并能够生产合格产品；非生产性项目要符合设计要求，能够正常使用。验收结束后，要及时办理移交手续，交付使用。

1.2.3　建筑装饰工程施工程序

建筑装饰工程施工程序是指拟建装饰工程项目在整个装饰施工阶段必须遵循的先后顺序。这个顺序反映整个施工阶段必须遵循的客观规律，它一般包括以下几个阶段：

1. 承接施工任务

施工任务是施工单位施工的前提，没有施工任务，施工单位就没有生命的源泉。通常，装饰工程承接施工任务的方式主要是按照《中华人民共和国招标投标法》（以下简称《招标投标法》）和《中华人民共和国民法典》（以下简称《民法典》）的有关规定进行。

2. 签订施工合同

施工合同应规定承包的内容、要求、工期、质量、造价及材料供应等，明确双方应当全面履行的义务。不按照合同约定履行义务的，依法承担违约责任。

3. 施工准备，适时提出开工报告

施工准备是施工的前提，施工准备对保证以后正常施工起到至关重要的作用。施工准备的主要工作有：现场资料的准备、组织准备、物资准备、人员准备、现场准备等。

按《中华人民共和国建筑法》（以下简称《建筑法》）中的规定，施工单位不提出开工报告，或未经业主或总监理工程师的批准，不许施工。因此，开工报告是施工单位进行施工的前提。

4. 组织建筑装饰施工

建筑装饰施工阶段是将设计意图转化为现实的重要阶段，是施工程序中的重要环节。施工企业应按施工组织设计进行管理，精心组织施工，加强各单位、各部门的配合与协作，协调各方面的问题，使建筑工程能在保证质量的前提下，低成本、高效率地完成。

在全面施工阶段，应主要抓好下列几项工作：做好单位工程的图纸会审和技术交底、编制各主要分部工程的施工组织计划、做好各工种之间的协调、制定切实可行的质量安全措施、做好物资供应、做好各项技术资料的整理工作、做好各分部工程验收的准备。

5. 建筑装饰工程竣工验收，交付使用

工程结束，施工单位在确保按合同要求保质保量完成任务的情况下，可向建设单位提出竣工验收申请。经验收合格后，即可交付使用。如验收不符合有关规定标准，必须采取措施进行整改。只有达到规定的标准，才能交付使用。

竣工验收一般按下列步骤进行：

（1）施工企业在竣工验收前应先在内部进行自检，检查各分部分项工程的施工质量，整理各分项交工验收的技术资料，在自检合格的前提下才可以提请竣工验收。

（2）监理单位组织对工程质量的预验收工作，并出具质量评估报告。

（3）发包人在施工单位自检和监理单位预验收都符合合同规定要求的前提下组织监理、设计、施工等有关部门进行竣工验收。验收合格后，在规定期限内办理工程移交手续，并交付使用。

二维码 1-7
工程建设程序与施工程序的区别

大中型建设项目的建筑装饰工程的施工程序如图 1-2 所示，小型建设项目的施工程序可简单一些。

1.3 建筑装饰工程施工组织设计概述

1.3.1 建筑装饰工程施工组织设计的概念与作用

二维码 1-8
施工组织设计的概念（微课）

1. 建筑装饰工程施工组织设计的概念

建筑装饰工程施工组织设计是根据拟建工程的特点，对人力、材料、机械、资金、施工条件等方面的因素做出科学合理的安排，并形成规划和指导拟建工程从施工准备到竣工验收中各项生产活动的综合性经济技术文件。

二维码 1-9
施工组织设计的内容（微课）

2. 建筑装饰工程施工组织设计的内容

建筑装饰工程施工组织设计应包括编制依据、工程概况、施工部署、施工进度计划、施工准备与资源配置计划、主要施工方法、施工现场平面布置及主要施工管理计划等基本内容。

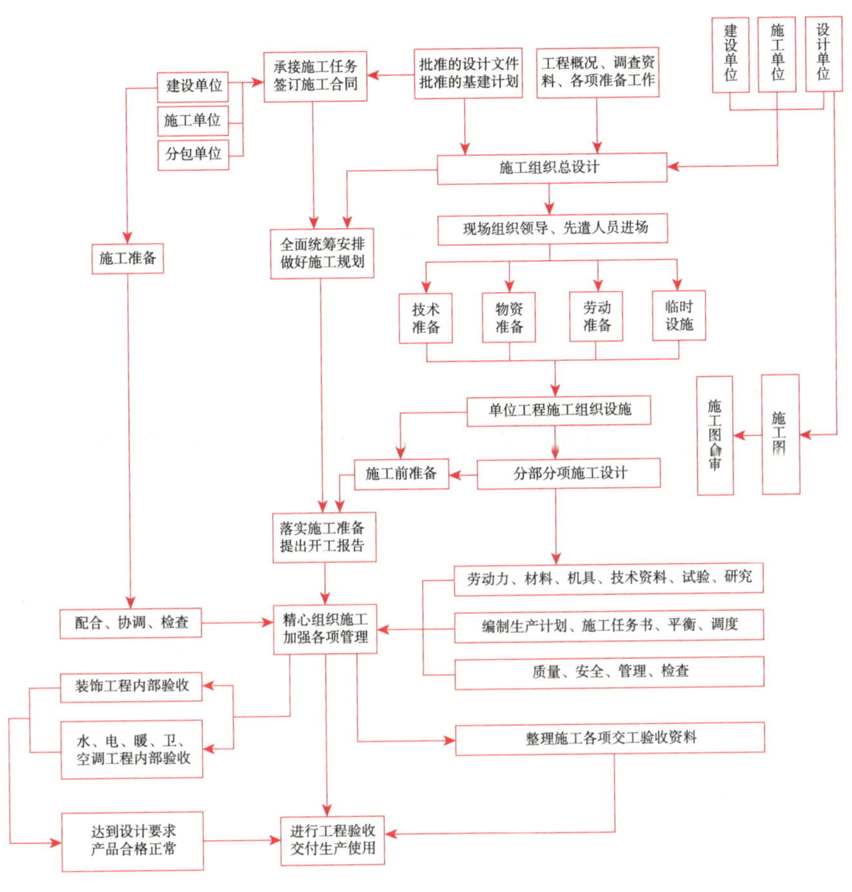

图 1-2　建筑装饰工程施工程序图

二维码 1-10
施工组织设计的作用（微课）

3. 建筑装饰工程施工组织设计的作用

建筑装饰工程施工组织设计是建筑装饰工程施工前的必要准备工作之一，是合理组织施工和加强施工管理的一项重要措施，它对保质、保量、按时完成整个建筑装饰工程具有决定性的作用，其作用主要表现在以下几个方面：

（1）施工组织设计是沟通设计和施工的桥梁，也可以用来衡量设计方案的施工可能性。

（2）施工组织设计对拟建建筑装饰工程从施工准备到竣工验收全过程起到战略部署和战术安排的作用。

（3）施工组织设计是施工准备工作的重要组成部分，对及时做好各项施工准备工作起到促进作用。

（4）施工组织设计是编制施工预算和施工计划的主要依据。

（5）施工组织设计是对施工过程进行科学管理的重要手段。

（6）施工组织设计是建筑装饰工程施工企业进行经济技术管理的重要组成部分。

二维码 1-11
施工组织设计的分类（微课）

1.3.2 建筑装饰工程施工组织设计分类

1. 建筑装饰施工组织设计根据编制对象范围的不同可以分为以下两类：

（1）单位工程施工组织设计

单位工程施工组织设计是以一个单位工程的装饰施工项目为对象编制的，用以指导其施工全过程的各项施工活动的技术、经济和管理的综合性文件。

二维码 1-12
施工方案（微课）

（2）施工方案

施工方案是以分部（分项）工程或专项工程装饰施工项目为对象编制的，用以具体指导其施工全过程的各项施工活动的技术、经济和管理的综合性文件。

2. 根据编制的目的不同，施工组织设计可分为两类：

（1）标前施工组织设计

标前施工组织设计是指，在建筑装饰工程投标前，由经营管理层编制的用于指导工程投标与签订施工合同的技术经济文件，以确保建筑装饰工程中标、追求企业经济效益为目标。

（2）标后施工组织设计

标后施工组织设计是指，在建筑装饰工程签订施工合同后，由项目技术负责人编制的用于指导建筑装饰工程施工全过程各项活动的技术经济文件。

1.4 建筑装饰工程施工组织的基本原则

在组织建筑装饰工程施工时，应根据装饰工程施工的特点和以往积累的经验，遵循以下几项原则：

（1）认真贯彻和执行党和国家的方针、政策。

（2）严格遵守合同规定的工程开工、竣工时间。

（3）施工程序和施工顺序安排的合理性。避免不必要的重复、返工，加快施工速度，缩短工期。

（4）采用国内外先进的施工技术，科学地确定施工方案。

（5）采用网络计划和流水施工方法安排进度计划。保证施工连续、均衡、有节奏地进行，合理地使用人力、物力、财力，做好人力、物力的综合平衡，做到“多、快、好、省”，安全地完成施工任务。对于那些必须进入冬期、雨期施工的项目，应落实季节性施工的措施，以增加施工的天数，提高施工的连续性和均衡性。

（6）合理布置施工平面图，减少施工用地。对于新建工程的装饰装修，应尽量利用土建工程的原有设施（脚手架、水电管线等），以减少各种临时设施；尽量利用当地资源，合理安排运输、装卸与存放，减少物资的运输量，避免二次运输；精心进行场地规划，节约施工用地，防止施工事故。

（7）提高建筑装饰工程施工的工业化程度。通过技术经济比较，恰当地选择预制施工或现场施工，努力提高建筑装饰工程施工的工业化程度。

（8）充分合理地利用机械设备。

（9）尽量降低建筑装饰工程成本，提高经济效益。应因地制宜，就地取材，制定节约能源和材料的措施，充分利用已有的设施、设备，合理安排人力、物力，做好综合平衡调度，提高经济效益。

（10）严把安全、质量关。建立健全各项安全管理制度，制定确保安全施工的措施，并在施工中经常进行检查和监督。

单元小结

按建设工程项目不同参与方的工作性质和组织特征划分，项目管理有以下几种类型：业主方的项目管理、设计方的项目管理、施工方的项目管理、供货方的项目管理、建设项目工程总承包方的项目管理等。

建设项目是指一个总体设计的建设工程组织施工，在完工后具有完整的系统，可以独立地形成生产能力或使用价值的工程。其主体是建设单位。

基本建设程序是指拟建设项目在建设过程中各项工作必须遵循的先后次序，一般可分为项目决策，建设准备，工程实施，竣工验收、交付使用四个阶段。

建筑装饰工程施工程序是指拟建装饰工程项目在整个装饰施工阶段必须遵循的先后顺序，一般包括承接任务、签订合同、施工准备、组织施工及竣工验收交付使用五个阶段。

建筑装饰工程施工组织设计是根据拟建工程的特点，对各因素做出科学合理的安排，并形成规划和指导拟建工程从施工准备到竣工验收中各项生产活动的综合性经济技术文件。建筑装饰工程施工组织设计是合理组织施工和加强施工管理的一项重要措施，它对保质、保量、按时完成整个建筑装饰工程具有决定性的作用。

建筑装饰工程施工组织设计根据编制对象范围的不同可以分为：单位工程施工组织设计、施工方案两类。根据阶段的不同，可分为标前设计和标后设计两类。根据编制内容的繁简程度分为：完整的施工组织设计和简单的施工组织设计两类。

装饰工程施工组织设计一般应包括编制依据、工程概况、施工部署、施工进度计划、施工准备与资源配置计划、主要施工方法、施工现场平面图布置、主要施工管理计划等基本内容。

建筑装饰工程施工组织设计的编制应严格执行国家制定的规范、规程，遵守合同规定的工程开工、竣工时间，合理安排施工顺序和进度计划及布置施工平面图，科学地确定施工方案，尽量降低装饰工程成本，提高经济效益，严格保证质量和安全等基本原则。

通过本单元的学习，使学生掌握项目管理的基本概念，清楚建筑装饰施工程序，能够参与施工组织设计文件的编制。

复习思考题

二维码 1-13
复习思考题答案

1. 简述施工方项目管理的任务。

2. 什么叫建设项目？建设项目按建筑工程质量验收规范划分由哪些内容组成？

3. 试述建筑装饰工程项目的建设程序。

4. 试述建筑装饰工程施工组织设计的概念与作用。

5. 试述建筑装饰工程施工组织设计分类。

6. 简述建筑装饰工程施工组织设计的内容。

7. 编制建筑装饰工程施工组织设计应遵循哪些原则？

世界职业院校技能大赛建筑装饰数字化施工赛项模拟赛题

一、单项选择题（每题 1 分，每题的备选项中只有 1 个最符合题意）

1. 关于施工总承包管理方主要特征的说法，正确的是（　　）。

A. 在平等条件下可通过竞标获得施工任务并参与施工

B. 不能参与业主的招标和发包工作

C. 对于业主选定的分包方，不承担对其的组织和管理责任

D. 只承担质量、进度和安全控制方面的管理任务和责任

2. 施工总承包模式下，业主甲与其指定的分包施工单位丙单独签订了合同，则关于施工总承包方乙与丙关系的说法，正确的是（　　）。

A. 乙负责组织和管理丙的施工

B. 乙只负责甲与丙之间的索赔工作

C. 乙不参与对丙的组织管理工作

D. 乙只负责对丙的结算支付，不负责组织其施工

3. 对施工方而言，建设工程项目管理的"费用目标"是指项目的（　　）。

A. 投资目标　　B. 成本目标

C. 财务目标　　D. 经营目标

4. 关于建设工程项目管理的说法，正确的是（　　）。

A. 业主方是建设工程项目生产过程的总集成者，工程总承包方是建设工程项目生产过程的总组织者

B. 建设项目工程总承包方管理的目标只包括总承包方的成本目标、项目的进度和质量目标

C. 供货方项目管理的目标包括供货方的成本目标、供货的进度和质量目标

D. 建设项目工程总承包方的项目管理工作不涉及项目设计准备阶段

5. 项目设计准备阶段的工作包括（　　）。

A. 编制项目建议书　　B. 编制项目设计任务书

C. 编制项目可行性研究报告　　D. 编制项目初步设计

6. 建设工程项目供货方的项目管理主要在（　　）阶段进行。

A. 施工　　B. 设计　　C. 决策　　D. 保修

7. 根据建设工程项目的阶段划分，属于设计准备阶段工作的是（　　）。

A. 编制项目可行性研究报告　　B. 编制初步设计

C. 编制设计任务书　　D. 编制项目建议书

8. 甲单位拟新建一电教中心，经设计招标，由乙设计院承担该项目设计任务。下列目标中，不属于乙设计院项目管理目标的是（　　）。

A. 项目投资目标　　B. 设计进度目标

C. 施工质量目标　　D. 设计成本目标

9. 某建设工程项目施工采用施工总承包管理模式，其中的二次装饰工程由建设单位发包给乙单位。在施工中，乙单位应该直接接受（　　）的工作指令。

A. 建设单位　　B. 设计单位

C. 施工总承包管理企业　　D. 施工承包企业

10. 对于一个建设工程而言，有代表不同利益方的项目管理，其中（　　）的项目管理是管理的核心。

A. 业主方　　B. 施工方　　C. 供货方　　D. 设计方

11. 业主方的项目管理工作涉及项目实施阶段的全过程，竣工验收属于建设工程项目的（　　）阶段。

A. 决策　　B. 设计准备　　C. 施工　　D. 动用前准备

12. 建设工程项目的全寿命周期不包括（　　）。

A. 决策阶段　　B. 实施阶段　　C. 控制阶段　　D. 使用阶段

二、多项选择题（每题 2 分。每题的备选项中，有 2 个或 2 个以上符合题意，至少有 1 个错项。错选，本题不得分；少选，所选的每个选项得 0.5 分）

1. 关于施工总承包方管理任务的说法，正确的有（　　）。

A. 负责整个工程的施工安全、施工总进度控制、施工质量控制和施工的组织

B. 控制施工的成本

C. 组织和指挥分包方的工作，并为分包方提供必要的施工条件

D. 负责施工资源的供应组织

E. 代表业主方与设计方、工程监理方等外部单位进行必要的联系和协调

2. 下列项目管理工作中，属于施工方项目管理任务的有（　　）。

A. 施工质量控制　　B. 施工成本控制

C. 施工进度控制　　D. 分包单位人员管理

E. 施工安全管理

3. 施工方是承担任务的单位的总称谓，它包括（　　）。

A. 施工总承包方　　B. 施工总承包管理方

C. 分包施工方　　D. 提供劳务的参与方

E. 供应建筑材料的供货方

二维码 1–14
模拟赛题答案

4. 下列选项中，关于施工总承包管理方的主要特征的说法正确的是（　　）。

A. 一般情况下，施工总承包管理方不承担施工任务

B. 一般情况下，由施工总承包管理方与分包方和供货方直接签订施工合同

二维码 1–15
模拟赛题答案解析

C. 施工总承包管理方承担对分包方的组织和管理责任

D. 施工总承包管理方和施工总承包方承担的管理任务和责任相同

E. 由业主选定的分包方应经施工总承包管理方的认可

Danyuaner Jianzhu Zhuangshi Gongcheng Shigong Zhunbei Gongzuo

单元 2
建筑装饰工程施工准备工作

本单元聚焦施工前的准备环节，涵盖原始资料收集整理、技术资料准备、资源筹备、施工现场准备和季节性施工准备等多方面内容。与资料员、施工员等岗位紧密相关，帮助学生掌握编制各类施工准备计划的技能。职业院校技能大赛中，考查学生对施工准备工作的统筹安排和细节处理能力。以“五桥同转”工程的准备工作为例融入课程思政，培养学生严谨细致的工作作风和创新精神，让学生明白科学的施工准备是工程顺利开展的关键。

单元 2 课件

单元 2 课前练一练

教学目标

知识目标：

1. 熟悉施工准备工作的内容；
2. 掌握原始资料和技术资料的收集的方法；
3. 了解图纸会审的要点和意义。

能力目标：

1. 能编制施工准备工作计划；
2. 能够编写技术交底文件，并实施技术交底，参与技术交底工作；
3. 能根据图纸会审的要点有针对性地参与图纸会审。

典型工作任务——施工准备工作内容剖析

任务描述	调查分析某建筑装饰项目施工准备工作的内容
任务目的	了解施工准备工作的作用，熟悉施工准备工作的内容
任务要求	1. 分析施工准备工作包含哪些内容； 2. 阐述这些内容的对现场施工的意义
完成形式	1. 根据班级情况可分组完成，也可以独立完成； 2. 采用 PPT 汇报的方式完成

导读——透过“五桥同转”感受施工准备工作

二维码 2-1
“五桥同转”动态图

2020 年 8 月 21 日凌晨 1 点 55 分，由中建某局投资建设的重庆市快速路二横线项目“三线五桥”集群式转体成功。世界首例“五桥同转”的报道和话题刷屏了电视、网络。“桥都”重庆再添新纪录。中建某局投资建设的重庆快速路二横线项目五座桥梁全长 383.5m、总质量达 21500t 的大跨度桥梁，在确保三条繁忙铁路正常运营的前提下，同时异步完成转体对接，实现“完美牵手”，刷新了多项世界纪录。

不仅如此，该项目还具有跨度大、转体角度大的特点。五座桥梁全长 383.5m，高度相当于 110 层楼；桥梁最大转体角度 88°，需在 90min 铁路运行“天窗点”内完成，施工时间必须精确到秒。项目克服重重困难，圆满完成了既定任务，取得了攻坚战的胜利。

1. 方案严谨，控制精准

根据五座桥梁同时异步转体干涉最少原则，跨渭井、蔡歌主线铁路桥采取“四逆一顺”独特转法，即四座桥梁逆时针转动，一座桥梁顺时针转动。为防止两座桥梁相互干扰，采取分阶段转体：第一阶段四座逆时针转动的桥梁先转 15°，转动速度为每分钟 1.15°，用时 13min；第二阶段，五座桥梁同时转体，转动速度为每分钟 1.72°，最大转体角度为 83°。转体过程中，3 名测量人员对每座桥梁梁端位置进行监测，当梁端剩余弧长 3m 时，进入转动减速阶段，当梁端剩余弧长约 1m 时，点动精确就位。

8 月 21 日 0 时，五桥同转工程进入最后准备阶段。在施工现场，工人正在五座桥梁的桥墩下方忙碌着，测算、检查、操作……各种工序有条不紊地进行着。0 时 33 分，随着项目负责人一声"同意正式转体"的口令，五座桥梁朝着各自的对接端口缓慢转动，在灯光映衬下，犹如五位舞者翩翩起舞，上演了一场"实力牵手"。最终，整个转体过程用时 82min，在 90min 铁路运行的"天窗点"内顺利完成转体。

2. 智慧建造，高效可靠

五座桥梁转动就像拉磨一样，先将桥梁下部固定，在桥台（单孔桥）或桥墩（多孔桥）上安装转动系统，像磨心一样起到定位作用，桥梁上部可随意旋转。通过该转动系统，再使用液压千斤顶作为外力便可使桥梁按照设定参数整体旋转。

为了确保顺利完成，项目联合多家科研团队进行了大量计算，反复模拟推演。布设电子水准仪等高等级测量控制网，采用将误差控制在 0.1mm 的精密仪器进行实时监控，确保球铰安装精度控制在 0.5mm 内，转轴中心精度控制在 1mm 内，满足桥梁转体超高精度的要求。

思考：

在项目施工过程中，施工准备工作到底有何作用？施工准备工作应该包括哪些内容？

二维码 2-2
思考题参考答案

2.1　原始资料的收集与整理

二维码 2-3
原始资料的调查（微课）

对一项工程所涉及的自然及社会条件和技术经济条件等施工资料进行调查研究与收集整理，是施工准备工作的一项重要内容，也是编制施工组织设计的重要依据。尤其是当施工单位进入一个新的城市或地区，对建设地区的技术经济条件、场地特征和社会情况等不太熟悉，此项工作就显得尤为重要。调查研究与收集资料的工作应有计划、有目的地进行，事先要拟定详细的调查提纲。其调查的范围、内容要求等应根据拟建工程的规模、性质、复杂程度、工期以及对当地了解程度确定。调查时，除向建设单位、勘察设计单位、当地气象台站及有关部门和单位收集资料及有关规

二维码 2-4
对建设单位与设计单位调查的项目

定外，还应实地勘测，并向当地居民了解相关情况。对调查收集到的资料应注意整理归纳、分析研究，对其中特别重要的资料，必须复查其数据的真实性和可靠性。

2.1.1 原始资料的调查

1. 对建设单位与设计单位的调查

2. 自然及社会条件调查分析

二维码 2-5
自然及社会条件调查的项目

自然及社会条件调查分析包括对建设地区的周围环境、气象资料、居民的健康状况等项调查，为制定施工方案、技术组织措施、冬雨期施工措施、施工平面规划布置等提供依据。为了减少施工公害，如在进行噪声施工和振动施工时，对居民的危房和居民中的心脏病患者，要采取保护性措施。

2.1.2 收集相关信息与资料

1. 技术经济条件调查分析

技术经济条件调查分析包括地方建筑装饰生产企业，地方资源及交通运输，水、电及其他能源，主要设备、主要材料和特殊材料，以及它们的生产能力等项。

二维码 2-6
收集相关信息与资料（微课）

2. 其他相关信息与资料的收集

其他相关信息与资料包括：由国家有关部门制定的现行技术规范、规程及有关技术规定，如《建筑装饰装修工程质量验收标准》GB 50210—2018 及相关专业工程施工质量验收规范、《建设工程文件归档规范》GB/T 50328—2014（2019 年版）、《建筑装饰装修工程成品保护技术标准》JGJ/T 427—2018 及各专业工程施工技术规范等；企业现有的施工定额、施工手册、类似工程的技术资料及平时施工实践活动中所积累的资料等。收集这些相关信息与资料，是进行施工准备工作和编制施工组织设计的依据之一，可为其提供有价值的参考。

二维码 2-7
地方建筑装饰材料及构件生产企业情况调查内容

2.2 技术资料准备

技术资料准备即通常所说的“内业”工作，它是施工准备的核心，指导着现场施工准备工作，对于保证建筑装饰产品质量，实现安全生产，加快工程进度，提高工程经济效益都具有十分重要的意义。任何技术差错和隐患都可能引发人身安全和质量事故，造成生命财产和经济的巨大损失，因此，必须重视做好技术资料准备。其主要内容包括：熟悉和会审图纸，编制中标后施工组织设计，编制施工预算等。

二维码 2-8
地方资源情况调查内容

2.2.1　熟悉和会审图纸

施工图全部（或分阶段）出图以后，施工单位应依据建设单位和设计单位提供的初步设计或扩大初步设计（技术设计）、施工图设计等资料文件，调查、收集的原始资料和其他相关信息与资料，组织有关人员对设计图纸进行学习和会审工作，使参与施工的人员掌握施工图的内容、要求和特点，同时发现施工图中的问题，以便在图纸会审时统一提出，解决施工图中存在的问题，确保工程施工顺利进行。

二维码 2-9
地区交通运输条件调查内容

1. 熟悉图纸阶段

（1）熟悉图纸工作的组织

由施工单位该工程项目经理部组织有关工程技术人员认真熟悉图纸，了解设计意图与建设单位要求以及施工应达到的技术标准，明确工程流程。

二维码 2-10
供水、供电、供气条件调查内容

（2）熟悉图纸的要求

1）先粗后细。就是先看平面图、立面图、剖面图，对整个工程的概貌有一个了解，对总的长、宽尺寸以及轴线尺寸、标高、层高、总高有一个大体的印象。然后再看细部做法，核对总尺寸与细部尺寸、位置、标高是否相符，门窗表中的门窗型号、规格、形状、数量是否与结构相符等。

二维码 2-11
主要材料、特殊材料及主要设备调查内容

2）先大样后节点。核对平面图标注索引出来的大样图，通过大样图查看节点详图，了解图纸做法、材料使用类型及型号等。

3）先一般后特殊。就是先看一般的部位和要求，后看特殊的部位和要求。特殊部位和要求一般包括变形缝的处理，防水处理要求和抗震、防火、保温、隔热、防尘、特殊装修等技术要求。

4）图纸与说明结合。就是要在看图时对照设计总说明和图中的细部说明，核对图纸和说明有无矛盾，规定是否明确，要求是否可行，做法是否合理等。

二维码 2-12
建设地区社会劳动力和生活设施的调查内容

5）与建筑、结构施工图结合。有针对性地看一些建筑、结构施工图，核对与建筑装饰施工图有无矛盾，预埋件、预留洞、槽的位置及尺寸是否一致，以便考虑在施工中的协作配合。

6）图纸要求与实际情况结合。就是核对图纸有无不符合施工实际之处，如相对位置、设计标高、场地情况等是否与设计图纸相符；对一些特殊的施工工艺，施工单位能否做到等。

2. 自审图纸阶段

（1）自审图纸的组织

由施工单位该工程项目经理部组织各工种人员对本工种的有关图纸进行审查，掌握和了解图纸中的细节；在此基础上，由总承包单位内部的建

二维码 2-13
参加施工的各单位能力调查内容

二维码 2–14
熟悉图纸阶段（微课）

筑装饰与水、暖、电等专业，共同核对图纸，消除差错，协商施工配合事项；最后，总承包单位与外分包单位在各自审查图纸基础上（如：柜类工程、门窗工程、设备安装施工等），共同核对图纸中的差错及协商有关施工配合问题。

（2）自审图纸的要求

1）审查拟建工程的地点、建筑总平面图同国家、城市或地区规划是否一致，以及建筑物或构筑物的设计功能和使用要求是否符合环卫、防火及美化城市方面的要求。

二维码 2–15
自审图纸阶段（微课）

2）审查设计图纸是否完整齐全以及设计图纸和资料是否符合国家有关技术规范要求。

3）审查建筑装饰与建筑、结构、设备安装图纸是否相符，有无“错、漏、碰、缺”的问题，内部构造和施工工艺有无矛盾。

4）审查设计图纸中造型复杂、施工难度大和技术要求高的分部分项工程或新结构、新材料、新工艺，在施工技术和管理水平上能否满足质量和工期要求，选用的材料、构配件、设备等能否解决。

二维码 2–16
图纸会审的重要性（微课）

5）明确建设期限，分期分批投产或交付使用的顺序和时间，以及工程所用的主要材料、设备的数量、规格、来源和供货日期。

6）明确建设单位、设计单位和施工单位等之间的协作、配合关系，以及建设单位可以提供的施工条件。

7）审查设计是否考虑了施工的需要，各种龙骨、基层的承载力、刚度和稳定性是否满足设置内爬、附着等使用的要求。

3. 图纸会审阶段

（1）图纸会审的组织

二维码 2–17
会审图纸阶段（微课）

一般工程由建设单位组织并主持会议，设计单位交底，施工单位、监理单位参加。重点工程或规模较大及结构、装修较复杂的工程，如有必要可邀请各主管部门与协作单位参加。会审的程序是：设计单位先做设计交底，施工单位对图纸提出问题，有关单位发表意见；之后与会者讨论、研究、协商，逐条解决问题达成共识；组织会审的单位最后汇总成文，各单位会签，形成图纸会审纪要，如图 2–1 所示。图纸会审纪要作为与施工图纸具有同等法律效力的技术文件使用。

（2）图纸会审的要求

审查设计图纸及其他技术资料时，应注意以下问题：

二维码 2–18
图纸会审记录

1）设计是否符合国家有关方针、政策和规定。

2）设计规模、内容是否符合国家有关的技术规范要求，尤其是强制性标准的要求，是否符合环境保护和消防安全的要求。

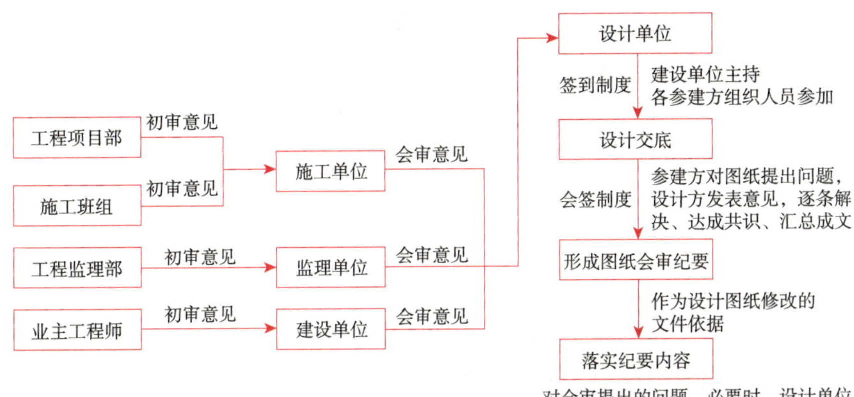

图 2-1　图纸会审工作的一般组织程序

3）建筑装饰设计是否符合国家有关的技术规范要求，尤其是强制性标准的要求；是否符合环境保护和消防安全的要求。

4）图纸及说明是否齐全、清楚、明确。

5）建筑装饰与结构、建筑、设备等图纸相互之间是否有错误和矛盾，图纸与说明之间有无矛盾。

6）有无特殊材料（包括新材料）要求，其品种、规格、数量能否满足需要。

7）设计是否符合施工技术装备条件，如需采取特殊技术措施时，技术上有无困难，能否保证安全施工。

2.2.2　编制中标后施工组织设计

中标后施工组织设计是施工单位在施工准备阶段编制的指导拟建工程从施工准备到竣工验收乃至保修回访的技术经济、施工组织的综合性文件，也是编制施工预算、实行项目管理的依据，是施工准备工作的主要文件。它是在投标书施工组织设计的基础上，结合所收集的原始资料和相关信息资料，根据图纸会审纪要，按照编制施工组织设计的基本原则，综合建设单位、监理单位、设计意图的具体要求进行编制，以保证工程好、快、省、安全、顺利地完成。

施工单位必须在约定的时间内完成中标后施工组织设计的编制与自审工作，并填写施工组织设计报审表，报送项目监理机构。总监理工程师应在约定的时间内，组织专业监理工程师审查，提出审查意见后，由总监理工程师审定批准。需要施工单位修改时，由总监理工程师签发书面意见，退回施工单位修改后再报审，总监理工程师应重新审定，已审定的施工组织设计由项目监理机构报送建设单位。施工单位应按审定的施工组织设计

二维码 2-19
标前施工组织设计与标后施工组织设计的区别

二维码 2-20
施工图预算与施工预算的区别

文件组织施工，如需对其内容做较大变更，应在实施前将变更书面内容报送项目监理机构重新审定。对规模大、结构复杂或属新结构、特种结构的工程，专业监理工程师提出审查意见后，由总监理工程师签发审查意见，必要时与建设单位协商，组织有关专家会审。

2.2.3 编制施工预算

施工预算是施工单位根据施工合同价款、施工图纸、施工组织设计或施工方案、施工定额等文件进行编制的企业内部经济文件，它直接受施工合同中合同价款的控制，是施工前的一项重要准备工作。它是施工企业内部控制各项成本支出、考核用工、签发施工任务书、限额领料，基层进行经济核算、进行经济活动分析的依据。在施工过程中，要按施工预算严格控制各项指标，以降低工程成本和提高施工管理水平。

二维码 2-21
项目组织机构的设置原则

2.3 资源准备

2.3.1 劳动力组织准备

二维码 2-22
劳动力组织准备的详细内容

工程项目是否能够按目标完成，很大程度上取决于承担这一工程的施工人员的素质。劳动力组织准备包括施工管理层和作业层两大部分，这些人员的合理选择和配备，将直接影响到工程质量与安全、施工进度及工程成本，因此，劳动力组织准备是开工前施工准备的一项重要内容。

1. 项目组织机构建设

常用的组织结构有职能组织结构、线性组织结构和矩阵组织结构。

2. 组织精干的施工队伍

3. 优化劳动组合与技术培训

4. 建立健全各项管理制度

5. 做好分包安排

6. 组织好科研攻关

二维码 2-23
劳动力组织准备（微课）

2.3.2 物资准备

施工物资准备：施工物资准备是指施工中必须有的劳动手段（施工机械、工具）和劳动对象（材料、配件、构件）等的准备，是一项较为复杂而又细致的工作。

二维码 2-24
物资准备（微课）

建筑装饰工程施工所需的材料、构（配）件、机具和设备品种多且数量大，能否保证按计划供应，对整个施工过程的工期、质量和成本有着举足轻重的作用。各种施工物资只有运到现场并有必要的储备后，才具备必要的开工条件。因此，要将这项工作作为施工准备工作的一个重要方面来抓。施工管理人员应尽早地计算出各阶段对材料、施工机械、设备、工具等的需用量，并说明供应单位、交货地点、运输方式等。特别是对于成品定制构件，必须尽早地从施工图中摘录出构件的规格、质量、品种和数量，制表造册，向预制加工厂订货并确定分批交货清单、交货地点及时间；对大型施工机械、辅助机械及设备要精确计算工作日，并确定进场时间，做到进场后立即使用，用毕后立即退场，提高机械利用率，节省机械台班费及停留费。

二维码 2-25
物资准备的具体内容

物资准备的具体内容有材料准备、构（配）件及设备加工订货准备、施工机具准备、生产工艺设备准备、运输设备和施工物资价格管理等。

二维码 2-26
施工现场准备工作的范围（微课）

2.4　施工现场准备

施工现场是施工的全体参加者为了达到优质、高速、低耗的目标，而有节奏、均衡、连续地进行战术决战的活动空间。施工现场的准备工作，主要是为了给施工项目创造有利的施工条件，是保证工程按计划开工和顺利进行的重要环节。

二维码 2-27
建设单位施工现场准备工作（微课）

施工现场准备工作由两个方面组成：一是建设单位应完成的施工现场准备工作；二是施工单位应完成的施工现场准备工作。建设单位与施工单位的施工现场准备工作均就绪时，施工现场就具备了施工条件。

2.4.1　建设单位施工现场准备工作

建设单位要按合同条款中约定的内容和时间完成以下工作：

（1）将施工所需水、电力、电信线路从施工场地外部接至专用条款约定地点，保证施工期间的需要。

（2）开通施工场地与城乡公共道路的通道，以及专用条款约定的施工场地内的主要道路，满足施工运输的需要，保证施工期间的畅通。

（3）向承包人提供施工场地的建筑、结构、电气、给水排水等施工图及相关资料，对资料的真实准确性负责。

（4）办理施工许可证及其他施工所需证件、批件和临时用地、停水、停电、中断道路交通等的申请批准手续（证明承包人自身资质的证件除外）。

上述施工现场准备工作，承发包双方也可按合同专用条款约定的交由施工单位完成，其费用由建设单位承担。

二维码 2-28
施工单位施工现场准备工作
（微课）

2.4.2 施工单位现场准备工作

施工单位现场准备工作即通常所说的室外准备，施工单位应按合同条款中约定的内容和施工组织设计的要求完成以下工作：

（1）根据工程需要，提供和维修非夜间施工使用的照明、围栏设施，并负责安全保卫。

（2）按专用条款约定的数量和要求，向发包人提供施工场地办公和生活的房屋及设施，发包人承担由此发生的费用。

（3）遵守政府有关主管部门对施工场地交通、施工噪声以及环境保护和安全生产等的管理规定，按规定办理有关手续，并以书面形式通知发包人，发包人承担由此发生的费用，因承包人责任造成的罚款除外。

二维码 2-29
“七通一平”

（4）保证施工场地清洁符合环境卫生管理的有关规定。

（5）工程用地范围内的“七通一平”，其中平整场地工作应由其他单位承担，但建设单位也可要求施工单位完成，费用仍由建设单位承担。

（6）搭设现场生产和生活用的临时设施。

2.5 季节性施工准备

建筑外立面装饰装修工程施工绝大部分工作是露天作业，受气候影响比较大。因此，在冬期、雨期及夏季施工中，必须从具体条件出发，正确选择施工方法，做好季节性施工准备工作，以保证按期、保质、安全地完成施工任务，取得较好的技术经济效果。

二维码 2-30
冬期施工准备（微课）

2.5.1 冬期施工准备

冬期施工期限划分原则是：根据当地多年气象资料统计，当室外日平均气温连续 5d 稳定低于 5℃即进入冬期施工，当室外日平均气温连续 5d 高于 5℃即解除冬期施工。

凡进行冬期施工的工程项目，应编制冬期施工专项方案，用于指导冬期工程项目的建设，保证工程质量。对有不能适应冬期施工要求的问题应及时与设计单位研究解决。

（1）合理安排施工进度计划，冬期施工条件差，技术要求高，费用增加，因此，要合理安排施工进度计划，尽量安排保证施工质量且费用增加不多的项目在冬期施工，如室内装饰装修；而费用增加较多又不容易保证质量的项目则不宜安排在冬期施工，如外装修、屋面防水等工程。

（2）进行冬期施工的工程项目，在入冬前应组织编制冬期施工方案，结合工程实际及施工经验等进行，编制可依据《建筑工程冬期施工规程》

JGJ/T 104—2011。编制的原则是：确保工程质量，经济合理，增加的费用为最少；所需的热源和材料有可靠的来源，并尽量减少能源消耗；确保能缩短工期。冬期施工方案应包括：施工程序，施工方法，现场布置，设备、材料、能源、工具的供应计划，安全防火措施，测温制度和质量检查制度等。方案确定后，要组织有关人员学习，并向队组进行交底。

（3）组织人员培训。进入冬期施工前，对掺外加剂人员、测温保温人员、锅炉司炉工和火炉管理人员，应专门组织技术业务培训，学习本工作范围内的有关知识，明确职责，经考试合格后，方准上岗工作。

（4）与当地气象台站保持联系，及时接收天气预报，防止寒流突然袭击。

（5）安排专人测量施工期间的室外气温、暖棚内气温、砂浆温度并做好记录。

2.5.2　雨期施工准备

二维码 2-31
雨期施工准备（微课）

（1）合理安排雨期施工。为避免雨期窝工造成的损失，一般情况下，在雨期到来之前，应多安排完成外装修、屋面防水等不宜在雨期施工的项目；多留些室内工作在雨期施工。

（2）加强施工管理，做好雨期施工的安全教育。要认真编制雨期施工技术措施（如：保证屋面防水层雨期施工质量的措施、外墙干挂钢骨架防锈措施等），认真组织贯彻实施。加强对职工的安全教育，防止各种事故发生。

（3）做好道路维护，保证运输畅通。雨期前检查道路边坡排水，适当提高路面，防止路面凹陷，保证运输畅通。

（4）做好物资的储存。雨期到来前，应多储存物资，减少雨期运输量，以节约费用。要准备必要的防雨器材，库房四周要有排水沟渠，防止物资淋雨浸水而变质，仓库要做好地面防潮和屋面防漏雨工作。

（5）做好机具设备等防护。雨期施工，对现场的各种设施、机具要加强检查。特别是脚手架、垂直运输设施等，要采取防倒塌、防雷击、防漏电等一系列技术措施，现场机具设备（焊机、闸箱等）要有防雨措施。

2.5.3　夏季施工准备

二维码 2-32
夏季施工准备（微课）

（1）编制夏季施工项目的施工方案。夏季施工条件差、气温高、气候干燥，针对夏季施工的这一特点，对于安排在夏季施工的项目，应编制夏季施工的施工方案及采取的技术措施。

（2）现场防雷装置的准备。夏季经常有雷雨，工地现场应有防雷装置，特别是高层建筑和脚手架等要按规定设临时避雷装置，并确保工地现场用电设备的安全运行。

（3）施工人员防暑降温工作的准备。夏季施工，还必须做好施工人员的防暑降温工作，调整作息时间，从事高温工作的场所及通风不良的地方应加强通风和降温措施，做到安全施工。

单元小结

施工准备工作作为建筑业企业生产经营管理的重要组成部分，对拟建工程目标、资源供应、施工方案等具有重大影响，对工程现场空间布置和时间排列等诸方面具有决定性的意义。并且，施工准备工作有利于企业做好目标管理，推行技术经济责任制。

施工准备工作不仅存在于开工之前，而且贯穿于施工全过程。施工准备工作一般包括以下几个方面的内容：原始资料的收集与整理、技术资料准备、资源准备、施工现场准备和季节性施工准备。

施工准备工作是保证整个工程施工顺利进行的重要环节，做好施工准备工作可以为项目带来良好的经济效益。

复习思考题

二维码 2-33
复习思考题答案

1. 试述施工准备工作的重要性。
2. 简述施工准备工作的分类和主要内容。
3. 原始资料的调查包括哪些方面？还需要收集哪些相关信息与资料？
4. 熟悉图纸有哪些要求？会审图纸应包括哪些内容？
5. 资源准备包括哪些方面？如何做好劳动组织准备？
6. 施工现场准备包括哪些内容？
7. 如何做好冬期施工准备工作？
8. 如何做好雨期、夏季施工准备工作？

世界职业院校技能大赛建筑装饰数字化施工赛项模拟赛题

一、单项选择题（每题 1 分，每题的备选项中只有 1 个最符合题意）

1. 通常情况下，向施工单位提供施工现场地下管线资料的单位是（　　）。

A. 勘察单位　　B. 建设单位　　C. 设计单位　　D. 监理单位

2. 下列关于工程参建单位进行图纸会审意义的表述，不正确的是（　　）。

A. 熟悉施工图纸　　B. 领会设计意图，掌握工程特点

C. 调整预算造价　　D. 将设计缺陷消灭在施工之前

3. 图纸会审的一般程序排序正确的是（　　）。

①会审；②初审；③综合会审；④图纸学习

A. ①②③④　　B. ②④③①

C. ④②①③　　D. ④②③①

4. 设计部门对原施工图纸和设计文件中所约定的设计标准状态的改变和修改称为（　　）。

A. 图纸会审　　B. 设计变更

C. 工程签证　　D. 竣工验收

5. 关于施工预算和施工图预算比较的说法，正确的是（　　）。

A. 施工预算既适用于建设单位，也适用于施工单位

B. 施工预算的编制以施工定额为依据，施工图预算的编制以预算定额为依据

C. 施工预算是投标报价的依据，施工图预算是施工企业组织生产的依据

D. 编制施工预算依据的定额比编制施工图预算依据的定额粗略一些

6. 根据现行的《标准施工招标文件》，关于变更权的说法，正确的是（　　）。

A. 没有监理人的变更指示，承包人不得擅自变更

B. 设计人可根据项目实际情况自行向承包人作出变更指示

C. 监理人可根据项目实际情况按合同约定自行向承包人作出变更指示

D. 总承包人可根据项目实际情况按合同约定自行向分包人作出变更指示

7. 冬期施工的条件是（　　）。

A. 当室外日最高气温连续 5d 稳定低于 10℃

B. 当室外日最低气温连续 5d 稳定低于 5℃

C. 当室外日平均气温连续 5d 稳定低于 5℃

D. 当室外日平均气温连续 5d 稳定低于 10℃

8. 关于施工图预算与施工预算区别的说法，正确的是（　　）。

A. 施工图预算的编制以施工定额为依据，施工预算的编制以预算定额为依据

B. 施工图预算适用于发包人和承包人，施工预算适用于施工企业的内部管理

C. 施工图预算只能由造价咨询机构编制，施工预算只能由施工企业编制

D. 施工图预算和施工预算都可作为投标报价的主要依据，但施工预算更为详细

9. 为保证施工质量，在项目开工前，应由（　　）向分包人进行书面技术交底。

A. 施工企业技术负责人　　B. 施工项目经理

C. 项目技术负责人　　D. 总监理工程师

10. 在领取施工许可证或者开工报告前，按照国家有关规定办理工程质量监督手续的是（　　）。

A. 设计方　　B. 业主方

C. 施工方　　D. 监理方

11. 下列施工准备的质量控制工作中，属于现场施工准备工作的是（　　）。

A. 组织设计交底　　B. 细化施工方案

C. 复核测量控制点　　D. 编制作业指导书

12. 在编制施工成本计划时通常需要进行“两算”对比，“两算”指的是（　　）。

A. 设计概算、施工图预算　　B. 施工图预算、施工预算

C. 设计概算、投资估算　　D. 设计概算、施工预算

13. 关于工程变更的说法，正确的是（　　）。

A. 承包人可直接变更能缩短工期的施工方案

B. 业主要求变更施工方案，承包人可以索赔相应费用

C. 工程变更价款未确定之前，承包人可以不执行变更指示

D. 因政府部门要求导致的设计修改，由业主和承包人共同承担责任

14. 关于“两算”对比的说法，正确的是（　　）。

A. 施工预算的编制以预算定额为依据，施工图预算的编制以施工定额为依据

B. “两算”对比的方法包括实物量对比法

C. 一般情况下，施工图预算的人工数量及人工费比施工预算低

D. 一般情况下，施工图预算的材料消耗量及材料费比施工预算低

二、多项选择题（每题 2 分。每题的备选项中，有 2 个或 2 个以上符合题意，至少有 1 个错项。错选，本题不得分；少选，所选的每个选项得 0.5 分）

1. 下列关于设计变更管理的说法正确的有（　　）。

A. 变更发生得越早损失越小

B. 变更发生得越早损失越大

C. 在采购阶段变更仅需要修改图纸

D. 在采购阶段变更不仅需要修改图纸，还需要重新采购设备、材料

2. 在施工过程中，引起工程变更的原因有（　　）。

A. 发包人修改项目计划　　B. 总承包人改变施工方案

C. 设计错误导致图纸修改　　D. 工程环境变化

E. 政府部门提出新的环保要求

二维码 2-34
模拟赛题答案

二维码 2-35
模拟赛题答案解析

3

Danyuansan　Hengdaotu Jindu Jihua

单元 3 横道图进度计划

本单元围绕施工进度计划展开，深入阐述流水施工原理、横道图绘制方法以及多种流水施工组织方式。学生通过学习，能为从事施工员、进度计划员等岗位做好准备，掌握合理安排施工进度的能力。职业院校技能大赛中常设置绘制横道图、计算流水参数等任务。以应县木塔的施工流程为例融入课程思政，让学生认识到传统建筑文化中蕴含的精湛技艺和深厚内涵。同时，科学严谨规划施工工序不仅是保障工程质量和进度的关键，更是对传统建筑文化的传承与发扬。激励学生在今后的学习和实际工作中，以应县木塔的建造者们为榜样，追求卓越，精益求精，将工匠精神融入到每一个工作环节中，为传承和发展中国传统建筑文化贡献自己的力量。同时，培养学生的文化自信和社会责任感。

单元 3 课件

单元 3 课前练一练

教学目标

知识目标：

1. 了解组织施工的基本方式；
2. 掌握流水施工原理；
3. 掌握横道图的绘制方法。

能力目标：

1. 能正确划分施工区段，合理确定施工顺序；
2. 能够进行资源平衡计算；
3. 能参与编制施工进度计划及资源需求计划；
4. 能应用横道图进度计划技术进行基本的项目管理。

典型工作任务——绘制横道图进度计划

<table>
<tr><td>任务描述</td><td>位于湖南省某市区的某住宅楼工程，为五层砖混结构，建筑面积 3300m²，建筑平面为四个标准单元组合，垂直运输机械为塔式起重机。本装饰工程工期 60d（工期可以提前，但必须控制在 10% 以内，工期不能延后），工程量一览表见表 3–1。采用流水施工方式组织施工（其中，散水／台阶压抹、厨卫瓷砖、外墙瓷砖可不纳入流水作业，具备工作条件时，即可开始施工），绘制装饰工程横道图进度计划。

工程量一览表　　表 3–1
<table>
<tr><td rowspan="2">序号</td><td rowspan="2">分部分项工程名称</td><td colspan="2">工程量</td><td rowspan="2">施工条件说明</td></tr>
<tr><td>单位</td><td>数量</td></tr>
<tr><td>1</td><td>楼地面铺贴地板砖</td><td>m²</td><td>2651.4</td><td>铺贴地板砖 800mm × 800mm</td></tr>
<tr><td>2</td><td>散水／台阶压抹</td><td>m²</td><td>136.6/16.9</td><td>抹水泥砂浆 20mm 厚，散水压光不压线</td></tr>
<tr><td>3</td><td>厨卫瓷砖</td><td>m²</td><td>930.6</td><td>瓷砖墙面 200mm × 300mm</td></tr>
<tr><td>4</td><td>铝合金门／窗安装</td><td>樘</td><td>180/300</td><td>门尺寸 1000mm × 2100mm，推拉窗尺寸 1500mm × 1800mm（不含玻璃）</td></tr>
<tr><td>5</td><td>内墙抹灰</td><td>m²</td><td>5699.8</td><td>砖墙面抹混合砂浆，纸筋灰罩面</td></tr>
<tr><td>6</td><td>顶棚抹灰</td><td>m²</td><td>3202</td><td>混凝土基层，抹水泥砂浆，纸筋灰罩面</td></tr>
<tr><td>7</td><td>外墙瓷砖</td><td>m²</td><td>2666.4</td><td>面砖尺寸 150mm × 150mm</td></tr>
<tr><td>8</td><td>顶棚、内墙刷涂料</td><td>m²</td><td>8901.5</td><td>二遍，光面，抹灰面（按内墙查）</td></tr>
</table>
注：上表工程量为一栋建筑物（5 层）的总工程量，每层工程量相等</td></tr>
<tr><td>任务目的</td><td>1. 能熟练应用劳动定额；
2. 能根据施工现场的工程量计算工期；
3. 能熟练绘制横道图</td></tr>
<tr><td>任务要求</td><td>1. 根据各分部分项工程量查找劳动定额，计算劳动量；
2. 确认施工段、施工班组人数、流水节拍、计算工期；
3. 绘制横道图</td></tr>
<tr><td>完成形式</td><td>1. 根据班级情况可分组完成，也可以独立完成；
2. 采用 PPT 汇报的方式完成</td></tr>
</table>

导读——透过“应县木塔”看施工工序

二维码 3-1
施工进度计划的概念（微课）

在大部分人的印象中，中国传统的木结构建筑并不高大。即便是帝王的居所，多数仅为 10m 至 20m 高，一般的民宅更是不过数米。但是位于山西省朔州市应县的佛宫寺释迦塔（俗称：应县木塔）是个例外。它始建于距今约 1000 年的辽代，高 67.31m，相当于一幢 20 多层的现代高楼，是世界上现存最高的木结构古建。（注：中国史籍曾记载过高度超过百米的木塔，可惜早已荡然无存，难以考证。）

二维码 3-2
施工进度计划的表达方式（微课）

应县木塔采用全木结构搭建，3000t 木制构件互相咬合构成塔身。第一层的每根木柱平均负重高达 110t，而且这一负重自公元 1056 年木塔建成，已持续近千年时间。其他类似的木塔或毁于天灾，或毁于人祸，唯有应县木塔存于世间。它经历 40 余次地震，200 余次枪击炮轰，无数次电闪雷击，依然强震不倒、炮击不毁、雷击不焚，堪称“中国第一木塔”。

中国古代伟大的建筑师和能工巧匠们让应县木塔具有了不死的魂灵和傲视千古的精神。就像梁思成说的：“不见此塔，不知木构的可能性到了什么程度。”高超绝伦的施工工艺与施工技术让应县木塔成为超越时空的古建筑代表作。

二维码 3-3
逻辑关系（微课）

思考：

应县木塔体现了中国古代工匠精益求精的精神，是我们国家古代劳动人民的智慧结晶。请大家思考，在施工的流程中，各个工序之间是否存在先后关系？

3.1　施工进度计划概述

二维码 3-4
横道图、网络图表达方式比较

3.1.1　施工进度计划的表达方式

施工进度计划按编制对象的不同可分为：施工总进度计划、单位工程进度计划、分阶段（或专项工程）工程进度计划、分部分项工程进度计划四种。

施工总进度计划可采用网络图或横道图表示，这两种表示方式从本质上讲是一样的，都是将整个项目分成若干个工序，然后按前后逻辑关系，将这些工作关联在一起，但也有各自的优缺点。单位工程施工进度计划一般用横道图（本单元讲述）表示即可，对于工程规模较大、工序比较复杂的工程宜采用网络图（单元 4 讲述）表示，通过对各类参数的计算，找出关键线路，选择最优方案。

二维码 3-5
组织施工的方式——依次施工（微课）

二维码 3-6
组织施工的方式——平行施工
（微课）

3.1.2 组织施工的方式

建筑装饰工程是由许多施工过程组成的，每一个施工过程可以组织一个或多个施工队组来进行施工。而组织施工的方式通常有依次施工、平行施工和流水施工三种，现通过一个工程实例对三种方式的施工特点和效果进行分析。

【案例 3–1】 某四幢相同的住宅装饰工程，划分为墙面基层处理、墙面涂料粉刷、地面瓷砖铺贴、室内门窗安装四个施工过程，每个施工过程安排一个施工队组，一班制施工，其中，每幢楼墙面基层处理工作队由 16 人组成，2 天完成；墙面涂料粉刷工作队由 30 人组成，1 天完成；地面瓷砖铺贴工作队由 20 人组成，3 天完成；室内门窗安装工作队由 10 人组成，1 天完成。分别组织依次施工、平行施工和流水施工。

二维码 3-7
组织施工的方式——流水施工
（微课）

3.2 流水施工原理

流水施工方法是组织施工的一种科学方法。建筑装饰工程的流水施工与工业企业中采用的流水线生产极为相似，不同的是，工业生产中各个工作在流水线上，从前一工序向后一工序流动，生产者是固定的；而在建筑装饰工程施工中各施工对象都是固定不动的，专业施工队伍则由前一施工段向后一施工段流动，即生产者是移动的。

二维码 3-8
【案例 3–1】依次施工

3.2.1 流水施工的技术经济效果

流水施工是在依次施工和平行施工的基础上产生的，它既克服了依次施工和平行施工的缺点，又具有两者的优点。它的特点是施工的连续性和均衡性，使各种物资资源可以均衡地使用，使施工企业的生产能力可以充分地发挥，劳动力得到了合理的安排和使用，从而带来了较好的技术经济效果，具体可归纳为以下几点：

二维码 3-9
【案例 3–1】平行施工

(1) 按专业工种建立劳动组织，实行生产专业化，有利于劳动生产率的不断提高。

(2) 科学地安排施工进度，使各施工过程在保证连续施工的条件下，最大限度地实现搭接施工，从而减少了因组织不善而造成的停工、窝工损失，合理地利用了施工的时间和空间，有效地缩短了施工工期。

(3) 由于施工的连续性、均衡性，使劳动消耗、物资供应、机械设备利用等处于相对平稳状态，充分发挥管理水平，降低工程成本。

二维码 3-10
【案例 3–1】流水施工

3.2.2 组织流水施工的条件

流水施工的实质是分工协作与成批生产。在社会化大生产的条件下，分工已经形成，由于建筑装饰产品体形庞大，通过划分施工段就可将单件产品变成假想的多件产品。组织流水施工的条件主要有以下几点：

二维码 3-11
流水施工概念（微课）

1. 划分分部分项工程

首先，将拟建工程根据工程特点及施工要求，划分为若干个分部工程，每个分部工程又根据施工工艺要求、工程量大小、施工队组的组成情况，划分为若干施工过程（即分项工程）。

2. 划分施工段

根据组织流水施工的需要，将所建工程在平面或空间上，划分为工程量大致相等的若干个施工区段。

二维码 3-12
流水施工的技术经济效果（微课）

3. 每个施工过程组织独立的施工队组

在一个流水组中，每个施工过程尽可能组织独立的施工队组，其形式可以是专业队组，也可以是混合队组，这样可以使每个施工队组按照施工顺序依次、连续、均衡地从一个施工段转到另一个施工段进行相同的操作。

4. 主要施工过程必须连续、均衡地施工

对工程量较大、施工时间较长的施工过程，必须组织连续、均衡地施工，对其他次要施工过程，可考虑与相邻的施工过程合并或在有利于缩短工期的前提下，安排其间断施工。

二维码 3-13
组织流水施工的条件（微课）

5. 不同的施工过程尽可能组织平行搭接施工

按照施工先后顺序要求，在有工作面的条件下，除必要的技术和组织间歇时间外，尽可能组织平行搭接施工。

3.2.3　流水施工参数

由流水施工的基本概念及组织流水施工的要点和条件可知：施工过程的分解、流水段的划分、施工队组的组织、施工过程间的搭接、各流水段的作业时间五个方面的问题是流水施工中需要解决的主要问题。只有解决好这几方面的问题，使空间和时间得到合理、充分的利用，方能达到提高工程施工技术经济效果的目的。为此，流水施工基本原理中将上述问题归纳为工艺、空间和时间三个参数，称为流水施工基本参数。

二维码 3-14
流水施工的工艺参数（微课）

1. 工艺参数

在组织流水施工时，用以表达流水施工在施工工艺上开展顺序及其特征的参数，称为工艺参数。通常，工艺参数包括施工过程数和流水强度两种。

（1）施工过程数

施工过程数是指参与一组流水的施工过程数目，以符号 n 表示。

二维码 3-15
工艺参数——施工过程数（微课）

施工过程划分的数目多少、粗细程度一般与下列因素有关：

1）施工计划的性质与作用

对工程施工控制性计划、长期计划，以及建筑群体规模大、结构复杂、施工期长的工程的施工进度计划，其施工过程划分可粗些，综合性大些，一般划分至单位工程或分部工程。对中小型单位工程及施工期不长的工程施工实施性计划，其施工过程划分可细些、具体些，一般划分至分项工程。对月度作业性计划，有些施工过程还可分解为工序，如顶棚工程中的龙骨、基层、面层等。

2）施工方案及工程结构

施工过程的划分与工程的施工方案及工程结构形式有关。如成品门安装和铝合金窗安装，如同时施工，可合并为一个施工过程，如果施工方案中有说明，也可以根据施工的先后分为两个施工过程。

3）劳动组织及劳动量大小

施工过程的划分与施工队组的组织形式有关。如现浇钢筋混凝土结构的施工，如果是单一工种组成的施工班组，可以划分为支模板、扎钢筋、浇混凝土三个施工过程；同时为了组织流水施工的方便或需要，也可合并成一个施工过程，这时劳动班组的组成是多工种混合班组。施工过程的划分还与劳动量大小有关。劳动量小的施工过程，当组织流水施工有困难时，可与其他施工过程合并。如垫层劳动量较小时可与挖土合并为一个施工过程，这样可以使各个施工过程的劳动量大致相等，便于组织流水施工。

4）施工过程内容和工作范围

施工过程的划分与其内容和范围有关。如直接在施工现场与工程对象上进行的劳动过程，可以划入流水施工过程，而场外劳动内容可以不划入流水施工过程，如部分场外制备和运输类施工过程。

综上所述，施工过程的划分既不能太多、过细，那样将给计算增添麻烦，重点不突出；也不能太少、过粗，那样将过于笼统，失去指导作用。

（2）流水强度

流水强度是指流水施工的某一装饰施工过程（专业施工班组）在单位时间内所完成的工程量，也称流水能力或生产能力，一般以 V_i 表示。

1）机械施工过程的流水强度

二维码 3-16
工艺参数——流水强度（微课）

$$V_i=\sum_{i=1}^{x}R_iS_i \tag{3-1}$$

式中　V_i——某施工过程 i 的机械操作流水强度；

R_i——投入施工过程 i 的某种施工机械台数；

S_i——投入施工过程 i 的某种施工机械产量定额；

x——投入施工过程 i 的施工机械种类数。

2）人工施工过程的流水强度

$$V_i=R_iS_i \tag{3-2}$$

式中　R_i——投入施工过程 i 的工作队人数；

S_i——投入施工过程 i 的工作队平均产量定额；

V_i——某施工过程 i 的人工操作流水强度。

二维码 3-17
工艺参数——施工队数（微课）

2. 空间参数

在组织流水施工时，用以表达流水施工在空间布置上所处状态的参数，称为空间参数。空间参数主要有：工作面、施工段数和施工层数。

二维码 3-18
流水施工的空间参数（微课）

（1）工作面

某专业工种的工人在从事建筑装饰产品施工生产过程中，所必须具备的活动空间，这个活动空间称为工作面。它的大小是根据相应工种单位时间内的产量定额、工程操作规程和安全规程等的要求确定的。工作面确定的合理与否，直接影响到专业工种工人的劳动生产效率，对此，必须认真加以对待，合理确定。有关工种的工作面见表 3–2。

二维码 3-19
空间参数——工作面（微课）

主要工种工作面参考数据表　　表 3–2

工作项目	每个技工的工作面	说明
砌砖墙	8.5m	以 1 砖计，1.5 砖乘以 0.7，2 砖乘以 0.57
混凝土地坪及面层	$40m^2$	机拌、机捣
外墙抹灰	$16m^2$	
内墙抹灰	$18.5m^2$	
卷材屋面	$18.5m^2$	
防水水泥砂浆屋面	$16m^2$	
门窗安装	$11m^2$	

二维码 3-20
空间参数——施工段数和施工层数（微课）

（2）施工段数和施工层数

施工段数和施工层数是指工程对象在组织流水施工中所划分的施工区段数目。一般把平面上划分的若干个劳动量大致相等的施工区段称为施工段，用符号 m 表示。把建筑物垂直方向划分的施工区段称为施工层，用符号 r 表示。

划分施工区段的目的，就在于保证不同的施工队组能在不同的施工区段上同时进行施工，消灭由于不同的施工队组不能同时在一个工作面上工作而产生的互等、停歇现象，为流水创造条件。

划分施工段的基本要求：

1）施工段的数目要合理。施工段数过多势必要减少人数，工作面不能充分利用，拖长工期；施工段数过少，则会引起劳动力、机械和材料供应的过分集中，有时还会造成"断流"的现象。

2）各施工段的劳动量（或工程量）要大致相等（相差宜在15%以内），以保证各施工队组连续、均衡、有节奏地施工。

3）要有足够的工作面，使每一施工段所能容纳的劳动力人数或机械台数能满足合理劳动组织的要求。

4）要有利于结构的整体性。施工段分界线宜划在伸缩缝、沉降缝以及对结构整体性影响较小的位置。

5）以主导施工过程为依据进行划分。例如在房屋装饰工程施工中，应以楼地面铺贴、墙面装饰、顶棚装饰作为主导施工过程划分施工段。

6）当组织流水施工的工程对象有层间关系，分层分段施工时，应使各施工队组能连续施工。即施工过程的施工队组做完第一段能立即转入第二段，施工完第一层的最后一段能立即转入第二层的第一段。因此每层的施工段数必须大于或等于其施工过程数，即 $m \geqslant n$。

当 $m=n$ 时，各施工队组连续施工，施工段上始终有施工队组，工作面能充分利用，无停歇现象，也不会产生工人窝工现象，比较理想。

当 $m>n$ 时，施工队组仍是连续施工，施工段上会有停歇的工作面，工作面未被充分利用。但工作面的停歇并不一定有害，有时还是必要的，如可以利用停歇的时间做养护、备料、弹线等工作。但当施工段数目过多，必然导致工作面闲置，不利于缩短工期。

当 $m<n$ 时，施工段上不会出现停歇，但施工队组不能及时进入第二层施工段施工而轮流出现窝工现象。这对于一个建筑物的装饰工程组织流水施工是不适宜的，但是，在建筑群的装饰工程中可与其他建筑物组织大流水。

3. 时间参数

在组织流水施工时，用以表达流水施工在时间排列上所处状态的参数，称为时间参数。它包括：流水节拍、流水步距、平行搭接时间、技术与组织间歇时间、工期。

（1）流水节拍

流水节拍是指从事某一施工过程的施工队组在一个施工段上完成施工任务所需的时间，用符号 t_i 表示（i=1，2……）。

二维码 3-21
流水施工时间参数（微课）

流水节拍的大小直接关系到投入的劳动力、机械和材料量的多少，决定着施工速度和施工的节奏，因此，合理确定流水节拍，具有重要的意义。流水节拍可按下列三种方法确定：

二维码 3-22
时间参数——流水节拍（微课）

1）定额计算法。这是根据各施工段的工程量和现有能够投入的资源量（劳动力、机械台数和材料量等），按式（3–3）或式（3–4）进行计算。

$$t_i=\frac{Q_i}{S_iR_iN_i}=\frac{P_i}{R_iN_i} \tag{3-3}$$

或

$$t_i=\frac{Q_iH_i}{R_iN_i}=\frac{P_i}{R_iN_i} \tag{3-4}$$

式中　t_i——某施工过程的流水节拍；

Q_i——某施工过程在某施工段上的工程量；

S_i——某施工队组的计划产量定额；

H_i——某施工队组的计划时间定额；

P_i——在一施工段上完成某施工过程所需的劳动量（工日数）或机械台班量（台班数），按式（3–5）计算；

R_i——某施工过程的施工队组人数或机械台数；

N_i——每天工作班制。

$$P_i=\frac{Q_i}{S_i}=Q_iH_i \tag{3-5}$$

在式（3–3）和式（3–4）中，S_i 和 H_i 应是施工企业的工人或机械所能达到实际定额水平。

【案例 3–2】 某地面在找平层上铺贴规格为 800mm × 800mm 爵士白大理石，工程量为 219m^2，根据已知条件查《建设工程劳动定额 装饰工程—抹灰与镶贴工程》LD/T 73.1—2008 第 19 页表 15 中的定额编号 BA0188 得知，铺贴规格为 800mm × 800mm 大理石的劳动定额为 1.63 工日 /10m^2，其劳动量为：

219 × 1.63/10=35.697 ≈ 36（工日）

这表示 1 个标准工人铺贴 219m^2 的 800mm × 800mm 爵士白大理石，需要 36 工日，如果该分部工程分为两个施工段，施工班组人数为 3 人，2 班制作业，则流水节拍为：

$$t_i=\frac{36}{2\times3\times2}=3(天)$$

在《建设工程劳动定额 装饰工程—抹灰与镶贴工程》LD/T 73.1—2008 中 3.1.1 条规定：本标准的劳动消耗量均以“时间定额”表示，以

二维码 3-23
劳动定额的使用方法（微课）

二维码 3-24
【子任务一】解析

“工日”为单位，每一工日按 8h 计算。

【子任务一】 根据典型工作任务的要求，查找《建设工程劳动定额 装饰工程》LD/T 73.1~4—2008 计算劳动量。

2）经验估算法。它是根据以往的施工经验进行估算。一般为了提高其准确程度，往往先估算出该流水节拍的最长、最短和最可能三种时间，然后据此求出期望时间作为某施工队组在某施工段上的流水节拍。因此，本法也称为三种时间估算法。一般按式（3−6）计算：

$$t_i=\frac{a+4c+b}{6} \tag{3-6}$$

式中 t_i——某施工过程在某施工段上的流水节拍；

a——某施工过程在某施工段上的最短估算时间；

b——某施工过程在某施工段上的最长估算时间；

c——某施工过程在某施工段上的最可能估算时间。

这种方法多适用于采用新工艺、新方法和新材料等没有定额可循的工程。

3）工期计算法。对某些施工任务在规定日期内必须完成的工程项目，往往采用倒排进度法，即根据工期要求先确定流水节拍然后应用式（3−3）、式（3−4）求出所需的施工队组人数或机械台数。但在这种情况下，必须检查劳动力和机械供应的可能性，物资供应能否与之相适应。具体步骤如下：

根据工期倒排进度，确定某施工过程的工作延续时间；

确定某施工过程在某施工段上的流水节拍。若同一施工过程的流水节拍不等，则用估算法；若流水节拍相等，则按式（3−7）计算：

$$t_i=\frac{T_i}{m} \tag{3-7}$$

式中 t_i——某施工过程的流水节拍；

T_i——某施工过程的工作持续时间；

m——施工段数。

确定流水节拍应考虑的因素：

1）施工队组人数应符合该施工过程最小劳动组合人数的要求。所谓最小劳动组合，就是指某一施工过程进行正常施工所必须的最低限度的队组人数及其合理组合。如模板安装就要按技工和普工的最少人数及合理比例组成施工队组，人数过少或比例不当都将引起劳动生产率的下降，甚至无法施工。

2）要考虑工作面的大小或某种条件的限制。施工队组人数也不能太多，每个工人的工作面要符合最小工作面的要求。否则，就不能发挥正常的施工效率或不利于安全生产。

3）要考虑各种机械台班的效率或机械台班产量的大小。

4）要考虑各种材料、构配件等施工现场堆放量、供应能力及其他有关条件的制约。

5）要考虑施工及技术条件的要求。例如，浇筑混凝土时，为了连续施工有时要按照三班制工作的条件决定流水节拍，以确保工程质量。

6）确定一个分部工程各施工过程的流水节拍时，首先应考虑主要的、工程量大的施工过程的节拍值，其次确定其他施工过程的节拍值。

7）节拍值一般取整数，必要时可保留0.5天/台班的小数值。

（2）流水步距

二维码3-25
时间参数——流水步距（微课）

流水步距是指两个相邻的施工过程的施工队组相继进入同一施工段开始施工的最小时间间隔（不包括技术与组织间歇时间，不包括搭接时间），用符号 $K_{i,\ i+1}$ 表示（i 表示前一个施工过程，$i+1$ 表示后一个施工过程）。

流水步距的大小，对工期有着较大的影响。一般说来，在施工段不变的条件下，流水步距越大，工期越长；流水步距越小，则工期越短。流水步距还与前后两个相邻施工过程流水节拍的大小、施工工艺技术要求、施工段数目、流水施工的组织方式有关。

流水步距的数目等于（n−1）个参加流水施工的施工过程（队组）数。

1）确定流水步距的基本要求

①主要施工队组连续施工的需要。流水步距的最小长度，必须使主要施工专业队组进场以后，不发生停工、窝工现象。

②施工工艺的要求。保证每个施工段的正常作业程序，不发生前一个施工过程尚未全部完成，而后一施工过程提前介入的现象。

③最大限度搭接的要求。流水步距要保证相邻两个专业队在开工时间上最大限度地、合理地搭接。

④要满足保证工程质量，满足安全生产、成品保护的需要。

2）确定流水步距的方法

确定流水步距的方法很多，简捷、实用的方法主要有图上分析计算法（公式法）和累加数列法（潘特考夫斯基法）。

（3）平行搭接时间

在组织流水施工时，有时为了缩短工期，在工作面允许的条件下，如果前一个施工队组完成部分施工任务后，能够提前为后一个施工队组提供工作面，使后者提前进入前一个施工段，两者在同一施工段上平行搭接施工，这个搭接时间称为平行搭接时间，通常以 $C_{i,\ i+1}$ 表示。

二维码3-26
时间参数——平行搭接时间（微课）

二维码 3-27
时间参数——间歇时间（微课）

（4）技术与组织间歇时间

在组织流水施工时，有些施工过程完成后，后续施工过程不能立即投入施工，必须有足够的间歇时间。由建筑材料或现浇构件工艺性质决定的间歇时间称为技术间歇。如现浇混凝土构件的养护时间、抹灰层的干燥时间和油漆层的干燥时间等。由施工组织原因造成的间歇时间称为组织间歇。如回填土前地下管道检查验收，施工机械转移和砌筑墙体前的墙身位置弹线，以及其他作业前的准备工作。技术与组织间歇时间用 $Z_{i,\ i+1}$ 表示。

二维码 3-28
时间参数——工期（微课）

（5）工期

工期是指完成一项工程任务或一个流水组施工所需的时间，一般可采用式（3-8）计算完成一个流水组的工期。

$$T=\sum K_{i,\ i+1}+T_n+\sum Z_{i,\ i+1}-\sum C_{i,\ i+1} \tag{3-8}$$

式中 T——流水施工工期；

$\sum K_{i,\ i+1}$——流水施工中各流水步距之和；

T_n——流水施工中最后一个施工过程的持续时间；

$Z_{i,\ i+1}$——第 i 个施工过程与第 i+1 个施工过程之间的技术与组织间歇时间；

$C_{i,\ i+1}$——第 i 个施工过程与第 i+1 个施工过程之间的平行搭接时间。

二维码 3-29
横道图进度计划的表达（微课）

3.2.4 施工进度计划横道图的绘制

流水施工主要以横道图方式表示：横坐标表示流水施工的持续时间；纵坐标表示施工过程的名称或编号。条带有编号的水平线段表示各施工过程或专业工作队的施工进度安排，其编号①、②……表示不同的施工段。一般情况下，图中包含横道图表间和完成时间、施工过程的持续时间、施工过程之间的相互搭接关系，以及整个施工项目的开工时间、完工时间和总工期。横道图表示法的优点是：绘图简单，施工过程及其先后顺序表达清楚，时间和空间状况形象直观，使用方便，因而被广泛用来表达施工进度计划。

二维码 3-30
横道图进度计划的绘制（微课）

横道图的绘制方法如下：首先绘制时间坐标进度表，根据有关计算，直接在进度表上画出进度线，进度线的水平长度即为施工过程的持续时间。其一般步骤是：先安排主导施工过程的施工进度，然后再安排其余施工过程，它应尽可能配合主导施工过程并最大限度地搭接，形成施工进度计划的初步方案。

3.3　流水施工的组织方式

3.3.1　流水施工的基本组织方式

1. 流水施工的分级

根据组织流水施工的工程对象的范围大小，流水施工通常可分为：

（1）分项工程流水施工

分项工程流水施工也称为细部流水施工，是在一个施工过程内部组织起来的流水施工。例如地面砖铺贴施工过程的流水施工、纸面石膏板吊顶施工过程的流水施工等。细部流水施工是组织工程流水施工中范围最小的流水施工。

二维码 3-31
流水施工的分级（微课）

（2）分部工程流水施工

分部工程流水施工也称为专业流水施工。它是在一个分部工程内部、各分项工程之间组织起来的流水施工。例如：基础工程的流水施工、主体工程的流水施工、装饰工程的流水施工。分部工程流水施工是组织单位工程流水施工的基础。

（3）单位工程流水施工

单位工程流水施工也称为综合流水施工，它是在一个单位工程内部、各分部工程之间组织起来的流水施工。如一幢办公楼、一个厂房车间等组织的流水施工。单位工程流水施工是分部工程流水施工的扩大和组合，建立在分部工程流水施工基础之上。

（4）群体工程流水施工

群体工程流水施工也称为大流水施工，它是在一个个单位工程之间组织起来的流水施工。它是为完成工业或民用建筑群而组织起来的全部单位工程流水施工的总和。

2. 流水施工的基本组织方式

建设工程的流水施工要求有一定的节拍，才能步调和谐，配合得当。流水施工的节奏是由节拍所决定的。由于建筑装饰工程的多样性，各分部分项的工程量差异较大，要使所有的流水施工都组织成统一的流水节拍是很困难的。在大多数的情况下，各施工过程的流水节拍不一定相等，甚至一个施工过程本身在各施工段上的流水节拍也不相等。因此形成了不同节奏特征的流水施工。

根据流水施工节奏特征的不同，流水施工的基本方式分为有节奏流水施工和无节奏流水施工两大类。有节奏流水又可分为等节奏流水和异节奏流水，如图 3-1 所示。

二维码 3-32
流水施工的基本组织方式（微课）

流水施工
- 有节奏流水施工
  - 等节奏流水施工（全等节拍流水）
  - 异节奏流水施工
    - 等步距异节拍流水施工
    - 异步距异节拍流水施工
- 无节奏流水施工

图 3-1　流水施工的组织方式

二维码 3-33
等节奏流水施工的概念（微课）

3.3.2　等节奏流水施工

等节奏流水施工是指同一施工过程在各施工段上的流水节拍都相等，并且不同施工过程之间的流水节拍也相等的一种流水施工方式。即各施工过程的流水节拍均为常数，故也称为全等节拍流水或固定节拍流水。

例如，某顶棚吊顶工程划分为吊筋固定 A、龙骨安装 B、基层施工 C、面层施工 D 四个施工过程，每个施工过程分四个施工段，流水节拍均为 2 天，组织等节奏流水施工，其进度计划安排如图 3-2 所示。

施工过程	施工进度 / 天													
	1	2	3	4	5	6	7	8	9	10	11	12	13	14
吊筋固定 A														
龙骨安装 B														
基层施工 C														
面层施工 D														

图 3-2　等节奏流水施工进度计划

1. 等节奏流水施工的特征

（1）各施工过程在各施工段上的流水节拍彼此相等。

如有 n 个施工过程，流水节拍为 t_i，则：

$$t_1=t_2=\cdots=t_{n-1}=t_n,\ t_i=t\ （常数） \tag{3-9}$$

（2）流水步距彼此相等，而且等于流水节拍值，即：

$$K_{1,2}=K_{2,3}=\cdots=K_{n-1,n}=K=t \tag{3-10}$$

二维码 3-34
等节奏流水施工的特征（微课）

（3）各专业工作队在各施工段上能够连续作业，施工段之间没有空闲时间。

（4）施工班组数 n_1 等于施工过程数 n。

2. 等节奏流水施工主要参数的确定

（1）等节奏流水施工段数 m 的确定。

1）无层间关系时，施工段数 m 按划分施工段的基本要求确定即可。

2）有层间关系时，为了保证各施工队组连续施工，应取 $m \geqslant n$。此时，每层施工段空闲数为 $m-n$，一个空闲施工段的时间为 t，则每层的空闲时间为：

$$(m-n)\ t=(m-n)\ K \tag{3-11}$$

若一个楼层内各施工过程间的技术、组织间歇时间之和为 $\sum Z_1$，楼层间技术组织间歇时间为 Z_2。如果每层的 $\sum Z_1$ 均相等，Z_2 也相等，则保证各施工队组能连续施工的最小施工段数 m 的确定如下：

$$(m-n)\ K=\sum Z_1+Z_2-\sum C_1$$

$$m=n+\frac{\sum Z_1}{K}+\frac{Z_2}{K}-\frac{\sum C_1}{K} \tag{3-12}$$

式中 m——施工段数；

n——施工过程数；

$\sum Z_1$——一个楼层内各施工过程间技术、组织间歇时间之和；

Z_2——楼层间技术、组织间歇时间；

$\sum C_1$——同一施工层中平行搭接时间之和；

K——流水步距。

（2）流水施工工期计算

1）不分施工层时，可按式（3-13）计算。

因为

$$\sum K_{i,\ i+1}=(n-1)\ t$$
$$T_n=mt$$

将以上内容代入一般工期计算式（3-8）：

$$T=\sum K_{i,\ i+1}+T_n+\sum Z_{i,\ i+1}-\sum C_{i,\ i+1}$$

所以

$$T=(n-1)\ t+mt+\sum Z_{i,\ i+1}-\sum C_{i,\ i+1}$$
$$T=(m+n-1)\ t+\sum Z_{i,\ i+1}-\sum C_{i,\ i+1} \tag{3-13}$$

式中 T——流水施工总工期；

m——施工段数；

n——施工过程数；

二维码 3-35
等节奏流水施工的组织（微课）

t——流水节拍；

$\sum Z_{i,\ i+1}$——i，i+1 两施工过程之间的技术与组织间歇时间；

$\sum C_{i,\ i+1}$——i，i+1 两施工过程之间的平行搭接时间。

2）分施工层时，可按式（3–14）计算：

$$T=(mr+n-1)t+\sum Z_1-\sum C_1 \tag{3-14}$$

式中 r——施工层数；

$\sum Z_1$——同一施工层中技术与组织间歇时间之和；

$\sum C_1$——同一施工层中平行搭接时间之和。

其他符号含义同前。

二维码 3-36
【案例 3-3】解析

3. 等节奏流水施工的组织

等节奏流水施工的组织方法是：首先划分施工过程，应将劳动量小的施工过程合并到相邻施工过程中去，以使各流水节拍相等；其次确定主要施工过程的施工队组人数，计算其流水节拍；最后根据已定的流水节拍，确定其他施工过程的施工队组人数及其组成。

等节奏流水施工一般适用于工程规模较小、建筑结构比较简单、施工过程不多的房屋或某些构筑物，常用于组织一个分部工程的流水施工。

二维码 3-37
【案例 3-4】解析

4. 等节奏流水施工案例

【案例 3–3】某顶棚吊顶工程划分为吊筋固定 A、龙骨安装 B、基层施工 C、面层施工 D 四个施工过程，每个施工过程分三个施工段，各施工过程的流水节拍均为 4d，试组织等节奏流水施工。

【案例 3–4】某分项工程由 A、B、C、D 四个施工过程组成，划分两个施工层组织流水施工，各施工过程的流水节拍均为 2d，其中，施工过程 B 与 C 之间有 2d 的技术间歇时间，层间技术间歇为 2d。为了保证施工队组连续作业，试确定施工段数，计算工期，绘制流水施工进度表。

二维码 3-38
等节奏流水施工案例 1（微课）

3.3.3 异步距异节拍流水施工

异节奏流水是指同一施工过程在各施工段上的流水节拍都相等，不同施工过程之间的流水节拍不一定相等的流水施工方式。异节奏流水又可分为异步距异节拍流水和等步距异节拍流水两种。

1. 异步距异节拍流水施工的特征

（1）同一施工过程流水节拍相等，不同施工过程之间的流水节拍不一定相等；

（2）各个施工过程之间的流水步距不一定相等；

（3）各施工工作队能够在施工段上连续作业，但有的施工段之间可能有空闲；

二维码 3-39
等节奏流水施工案例 2（微课）

（4）施工班组数 n_1 等于施工过程数 n。

2. 异步距异节拍流水施工主要参数的确定

（1）流水步距的确定

$$K_{i,\ i+1}=\begin{cases} t_i & （当 t_i \leqslant t_{i+1}） \\ mt_i-(m-1)\,t_{i+1} & （当 t_i > t_{i+1}） \end{cases} \tag{3-15}$$

式中　t_i——第 i 个施工过程的流水节拍；

t_{i+1}——第 i+1 个施工过程的流水节拍。

其他符号含义同前所述。

流水步距也可由前述“累加数列法”求得。

（2）流水施工工期 T

$$T=\sum K_{i,\ i+1}+mt_n+\sum Z_{i,\ i+1}-\sum C_{i,\ i+1} \tag{3-16}$$

式中　t_n——最后一个施工过程的流水节拍。

其他符号含义同前所述。

3. 异步距异节拍流水施工的组织

组织异步距异节拍流水施工的基本要求是：各施工队组尽可能依次在各施工段上连续施工，允许有些施工段出现空闲，但不允许多个施工班组在同一施工段交叉作业，更不允许发生工艺顺序颠倒的现象。

异步距异节拍流水施工适用于施工段大小相等的分部和单位工程的流水施工，它在进度安排上比等节奏流水灵活，实际应用范围较广泛。

4. 异步距异节拍流水施工案例

【案例 3-5】某墙面装饰工程划分为基层处理 A、乳胶漆粉刷 B、装饰线条安装 C、装饰物粘贴 D 四个施工过程，分三个施工段组织施工，各施工过程的流水节拍分别为 t_A=3d，t_B=4d，t_C=5d、t_D=3d；施工过程 B 完成后有 2 天的技术间歇时间，施工过程 D 与 C 搭接 1 天。试求各施工过程之间的流水步距及该工程的工期，并绘制流水施工进度表。

二维码 3-40
异步距异节拍流水施工（微课）

二维码 3-41
【案例 3-5】解析

3.3.4　等步距异节拍流水施工

等步距异节拍流水施工也称为成倍节拍流水，是指同一施工过程在各个施工段上的流水节拍相等，不同施工过程之间的流水节拍不完全相等，但各个施工过程的流水节拍之间存在一个最大公约数。为加快流水施工进度，按最大公约数的倍数组建每个施工过程的施工队组，以形成类似于等节奏流水的等步距异节奏流水施工方式。

1. 等步距异节拍流水施工的特征

（1）同一施工过程流水节拍相等，不同施工过程流水节拍之间存在整

二维码 3-42
等步距异节拍流水施工（微课）

数倍或公约数关系。

（2）流水步距彼此相等，且等于流水节拍的最大公约数。

（3）各专业施工队都能够保证连续作业，施工段没有空闲。

（4）施工队组数 n_1 大于施工过程数 n，即 $n_1>n$。

2. 等步距异节拍流水施工主要参数的确定

（1）流水步距的确定

$$K_{i,\ i+1}=K_b \tag{3-17}$$

（2）每个施工过程的施工队组数确定

$$b_i=\frac{t_i}{K_b} \tag{3-18}$$

$$n_1=\sum b_i \tag{3-19}$$

式中 b_i——某施工过程所需施工队组数；

n_1——专业施工队组总数目；

K_b——流水节拍的最大公约数。

其他符号含义同前所述。

（3）施工段数目 m 的确定

1）无层间关系时，可按划分施工段的基本要求确定施工段数目 m，一般取 $m=n_1$。

2）有层间关系时，每层最少施工段数目可按式（3-20）计算。

$$m=n_1+\frac{\sum Z_1}{K_b}+\frac{Z_2}{K_b} \tag{3-20}$$

式中 $\sum Z_1$—— 一个楼层内各施工过程间的技术与组织间歇时间；

Z_2——楼层间技术与组织间歇时间。

其他符号含义同前所述。

（4）流水施工工期

无层间关系时，按式（3-21）计算：

$$T=(m+n_1-1)K_b+\sum Z_{i,\ i+1}-\sum C_{i,\ i+1} \tag{3-21}$$

有层间关系时，按式（3-22）计算：

$$T=(mr+n_1-1)K_b+\sum Z_1-\sum C_1 \tag{3-22}$$

式中 r——施工层数。

其他符号含义同前所述。

3. 等步距异节拍流水施工的组织

等步距异节拍流水施工的组织方法是：根据工程对象和施工要求，划分若干个施工过程；再根据各施工过程的内容、要求及其工程量，计算每个施工段所需的劳动量；接着根据施工队组人数及组成，确定劳动量最少的施工过程的流水节拍；最后确定其他劳动量较大的施工过程的流水节拍，用调整施工队组人数或其他技术组织措施的方法，使它们的流水节拍值之间存在一个最大公约数。

等步距异节拍流水施工方式比较适用于线形工程（如道路、管道等）的施工，也适用于房屋建筑施工。

4. 等步距异节拍流水施工案例

【案例 3-6】某墙面装饰工程由基层找平 A、壁纸铺贴 B、装饰品安装 C 三个施工过程组成，分六段施工，流水节拍分别为 t_A=6d，t_B=4d，t_C=2d，试组织等步距异节拍流水施工，并绘制流水施工进度表。

二维码 3-43
【案例 3-6】解析

3.3.5　无节奏流水施工

无节奏流水施工是指同一施工过程在各个施工段上流水节拍不完全相等的一种流水施工方式。

二维码 3-44
无节奏流水施工（微课）

在实际工程中，通常每个施工过程在各个施工段上的工程量彼此不等，各专业施工队组的生产效率相差较大，导致大多数的流水节拍也彼此不相等，因此有节奏流水，尤其是全等节拍和成倍节拍流水往往是难以组织的。而无节奏流水则是利用流水施工的基本概念，在保证施工工艺、满足施工顺序要求的前提下，按照一定的计算方法，确定相邻专业施工队组之间的流水步距，使其在开工时间上最大限度地、合理地搭接起来，形成每个专业施工队组都能连续作业的流水施工方式。它是流水施工的普遍形式。

1. 无节奏流水施工的特征

（1）每个施工过程在各个施工段上的流水节拍不尽相等。

（2）各个施工过程之间的流水步距不完全相等且差异较大。

（3）各施工作业队能够在施工段上连续作业，但有的施工段之间可能有空闲时间。

（4）施工队组数 n_1 等于施工过程数 n。

2. 无节奏流水施工的组织

无节奏流水施工的实质是：各工作队连续作业，流水步距经计算确定，使专业工作队之间在一个施工段内不相互干扰（不超前，但可能滞后），或做到前后工作队之间工作紧密衔接。因此，组织无节奏流水的关键就是正确计算流水步距。组织无节奏流水施工的基本要求与异步距异节拍流水相同，即保证各施工过程的工艺顺序合理和各施工队组尽可能依次在各施工段上连续施工。

无节奏流水施工不像有节奏流水施工那样有一定的时间规律约束，在进度安排上比较灵活、自由，适用于分部工程和单位工程及大型建筑群的流水施工，实际运用比较广泛。

3. 无节奏流水施工主要参数的确定

（1）流水步距的确定

无节奏流水步距通常采用“累加数列错位相减取大差”法来确定，又称潘特考夫斯基法。其计算步骤如下：

1）将每个施工过程的流水节拍逐段累加，求出累加数列。

2）根据施工顺序，对所求相邻的两累加数列错位相减。

3）根据错位相减的结果，确定相邻施工队组之间的流水步距，即相减结果中数值最大者。

（2）流水施工工期

$$T=\sum K_{i,\ i+1}+\sum t_n+\sum Z_{i,\ i+1}-\sum C_{i,\ i+1} \tag{3-23}$$

式中 $\sum K_{i,\ i+1}$——流水步距之和；

$\sum t_n$——最后一个施工过程的流水节拍之和。

其他符号含义同前所述。

4. 无节奏流水施工案例

二维码 3-45
【案例 3-7】解析

【案例 3-7】 某地面装饰工程有旧瓷砖铲除 A、基层找平 B、防水处理 C、瓷砖铺贴 D、成品保护 E 五个施工过程，平面上划分成四个施工段，每个施工过程在各个施工段上的流水节拍见表 3-3。规定 B 完成后有 2 天的技术间歇时间，D 完成后有 1 天的组织间歇时间，A 与 B 之间有 1 天的平行搭接时间，试编制流水施工方案。

某工程流水节拍（单位：天） **表 3-3**

施工段 施工过程	Ⅰ	Ⅱ	Ⅲ	Ⅳ
A	3	2	2	4
B	1	3	5	3
C	2	1	3	5
D	4	2	3	3
E	3	4	2	1

3.4 流水施工实例

在建筑装饰工程施工中，需要组织许多施工过程的活动，在组织这些施工过程的活动中，我们把在施工工艺上互相联系的施工过程分成不同的专业，然后对各专业组合，按其组合的施工过程的流水节拍特征（节奏性），分别组织成独立的流水组进行分别流水，这些流水组的流水参数可以是不相等的，组织流水的方式也可能有所不同。最后将这些流水组按照工艺要求和施工顺序依次搭接起来，即成为一个工程对象的工程流水或一个建筑群的流水施工。需要指出，所谓专业组合是指围绕主导施工过程的组合，其他的施工过程不必都纳入流水组，而只作为调剂项目与各流水组依次搭接。在更多情况下，考虑到工程的复杂性，在编制施工进度计划时，往往只运用流水作业的基本概念，合理选定几个主要参数，保证几个主导施工过程的连续性。对其他非主导施工过程，只力求使其在施工段上尽可能各自保持连续施工。各施工过程之间只有施工工艺和施工组织上的约束，不一定步调一致。这样，对不同专业组合或几个主导施工过程进行分别流水的组织方式就有极大的灵活性，且往往更有利于计划的实现。下面用较为常见的工程施工实例来阐述流水施工的应用。

【案例 3–8】某四层房屋装饰工程的流水施工。某四层学生公寓，底层为商业用房，上部为学生宿舍，建筑面积3277.96m²。装饰工程为铝合金窗、胶合板门；外墙贴面砖；内墙为中级抹灰，普通涂料刷白；底层顶棚吊顶，楼地面贴地板砖，其劳动量一览表见表 3–4。试编制流水施工方案。

二维码 3–46
【案例 3–8】解析

某四层房屋装饰工程劳动量一览表　　　　**表 3–4**

序号	分项工程名称	劳动量（工日或台班）	序号	分项工程名称	劳动量（工日或台班）
1	顶棚墙面中级抹灰	1648	5	铝合金窗扇安装	68
2	外墙面砖	957	6	胶合板门	81
3	楼地面及楼梯地砖	929	7	顶棚墙面涂料	380
4	顶棚龙骨吊顶	148	8	油漆	69

【子任务二】根据子任务一确定的劳动量，以及典型工作任务中的工期要求，尝试确定各分部分项工程施工班组人数、流水节拍，并绘制横道图。

二维码 3–47
【子任务二】解析

单元小结

流水施工克服了依次施工和平行施工的缺点，又具有这两种施工组织方式的优点。流水施工具有连续性和均衡性。采用流水施工可以提高劳动生产率，缩短工期，降低工程成本。流水施工的基本参数可分为工艺参

二维码 3-48
复习思考题答案

数、空间参数和时间参数。在实际工程中应灵活运用这三类参数的确定方法，合理确定。流水施工按流水节拍的特征可以分为等节奏流水施工和异节奏流水施工，同样在实际工程中应结合工程特点，合理选用或组合选用流水施工方式。

复习思考题

1. 施工组织有哪几种方式？各有哪些特点？
2. 组织流水施工的要点和条件有哪些？
3. 流水施工中，主要参数有哪些？试分别叙述它们的含义。
4. 施工段划分的基本要求是什么？如何正确划分施工段？
5. 流水施工的时间参数如何确定？
6. 流水节拍的确定应考虑哪些因素？
7. 流水施工的基本方式有哪几种？各有什么特点？
8. 如何组织全等节拍流水？如何组织成倍节拍流水？
9. 什么是无节奏流水施工？如何确定其流水步距？

二维码 3-49
计算题 1

世界职业院校技能大赛建筑装饰数字化施工赛项模拟赛题

二维码 3-50
计算题 2

一、计算题（每题 10 分）

1. 某工程有 A、B、C 三个施工过程，每个施工过程均划分为 4 个施工段，设 t_A=2d，t_B=4d，t_C=3d。试分别计算依次施工、平行施工及流水施工的工期，并绘制施工进度计划横道图。

2. 已知某工程任务划分为 5 个施工过程，分 5 段组织流水施工，流水节拍均为 3d，在第二个施工过程结束后有 2d 的技术与组织间歇时间，试计算其工期并绘制进度计划横道图。

二维码 3-51
计算题 3

3. 某项目由 4 个施工过程组成，划分为 4 个施工段。每段流水节拍均为 3d，且知第二个施工过程需待第一个施工过程完工后 2d 才能开始进行，又知第三个施工过程可与第二个施工过程搭接 1d。试计算工期并绘出施工进度计划横道图。

4. 某分部工程，已知施工过程 n=4，施工段数 m=5，每段流水节拍分别为 t_1=2d，t_2=5d，t_3=3d，t_4=4d，试计算工期并绘出流水施工进度计划横道图。

二维码 3-52
计算题 4

5. 某工程项目由Ⅰ、Ⅱ、Ⅲ三个分项工程组成，分为 6 个施工段。各分项工程在各个施工段上的持续时间依次为 6d、2d、4d，试编制成倍节拍流水施工方案。

二维码 3-53
计算题 5

6. 某石材铺贴地面工程由基层清理、防水层施工、石材铺贴和清洁保养 4 个分项工程组成，它在平面上划分为 6 个施工段，各分项工程在各个施工段上的流水节拍依次为：基层清理 6d、防水层施工 2d、石材铺贴 4d、清洁保养 2d。做垫层完成后，其相应施工段至少应有技术间歇时间 2d。为了加快流水施工速度，试编制工期最短的流水施工方案。

二维码 3-54
计算题 6

7. 某墙面装饰工程由基层处理、龙骨安装、饰面板安装、涂料涂刷和墙面清理修饰 5 个分项工程组成，它在平面上划分为 6 个施工段。各分项工程在各个施工段上的施工持续时间见表 3-5。在饰面板安装后至涂料涂刷有 2d 的组织间歇。试编制该工程流水施工方案。

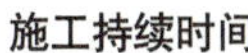
施工持续时间　　　　**表 3-5**

分项工程名称	持续时间 /d					
	①	②	③	④	⑤	⑥
支模板	2	3	2	3	2	3
绑扎钢筋	3	3	4	4	3	3
浇筑混凝土	2	1	2	2	1	2
拆模板	1	2	1	1	2	1
回填土	2	3	2	2	3	2

二维码 3-55
计算题 7

8. 已知各施工过程在各施工段上的作业时间见表 3-6，试组织流水施工。

二维码 3-56
计算题 8

某工程流水节拍　　　　**表 3-6**

施工段	施工天数 /d			
	①	②	③	④
Ⅰ	5	4	2	3
Ⅱ	3	4	5	3
Ⅲ	4	5	3	2
Ⅳ	3	5	4	3

二、单项选择题（每题 1 分，每题的备选项中只有 1 个最符合题意）

1. 在组织施工的方式中，占用工期最长的组织方式是（　　）施工。

A. 依次　　B. 平行　　C. 流水　　D. 搭接

2. 相邻两个施工班组投入施工的时间间隔称为（　　）。

A. 流水节拍　　B. 流水步距　　C. 施工过程数　D. 流水段数

3. 流水施工具有良好的经济效益，（　　）是流水施工的普遍形式。

A. 无节奏流水施工　　　　　　B. 成倍节拍流水施工

C. 固定节拍流水施工　　　　　D. 异节奏流水施工

4.（　　）一般指的是在组织拟建工程流水施工时，其整个建造过程可分解的几个施工步骤。

A. 工艺参数　　　　　　B. 空间参数

C. 时间参数　　　　　　D. 组织参数

5. 某工程由 4 个分项工程组成，平面上划分为 4 个施工段，各分项工程在各施工段上流水节拍均为 3 天，该工程工期（　　）天。

A.12　　B.15　　C.18　　D.21

6. 采用（　　）组织方式，施工现场的组织管理简单，日资源用量少，工期长。

A. 依次施工　　B. 平行施工　　C. 流水施工　　D. 搭接施工

7. 下面所表示流水施工参数正确的一组是（　　）。

A. 施工过程数、施工段数、流水节拍、流水步距

B. 施工队数、流水步距、流水节拍、施工段数

C. 搭接时间、施工队数、流水节拍、施工工期

D. 搭接时间、间歇时间、施工队数、流水节拍

8. 某分部工程划分为 4 个施工过程，5 个施工段进行施工，流水节拍均为 4 天，组织有节奏流水施工，则流水施工的工期为（　　）天。

A.40　　B.30　　C.32　　D.36

9. 某顶棚装饰工程由龙骨安装、基层板铺装、饰面板铺装 3 个分项工程组成，它在平面上划分为 6 个施工段，该 3 个分项工程在各个施工段上流水节拍依次为 6 天、4 天和 2 天，则其工期最短的流水施工方案为（　　）天。

A.22　　B.40　　C.42　　D.44

10. 已知有 3 个施工过程，流水节拍分别为 4 天、2 天、6 天，则组织有节奏流水，流水步距为（　　）天。

A.4　　B.2　　C.1　　D.6

11. 流水施工组织方式是施工中常采用的方式，因为（　　）。

A. 它的工期最短

B. 现场组织、管理简单

C. 能够实现专业工作队连续施工

D. 单位时间投入劳动力、资源量最少

12. 同一施工过程的流水节拍相等，不同施工过程的流水节拍不尽相等，但它们之间有整数倍关系，则一般可采用的流水组织方式为（　　）。

A. 有节奏流水　　B. 等节奏流水

C. 无节奏流水　　D. 非节奏流水

13.（　　）数值大小，可以反映流水速度快慢、资源供应量大小。

A. 流水步距　　B. 组织间歇

C. 流水节拍　　D. 平行搭接时间

14. 加快的成倍节拍流水施工的特点是（　　）。

A. 同一施工过程中各施工段的流水节拍相等，不同施工过程的流水节拍为倍数关系

B. 同一施工过程中各施工段的流水节拍不尽相等，其值为倍数关系

C. 专业工作队数等于施工过程数

D. 专业工作队在各施工段之间可能有间歇时间

15. 工程分为 A、B、C 3 个施工过程，每个施工过程分 5 个施工段，它们的流水节拍分别为 t_A=2d、t_B=6d、t_C=4d，且某些施工过程可安排若干个班组施工，则该工程可组织（　　）。

A. 等节奏流水施工　　B. 有节奏流水施工

C. 无节奏流水施工　　D. 非节奏流水施工

16. 在无节奏流水施工中，通常计算流水步距的方法是（　　）。

A. 累加数列错位相减取大差法　　B. 累加数列错位相加取小和法

C. 累加数列对应相减取大差法　　D. 累加数列对应相减取小差法

17. 有节奏的流水施工是指在组织流水施工时，每一个施工过程的各个施工段上的（　　）都各自相等。

A. 流水强度　　B. 流水节拍　　C. 流水步距　　D. 工作队组数

18. 已知甲、乙两施工过程，施工段数为 4，甲的流水节拍分别为 2 天、4 天、3 天、2 天；乙的流水节拍为 3 天、3 天、2 天、2 天，组织流水施工，甲、乙两施工过程的流水步距为（　　）天。

A. 2　　B. 1　　C. 4　　D. 3

19. 某二层室内顶棚装饰工程施工，其主体工程由龙骨安装、面板铺装和涂料粉刷 3 个施工过程组成，每个施工过程在施工段上的延续时间均为 5 天，划分为 3 个施工段，则总工期为（　　）天。

A. 35　　B. 40　　C. 45　　D. 50

20. 已知施工过程数为 5，施工段数为 4，流水节拍为 4 天，无技术间歇和组织间歇，组织有节奏流水施工，其工期为（　　）天。

A. 32　　B. 36　　C. 40　　D. 35

21. 建设工程组织流水施工时，其特点之一是（　　）。

A. 同一时间段只能有一个专业队投入流水施工

B. 由一个专业队在各施工段上依次施工

C. 各专业队按施工顺序应连续、均衡地组织施工

D. 施工现场的组织管理简单，工期最短

22. 在组织流水施工时，用以表达流水施工在施工工艺上开展顺序及其特征的参数，称为（　　）。

A. 工艺参数　　B. 空间参数　　C. 时间参数　　D. 组织参数

23. 在组织流水施工时，（　　）称为流水步距。

A. 某施工专业队在某一施工段的持续工作时间

B. 相邻两个专业工作队在同一施工段开始施工的最小间隔时间

C. 某施工专业队在单位时间内完成的工程量

D. 某施工专业队在某一施工段进行施工的活动空间

24.（　　）是指从事某个专业的施工班组在某一施工段上完成任务所需的时间。

A. 流水节拍　　B. 流水步距

C. 施工过程数　　D. 流水段数

25. 建设工程组织流水施工时，其特点之一是（　　）。

A. 由一个专业队在各施工段上依次施工

B. 同一时间段只能有一个专业队投入流水施工

C. 各专业队按施工顺序应连续、均衡地组织施工

D. 施工现场的组织管理简单，工期最短

26. 组织施工几种方式中，施工工期最短，一次性投入的资源量最集中的方式是（　　）。

A. 流水施工　　B. 平行施工　　C. 依次施工　　D. 搭接施工

27. 以一个施工项目为编制对象，用以指导整个施工项目全过程的各项施工活动的技术、经济和组织的综合性文件叫（　　）。

A. 施工组织总设计　　B. 单位工程施工组织设计

C. 分部分项工程施工组织设计　　D. 专项施工组织设计

28. 某专业工种所必须具备的活动空间指的是流水施工空间参数中的（　　）。

A. 施工过程　　B. 工作面　　C. 施工段　　D. 施工层

29. 关于有节奏流水，下列论述中（　　）是错误的。

A. 同一施工过程在各施工段上的流水节拍相等

B. 不同施工过程间的流水节拍也相等

C. 流水步距为最小节拍的整数倍数

D. 流水步距为常数

30. 某瓦工班组 15 人，砌 1.5 砖厚砖基础，需 6 天完成，砌筑砖基础的时间定额为 1.25 工日／立方米，该班组完成的砌筑工程量是（　　）立方米。

A. 112.5　　B. 90　　C. 80　　D. 72

三、多项选择题（每题 2 分。每题的备选项中，有 2 个或 2 个以上符合题意，至少有 1 个错项。错选，本题不得分；少选，所选的每个选项得 0.5 分）

1. 某建筑装饰工程采用依次施工方式组织施工时，特点有（　　）。

A. 工期长

B. 若采用专业班组施工，有窝工现象

C. 现场管理难度大

D. 货源供应紧张

2. 组织流水施工时，流水节拍、施工过程和施工段见表 3–7，则下列说法正确的有（　　）。

某工程流水节拍　　**表 3–7**

施工段	施工过程 /d			
	Ⅰ	Ⅱ	Ⅲ	Ⅳ
①	3	3	3	3
②	3	3	3	3
③	3	3	3	3

A. 应采用等节拍流水组织施工　　B. 应采用异节拍流水组织施工

C. $K_{①,②}=3$；$K_{②,③}=3$　　D. $K_{①,②}=3$；$K_{②,③}=6$

3. 建筑装饰工程采用等节拍流水方式组织施工时，特点有（　　）。

A. 不同施工过程在各施工段上的流水节拍均相等

B. 流水步距等于流水节拍

C. 专业班组无窝工

D. 施工队组数大于施工过程数

4. 下列流水施工的参数，属于时间参数的有（　　）。

A. 工作面　　B. 流水步距　　C. 工期　　D. 流水节拍

二维码 3–57
模拟赛题答案

二维码 3–58
模拟赛题答案解析

4

Danyuansi　Wangluo Jihua Jishu

单元 4 网络计划技术

本单元详细介绍网络计划的基本概念、网络图的绘制技巧以及时间参数的计算方法。对应现场施工员等岗位，帮助学生掌握运用网络计划技术进行高效项目管理的能力。职业院校技能大赛中，网络图绘制的准确性、时间参数计算的精确性以及关键线路的确定是重要考核点。结合华罗庚先生推广统筹法的贡献，融入课程思政，培养学生的科学管理意识和勇于创新的精神，激励学生运用科学方法提升工程管理效率，为行业发展贡献智慧。

单元 4 课件

单元 4 课前练一练

教学目标

知识目标：

1. 了解网络计划的基本概念；
2. 掌握网络图的绘制方法；
3. 掌握网络计划时间参数的计算方法。

能力目标：

1. 能正确划分施工区段，合理确定施工顺序；
2. 能够进行资源平衡计算；
3. 能参与编制施工进度计划及资源需求计划；
4. 能应用网络计划技术进行项目管理。

典型工作任务——绘制网络进度计划

<table>
<tr><td>任务描述</td><td>湖南省某市区的别墅装配式装修工程，主体建筑为 2 层砖混结构，现要对其进行室内外装饰施工。表 4–1 中列出了该装饰工程包含的主要施工内容及工程量，采用流水施工的方式。根据装饰工程施工工艺，其施工顺序为：楼地面铺贴地板砖—外墙瓷砖—内墙及顶棚抹灰—顶棚、内墙刷涂料。试绘制该装饰工程网络进度计划。

工程量一览表　　表 4–1
<table>
<tr><th rowspan="2">序号</th><th rowspan="2">分部分项工程名称</th><th colspan="2">工程量</th><th rowspan="2">施工条件说明</th></tr>
<tr><th>单位</th><th>数量</th></tr>
<tr><td>1</td><td>楼地面铺贴地板砖</td><td>m²</td><td>1060.56</td><td>铺贴地板砖 800mm × 800mm</td></tr>
<tr><td>2</td><td>外墙瓷砖</td><td>m²</td><td>1066.56</td><td>面砖尺寸 150mm × 150mm</td></tr>
<tr><td>3</td><td>内墙抹灰</td><td>m²</td><td>2279.92</td><td>砖墙面抹混合砂浆，纸筋灰罩面</td></tr>
<tr><td>4</td><td>顶棚抹灰</td><td>m²</td><td>1208.8</td><td>混凝土基层，抹水泥砂浆，纸筋灰罩面</td></tr>
<tr><td>5</td><td>顶棚、内墙刷涂料</td><td>m²</td><td>3560.6</td><td>二遍，光面，抹灰面（按内墙查）</td></tr>
</table>
注：上表工程量为该别墅装修（2 层）的总工程量，每层工程量相等</td></tr>
<tr><td>任务目的</td><td>1. 能熟练应用劳动定额；
2. 能熟练绘制双代号网络图；
3. 能计算工作时间参数、节点时间参数</td></tr>
<tr><td>任务要求</td><td>1. 根据各分部分项工程量查找劳动定额，计算劳动量；
2. 确认施工段、施工班组人数、工作持续时间；
3. 绘制双代号网络图，计算工期；
4. 绘制双代号时标网络图；
5. 计算工作时间参数、节点时间参数</td></tr>
<tr><td>完成形式</td><td>1. 根据班级情况可分组完成，也可以独立完成；
2. 采用 PPT 汇报的方式完成</td></tr>
</table>

导读——华罗庚先生对我国科学管理的贡献

1964 年，我国数学家华罗庚先生以网络计划技术的方法（即 CPM 和 PERT）为核心，进行提炼加工，去伪存真，通俗形象化，提出了中国式的统筹方法。随后，结合当时的国情，华罗庚先生对此方法进行大力推广。终于，网络计划技术这种科学的管理方法在中国生根发芽，开花结果。鉴于这类方法共同具有“统筹兼顾、合理安排”的特点，又把它们称为统筹法。

当时，华罗庚先生以极大的热情关注祖国的社会主义建设事业，致力于数学为国民经济服务。从 1964 年开始，华罗庚就带着助手到处下工地、蹲农场，全身心投入统筹法与优选法的普及工作。运用方法，在不增加人力、物力、财力的情况下，达到优质、高产、低消耗。

华罗庚先生推广统筹法、优选法，对当时管理方法的进步起到了难以估量的积极作用，也为社会发展起到了可观的经济效益。回顾华罗庚同志的卓越成就，不得不令人钦佩。新中国在一穷二白的基础上，创造了那么多令世界惊叹的建设成就，不是偶然，除了革命精神外，还有科学态度。这值得我们永远记取，认真总结学习。“只争朝夕，不负韶华”，我们应该树立正确的人生观和价值观，充分发挥自己的能力与作用，为国家建设贡献自己的力量。

思考：

网络计划技术在建设工程实践当中是如何使用的呢？包括哪些分类，各自有什么特点？

4.1　网络计划的基本概念

4.1.1　网络计划

1. 网络计划的概念

网络计划是以网络图的形式来表达任务构成、工作顺序并加注工作时间参数的一种进度计划。通过箭线和节点的有序链接来表达一项计划（或工程）中各项工作的开展顺序及其相互间的关系，找出计划中的关键线路和关键工作，并在实施过程中根据实际情况不断优化调整，从而达到对工程项目进行有效控制和监督的目的。

二维码 4-1
网络计划的发展（微课）

2. 网络计划的优点

（1）网络图把施工过程中的各有关工作组成了一个有机的整体，能全

二维码 4-2
网络图的概念（微课）

面而明确地表达出各项工作开展的先后顺序，反映出各项工作之间相互制约和相互依赖的关系。

（2）能进行各种时间参数的计算。

（3）在名目繁多、错综复杂的计划中找出决定工程进度的关键工作，便于计划管理者集中力量抓主要矛盾，确保工期，避免盲目施工。

（4）能够从许多可行方案中，选出最优方案。

（5）在计划的执行过程中，某一工作由于某种原因推迟或者提前完成时，可以预见它对整个计划的影响程度，而且能根据变化的情况，迅速进行调整，保证自始至终对计划进行有效的控制与监督。

（6）利用网络计划中反映出的各项工作的时间储备，可以更好地调配人力、物力，以达到降低成本的目的。

3. 网络计划的分类

二维码 4-3
网络计划的内容（微课）

网络计划可以从不同的角度进行分类：

（1）按网络计划层次分：综合网络计划、单位工程施工网络计划和局部网络计划。

（2）按网络计划的时间表达方式分：非时标网络计划（箭线长短不代表时间，时间写出来），时标网络计划（工作的持续时间用以时间坐标为尺度绘制的网络计划）。

（3）按节点和箭线所代表的含义分：单代号网络计划和双代号网络计划。

4.1.2 网络图

由箭线和节点组成的，用以来表示工作流程的有向、有序的网状图形称为网络图。

网络图按节点和箭线所代表的含义不同，可分为双代号网络图和单代号网络图。

1. 双代号网络图

以箭线及其两端节点的编号表示工作的网络计划图称为双代号网络图。即用两个节点一根箭线代表一项工作，工作名称写在箭线上面，工作持续时间写在箭线下面，在箭线前后的衔接处画上节点编上号码，并以节点编号 i 和 j 代表一项工作名称，如图 4–1 所示。

2. 单代号网络图

以节点及其编号表示工作，以箭线表示工作之间的逻辑关系的网络计划图称为单代号网络图。即一个节点表示一项工作，节点所表示的工作名称、持续时间和工作代号等标注在节点内，如图 4–2 所示。

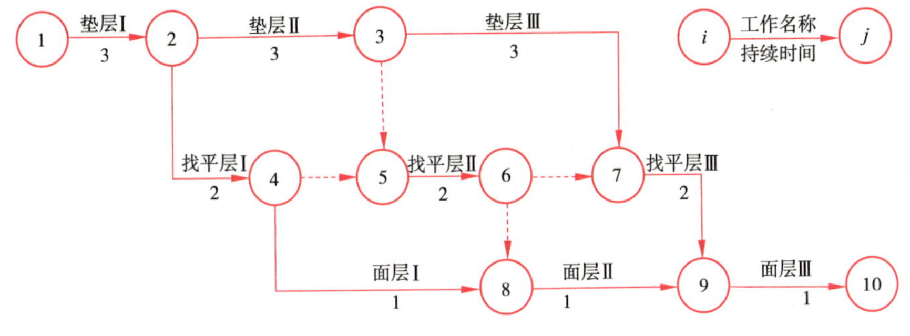

图 4–1　双代号网络图

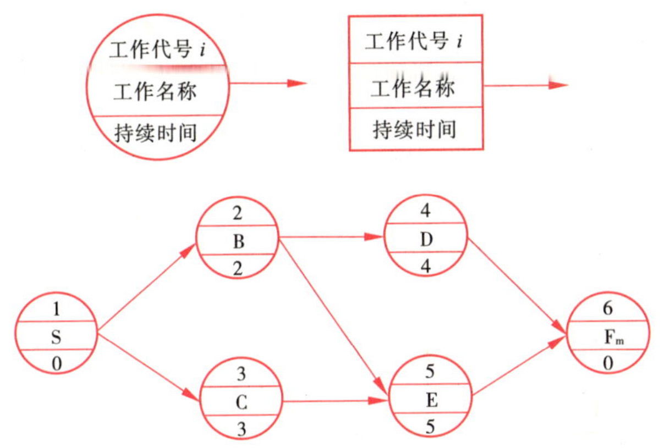

图 4–2　单代号网络图

4.1.3　双代号网络图的基本符号

双代号网络图的基本符号是箭线、节点及节点编号

1. 箭线

（1）在双代号网络图中，每一条箭线表示一项工作，工作的名称标注在箭线的上方，完成该项工作所需要的持续时间标注在箭线的下方，如图 4–3 所示。

二维码 4–4
箭线（微课）

（2）在建筑装饰工程中，一条箭线表示项目中的一个施工过程，它可以是一道工序、一个分项工程、一个分部工程或一个单位工程，其粗细程度、大小范围的划分根据计划任务的需要来确定。在双代号网络图中，任意一条实箭线都要占用时间、消耗资源（有时只占时间，不消耗资源，如混凝土的养护）。

（3）在双代号网络图中，为了正确地表达工作之间的逻辑关系，往往需要应用虚箭线，其表示方法如图 4–4 所示。

图 4–3　工作表示方法（左）
图 4–4　虚箭线表示法（右）

图 4-5 箭线的表达方式

（4）在无时间坐标限制的网络图中，箭线的长度原则上可以任意画，其占用的时间以下方标注的时间参数为准。箭线可以为直线、折线或斜线，但其行进方向均应从左向右，如图 4-5 所示。在有时间坐标限制的网络图中，箭线的长度必须根据完成该工作所需持续时间的大小按比例绘制。

二维码 4-5
节点（微课）

2. 节点

网络图中箭线端圆圈或其他形状的封闭图形就是节点。在双代号网络图中，它表示工作之间的逻辑关系，节点表达内容有以下几个方面：

（1）节点表示前面工作结束和后面工作开始的瞬间，所以节点不需要消耗时间和资源。

（2）箭线的箭尾节点表示该工作的开始，箭线的箭头节点表示该工作的结束。

（3）根据节点在网络图中的位置不同可以分为起点节点、终点节点和中间节点。起点节点是网络图的第一个节点，表示一项任务的开始。终点节点是网络图的最后一个节点，表示一项任务的完成。除起点节点和终点节点以外的节点称为中间节点，中间节点都有双重的含义，既是前面工作的箭头节点，也是后面工作的箭尾节点，如图 4-6 所示。

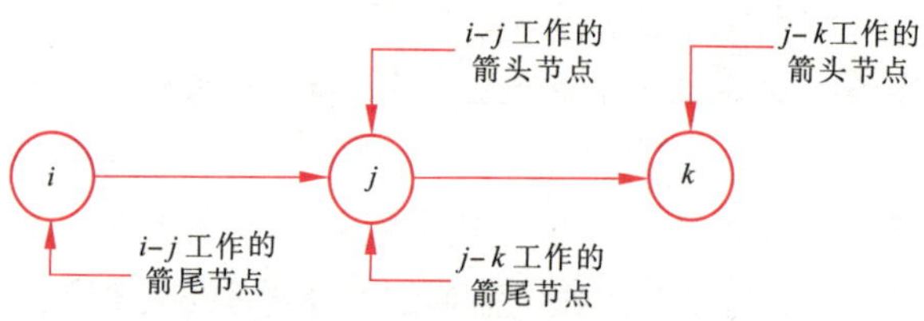

图 4-6 节点示意图

再如图 4-1 中，只有一个起点节点和终点节点，其他均为中间节点。

3. 节点编号

网络图中的每个节点都有自己的编号，以便赋予每项工作以代号，便于计算网络图的时间参数和检查网络图是否正确。

（1）节点编号必须满足二条基本规则：其一，箭头节点编号大于箭尾节点编号，因此节点编号顺序是箭尾节点编号在前，箭头节点编号在后，凡是箭尾节点没有编号，箭头节点不能编号；其二，在一个网络图中，所有节点不能出现重复编号，编号可以按自然数顺序进行，也可以非连续编号，以便适应网络计划调整中增加工作的需要，编号应留有余地。

二维码 4-6
节点编号（微课）

（2）节点编号的方法有两种：一种是水平编号法，即从起点节点开始由上到下逐行编号，每行则自左到右按顺序编号，如图 4–7（a）所示；另一种是垂直编号法，即从起点节点开始自左到右逐列编号，每列则根据编号规则的要求进行编号，如图 4–7（b）所示。

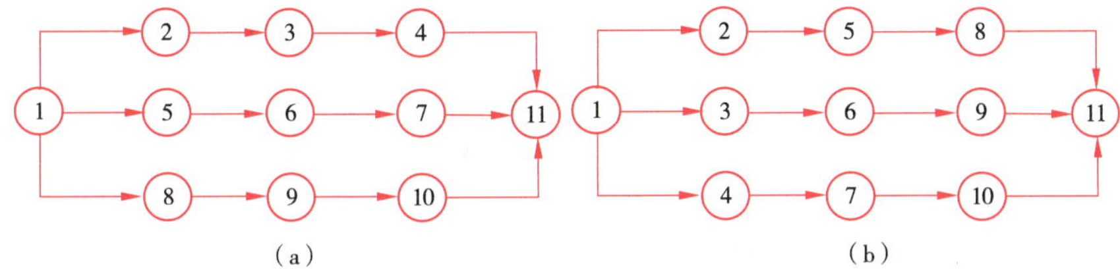

图 4-7　节点编号示意图
（a）水平编号法；（b）垂直编号法

4.1.4　双代号网络图的表达

1. 逻辑关系

工作之间相互制约或依赖的关系称为逻辑关系。施工过程之间的逻辑关系包括工艺关系和组织关系。

（1）工艺关系：生产工艺上客观存在的先后顺序关系，或是非生产性工作之间由工作程序决定的先后顺序关系。由施工工艺、方法所定的先后顺序，一般不可变。如图 4–1 所示，垫层Ⅰ→找平层Ⅰ→面层Ⅰ的工艺顺序。

二维码 4-7
逻辑关系（微课）

（2）组织关系：在不违反工艺关系的前提下，人为安排工作的先后顺序关系。组织顺序可以根据具体情况，按安全、经济、高效的原则统筹安排。如图 4–1 所示，垫层Ⅰ→垫层Ⅱ→垫层Ⅲ的组织顺序。

2. 紧前工作、紧后工作、平行工作

（1）紧前工作：紧排在本工作之前的工作称为本工作的紧前工作。如图 4–1 所示，找平层Ⅰ的紧前工作是垫层Ⅰ。

二维码 4-8
紧前工作、紧后工作、平行工作（微课）

（2）紧后工作：紧排在本工作之后的工作称为本工作的紧后工作。如图 4–1 所示，找平层Ⅰ的紧后工作是面层Ⅰ和找平层Ⅱ。

（3）平行工作：与本工作同时进行的工作为本工作的平行工作。如图 4–1 所示，垫层Ⅱ的平行工作是找平层Ⅰ。

3. 虚工作的应用

虚箭线是实际工作中并不存在的一项虚拟工作，故它们既不占用时间，也不消耗资源，一般起着工作之间的区分、联系和断路三个作用。单代号网络图中不存在虚箭线。

（1）区分作用：双代号网络图中每一项工作都必须用一条箭线和两个代号表示，若两项工作的代号相同时，应使用虚工作加以区分，如图 4–8 所示。

二维码 4-9
虚工作的作用（微课）

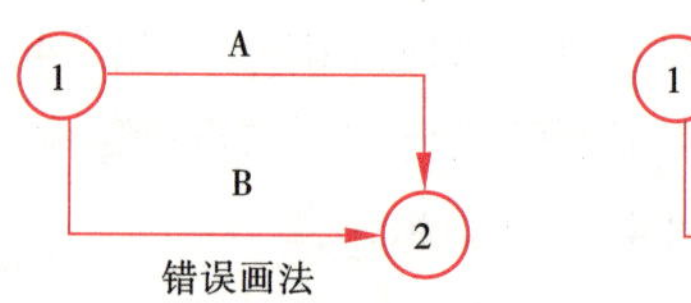

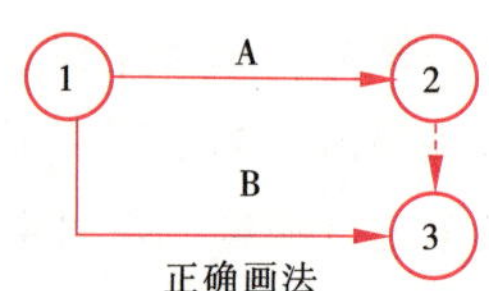

图 4-8　虚箭线的区分作用

（2）联系作用：如图 4-9 所示，龙骨 2 的紧前工作是龙骨 1 和吊筋 2。

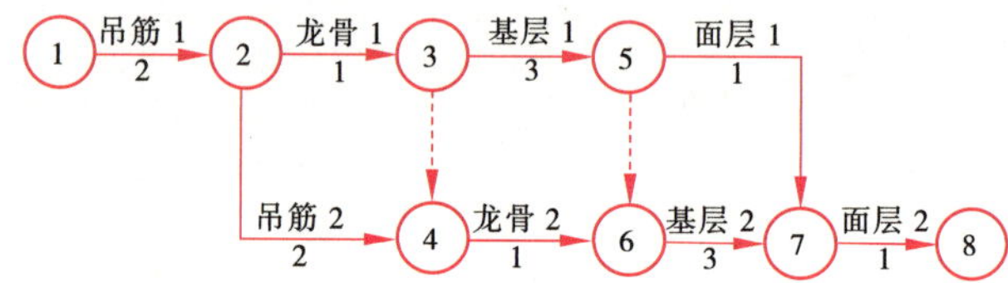

图 4-9　虚箭线的联系作用

（3）断路作用：用虚箭线断掉多余联系（即在网络图中把无联系的工作联接上了时，应加上虚工作将其断开）。如图 4-1 所示，面层 Ⅰ 的紧前工作只有找平层 Ⅰ，通过增加节点④和虚箭线断掉与垫层 Ⅱ 的联系。

二维码 4-10
线路、关键线路、关键工作
（微课）

4. 线路、关键线路、关键工作

（1）线路：网络图中从起点节点开始，沿箭线方向连续通过一系列箭线与节点，最后到达终点节点的通路称为线路。如图 4-1 所示，图中共有 6 条线路。

（2）关键线路和关键工作：每一条线路都有自己确定的完成时间，它等于该线路上各项工作持续时间的总和，也是完成这条线路上所有工作的计划工期。工期最长的线路称为关键线路（或主要矛盾线），图 4-1 中，关键线路为 1 → 2 → 3 → 7 → 9 → 10，关键线路宜用粗箭线、双箭线或特殊彩色箭线标注。位于关键线路上的工作称为关键工作。

二维码 4-11
双代号网络图的绘制规则（微课）

关键工作完成的快慢直接影响整个计划工期的实现，关键线路宜用粗箭线或双箭线连接。关键线路在网络图中不止一条，可能同时存在几条关键线路，即这几条线路上的持续时间相同。关键线路并不是一成不变的，在一定条件下，关键线路和非关键线路可以互相转化。当采用了一定的技术组织措施，缩短了关键线路上各工作的持续时间，就有可能使关键线路发生转移，使原来的关键线路变成非关键线路，而原来的非关键线路却变成关键线路。

4.2　网络图的绘制

网络图必须正确地表达整个工程或任务的工艺流程和各工作开展的先后顺序及它们之间相互依赖、相互制约的逻辑关系，因此，绘制网络图时必须遵循一定的基本规则和要求。

4.2.1　双代号网络图的绘制

1. 绘制规则

（1）双代号网络图必须正确表达已定的逻辑关系。

例如已知网络图的逻辑关系见表 4–2，需应用虚工作正确表达逻辑关系，如图 4–10 所示。

逻辑关系表　　　　**表 4–2**

工作	A	B	C	D
紧前工作	—	—	A，B	B

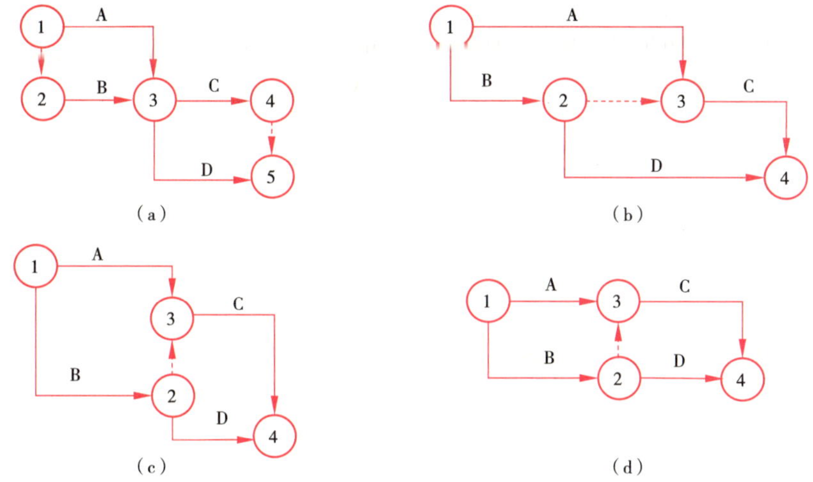

图 4–10　按表 4–2 绘制的双代号网络图

（a）常见错误画法；（b）横向断路法；（c）竖向断路法之一；（d）竖向断路法之二

双代号网络图中常见的各工作逻辑关系表示方法见表 4–3。

各工作逻辑关系表示方法　　　　**表 4–3**

序号	工作之间的逻辑关系	网络图中表示方法	说明
1	有 A、B 两项工作按照依次施工方式进行	A B	B 工作依赖着 A 工作，A 工作约束着 B 工作的开始
2	有 A、B、C 三项工作同时开始	A B C	A、B、C 三项工作称为平行工作
3	有 A、B、C 三项工作同时结束	A B C	A、B、C 三项工作称为平行工作

续表

序号	工作之间的逻辑关系	网络图中表示方法	说明
4	有 A、B、C 三项工作，只有在 A 完成后 B、C 才能开始		A 工作制约着 B、C 工作的开始。B、C 为平行工作
5	有 A、B、C 三项工作，C 工作只有在 A、B 完成后才能开始		C 工作依赖着 A、B 工作。A、B 为平行工作
6	有 A、B、C、D 四项工作，只有当 A、B 完成后 C、D 才能开始		能过中间节点 j 正确地表达了 A、B、C、D 之间的关系
7	有 A、B、C、D 四项工作，A 完成后 C 才能开始；A、B 完成后 D 才能开始		D 与 A 之间引入了逻辑连接（虚工作），正确表达它们之间的约束关系
8	有 A、B、C、D、E 五项工作，A、B 完成后 C 开始；B、D 完成后 E 开始		虚工作 i 和 j 反映出 C 工作受到 B 工作的约束，虚工作 i 和 k 反映出 E 工作受到 B 工作的约束
9	有 A、B、C、D、E 五项工作，A、B、C 完成后 D 才能开始；B、C 完成后 E 才能开始		虚工作表示 D 工作受到了 B、C 工作约束，同时断开了 E 工作与 A 工作的联系
10	A、B 两项工作分三个施工段，平行施工		每个工种工程建立专业工作队，在每个施工段上进行流水作业，不同工种之间用逻辑搭接关系表示

（2）双代号网络图中，严禁出现循环回路。所谓循环回路是指从网络图中的某一个节点出发，顺着箭线方向又回到了原来出发点的线路，如图 4-11 所示。

图 4-11　循环线路示意图

（3）双代号网络图中，在节点之间严禁出现带双向箭头或无箭头的连线，如图 4-12 所示。

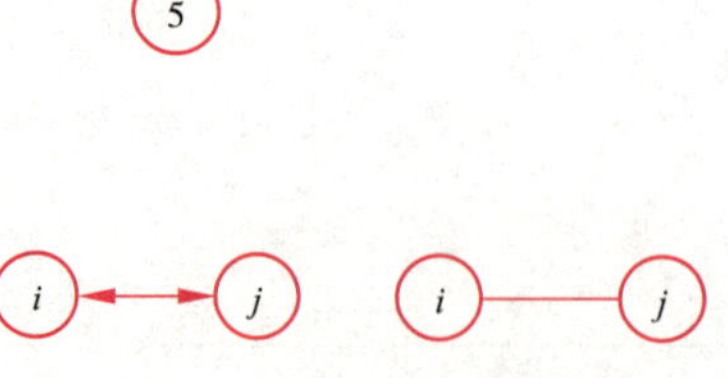

图 4-12　双向箭头和无箭头的箭线

（4）双代号网络图中，严禁出现没有箭头节点或没有箭尾节点的箭线，如图 4–13 所示。

图 4–13　没有箭头和箭尾节点的箭线

（5）当双代号网络图的某些节点有多条外向箭线或多条内向箭线时，为使图形简洁，可使用母线法绘制（但应满足一项工作用一条箭线和相应的一对节点表示的原则），如图 4–14 所示。

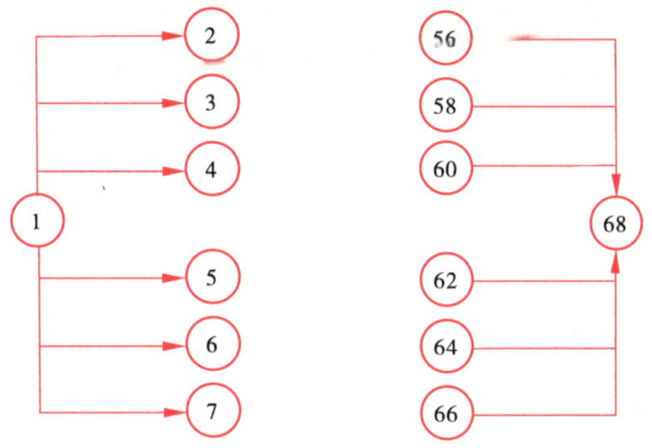

图 4–14　母线表示法

（6）绘制网络图时，箭线不宜交叉；当交叉不可避免时，可采用过桥法或指向法，如图 4–15 所示。

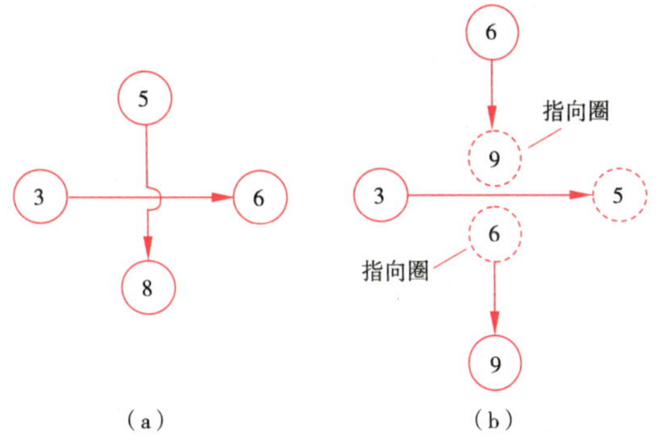

图 4–15　箭线交叉的表示方法

（a）过桥法；（b）指向法

（7）双代号网络图中应只有一个起点节点和一个终点节点（多目标网络计划除外），而其他所有节点均应是中间节点，如图 4–16 所示。

以上是绘制网络图应遵循的基本规则。这些规则是保证网络图能够正确地反映各项工作之间相互制约关系的前提，必须熟练掌握。

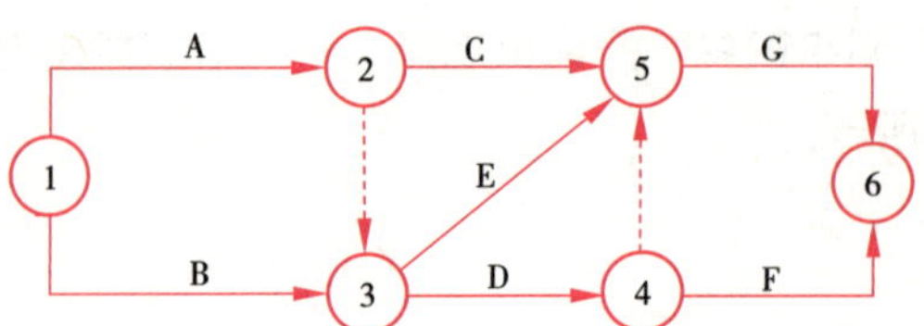

图 4-16 一个起点节点、一个终点节点的网络图

二维码 4-12
双代号网络图的绘制方法（微课）

2. 绘制方法

（1）节点位置法

1）提供逻辑关系表，一般只要提供每项工作的紧前工作。

2）确定各工作紧后工作。

3）确定各工作开始节点位置号和完成节点位置号。

4）根据节点位置号和逻辑关系绘出初始网络图。

5）检查、修改、调整，绘制正式网络图。

（2）逻辑草稿法

当已知每一项工作的紧前工作时，可按下列步骤绘制：

1）绘制没有紧前工作的工作，使它们具有相同的箭尾节点，即起点节点。

2）依次绘制其他各项工作。当所绘制的工作只有一个紧前工作时，则将该工作的箭线直接画在其紧前工作的完成节点之后。当所绘制的工作有多个紧前工作时，如果在其紧前工作中存在一项只作为本工作紧前工作的工作，则应将本工作箭线直接画在该紧前工作完成节点之后，然后用虚箭线分别将其他紧前工作连接起来，表达逻辑关系。如果紧前工作中有多项工作只作为本工作的紧前工作的工作，应将这些紧前工作的节点合并，再从合并后的节点开始绘制。

3）合并没有紧后工作的箭线。

4）确认无误，进行节点编号。

【案例 4–1】已知网络图资料见表 4–4，试绘制双代号网络图。

工作逻辑关系表 **表 4–4**

工作	A	B	C	D	E	G	H
紧前工作	—	—	—	—	A、B	B、C、D	C、D

二维码 4–13
【案例 4–1】解析

3. 绘图注意事项

（1）网络图的布局要条理清楚，重点突出。

虽然网络图主要用以反映各项工作之间的逻辑关系，但是为了便于使用，还应安排整齐，条理清楚，突出重点。尽量把关键工作和关键线路布置在中心位置，尽可能把密切相连的工作安排在一起，尽量减少斜箭线而采用水平箭线，尽可能避免交叉箭线出现，如图 4–17、图 4–18 所示。当网络图中不可避免地出现交叉时，不能直接相交画出，采用“过桥法”或“指向法”表示。

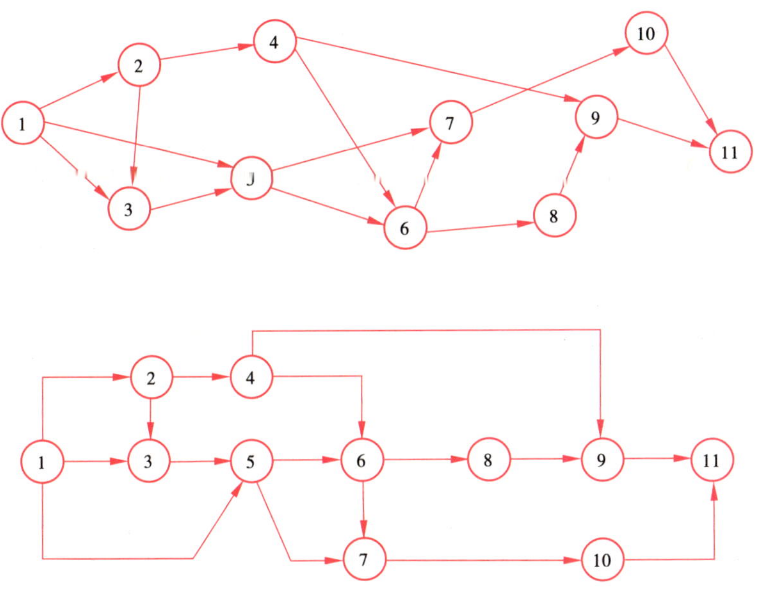

图 4–17　布置条理不清楚，重点不突出

图 4–18　布置条理清楚，重点突出

（2）正确应用虚箭线进行网络图的断路法。绘制网络图时必须符合以下三个条件：

1）符合施工顺序的关系。

2）符合流水施工的要求。

3）符合网络逻辑连接关系。

一般来说，对施工顺序和施工组织上必须衔接的工作，绘图时不易产生错误。但是对于不发生逻辑关系的工作就容易产生错误。遇到这种情况时，采用虚箭线加以处理。用虚箭线在线路上隔断无逻辑关系的各项工作，这方法称为“断路法”。应用虚箭线进行网络图断路，是正确表达工作之间逻辑关系的关键。如图 4–19 所示，某双代号网络图出现多余联系可采用以下两种方法进行断路：一种是在横向用虚箭线切断无逻辑关系的工作之间的联系，称为横向断路法，如图 4–20 所示，这种方法主要用于无时间坐标的网络图；另一种是在纵向用虚箭线切断无逻辑关系的工作之间的联系，称为纵向断路法，如图 4–21 所示，这种方法主要用于有时间坐标的网络图中。

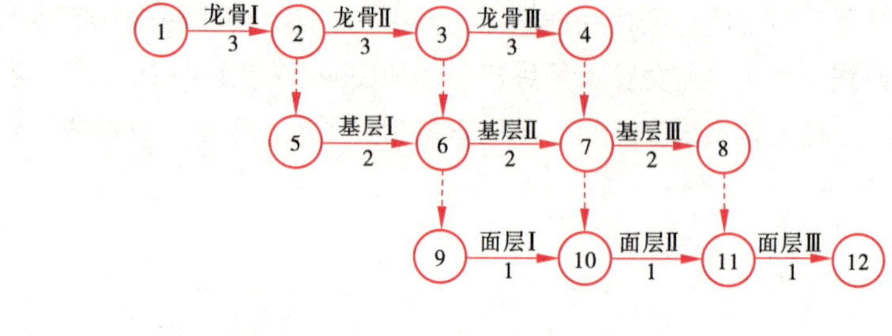

图 4-19 某多余联系网络图

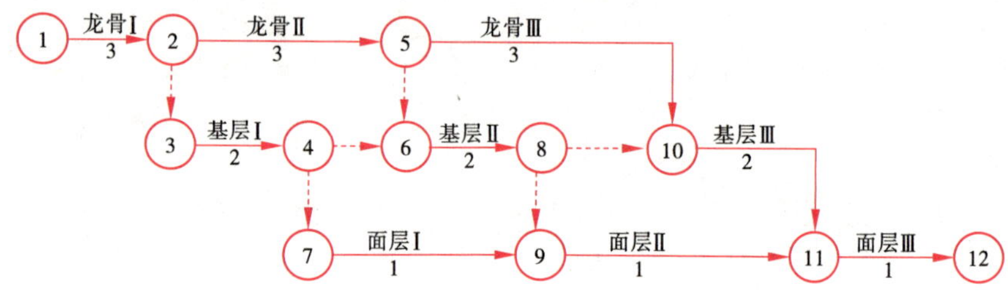

图 4-20 横向断路法示意图

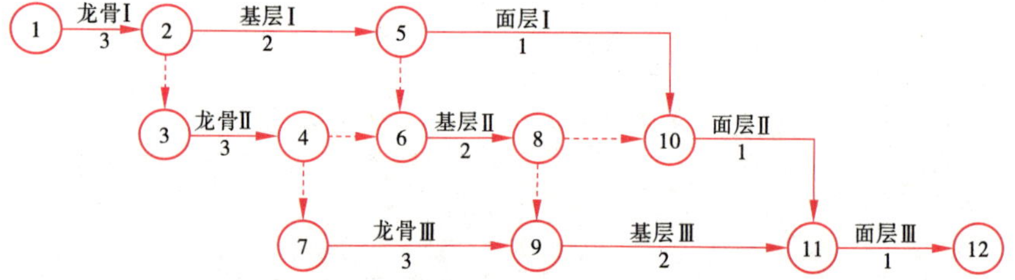

图 4-21 纵向断路法示意图

（3）力求减少不必要的箭线和节点。

双代号网络图中，应在满足绘图规则和两个节点一根箭线代表一项工作的原则基础上，力求减少不必要的箭线和节点，使网络图图面简洁，减少时间参数的计算量。如图 4-22（a）所示，该图在施工顺序、流水关系及逻辑关系上均是合理的，但这过于烦琐。如果将不必要的节点和箭线去掉，网络图则更加明快、简单，同时并不改变原有的逻辑关系，如图 4-22（b）所示。

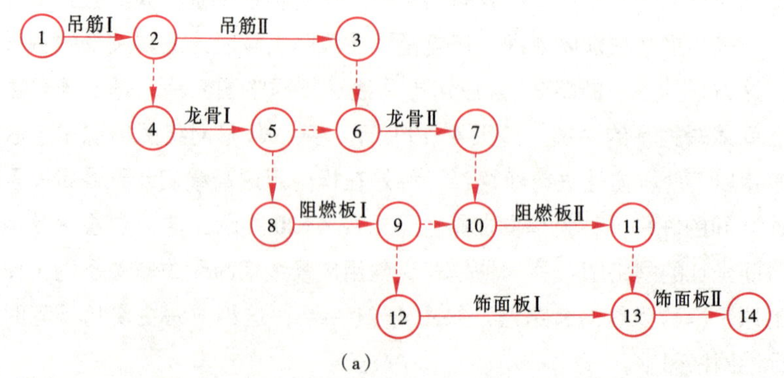

图 4-22 网络图简化示意图
（a）简化前

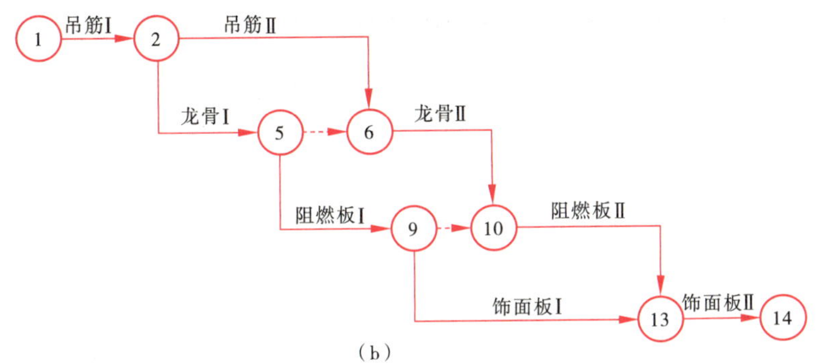

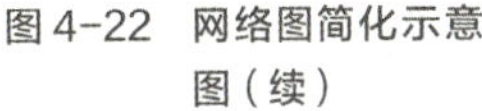
图 4-22　网络图简化示意图（续）
（b）简化后

【子任务一】根据本章典型工作任务的已知条件，查劳动定额，计算劳动量，划分施工段，组织流水施工；确定各施工过程之间的逻辑关系及持续时间，绘制双代号网络图。

二维码 4-14
【子任务一】解析

4.2.2　单代号网络图的绘制

1. 绘制规则

（1）必须正确表达已定的逻辑关系。

（2）在网络图中，严禁出现循环回路。

（3）单代号网络图中，严禁出现带双向箭头或无箭头的连线。

（4）单代号网络图中严禁出现没有箭头节点或没有箭尾节点的箭线。

（5）绘制网络图时，尽可能在构图时避免交叉。不可避免时，可采用过桥法或断桥法，如图 4-23 所示。

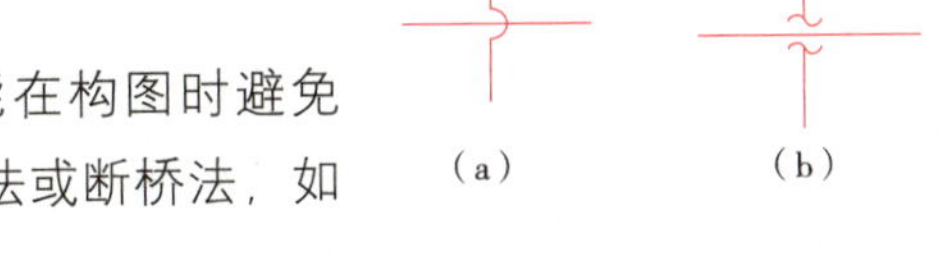

图 4-23　单代号网络图中交叉的表示方法
（a）过桥法；（b）断桥法

（6）单代号网络图中，只允许有一个起点节点，一个终点节点，必要时在两端设置虚拟的起点节点和终点节点。

（7）单代号网络图中，不允许出现有重复编号的工作，一个编号只能代表一项工作，且箭头编号大于箭尾编号。

2. 绘制方法

（1）提供逻辑关系表。

（2）用矩阵图确定紧后工作。

（3）绘制没有紧前工作的工作，当有多个起点节点时，应在网络图的始端设置一项虚拟的起点节点。

（4）依次绘制其他各项工作，一直到终点节点。当有多个终点节点时，应在网络图的终端设置一个虚拟的终点节点。

【子任务二】根据图 4-1 绘制对应的单代号网络图。

二维码 4-15
【子任务二】解析

二维码 4-16
双代号网络计划的时间参数
（微课）

4.3 双代号网络计划时间参数的计算

4.3.1 时间参数的概念

1. 工作持续时间

工作持续时间是指一项工作从开始到完成的时间，用 D 表示。其计算方法有：

（1）参照以往实践经验估算。

（2）经过试验推算。

（3）有标准可查，按定额计算。

2. 工期

工期是指完成一项工程任务所需要的时间，一般有以下三种工期：

（1）计算工期，是指根据时间参数计算所得的工期，用 T_c 表示。

（2）要求工期，是指任务委托人提出的指令性工期，用 T_r 表示。

（3）计划工期，是指根据要求工期和计算工期所确定的作为实施目标的工期，用 T_p 表示。

当规定了要求工期时：$T_p \leqslant T_r$

当未规定要求工期时：$T_p = T_c$

3. 工作时间参数

网络计划中工作的时间参数有六个：最早开始时间、最迟开始时间、最早完成时间、最迟完成时间、总时差、自由时差。

（1）最早开始时间和最早完成时间

工作最早开始时间是指各紧前工作全部完成后，本工作有可能开始的最早时刻。工作的最早开始时间用 ES 表示。

工作最早完成时间是指各紧前工作完成后，本工作有可能完成的最早时刻。工作的最早完成时间用 EF 表示。

（2）最迟开始时间和最迟完成时间

工作的最迟开始时间是指在不影响整个任务按期完成的前提下，工作必须开始的最迟时刻。工作的最迟开始时间用 LS 表示。

工作最迟完成时间是指在不影响整个任务按期完成的前提下，工作必须完成的最迟时刻。工作的最迟完成时间用 LF 表示。

（3）总时差和自由时差

1）工作总时差是指在不影响总工期的前提下，本工作可以利用的机动时间。工作的总时差用 TF 表示，如图 4-24 所示。

工序总时差并不等于该工序所在线路的线路时差。

2）工作自由时差是指在不影响其紧后工作最早开始时间的前提下，

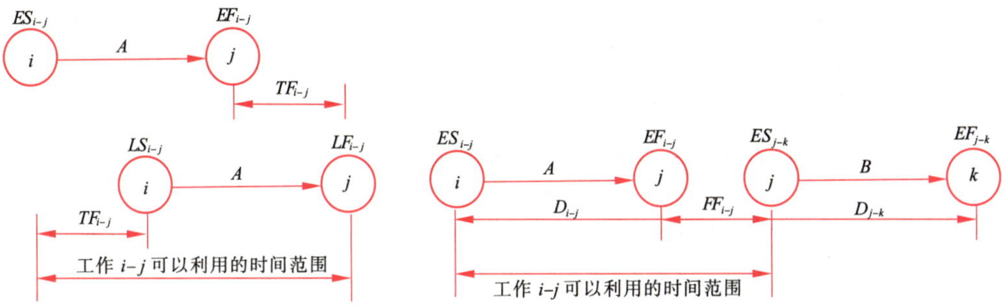

图 4–24　工作总时差示意图（左）
图 4–25　工作自由时差示意图（右）

本工作可以利用的机动时间。工作的自由时差用 FF 表示，如图 4–25 所示。

4. 节点时间参数

（1）节点最早时间

节点最早时间是指双代号网络计划中，以该节点为开始节点的各项工作的最早开始时间，节点 i 的最早时间用 ET_i 表示。

（2）节点最迟时间

节点最迟时间是指双代号网络计划中，以该节点为完成节点的各项工作的最迟完成时间，节点 i 的最迟时间用 LT_i 表示。

5. 常用符号

D_{i-j}——i–j 工作的持续时间；

ES_{i-j}——i–j 工作的最早开始时间；

LS_{i-j}——i–j 工作的最迟开始时间；

EF_{i-j}——i–j 工作的最早完成时间；

LF_{i-j}——i–j 工作的最迟完成时间；

TF_{i-j}——i–j 工作的总时差；

FF_{i-j}——i–j 工作的自由时差；

ET_i——i 节点的最早时间；

ET_j——j 节点的最早时间；

ET_i——i 节点的最迟时间；

LT_j——j 节点的最迟时间。

4.3.2　时间参数的工作计算法

双代号网络计划时间参数计算的目的在于通过计算各项工作的时间参数，确定网络计划的关键工作、关键线路和计算工期，为网络计划的优化、调整和执行提供明确的时间参数。双代号网络计划时间参数的计算方法很多，常用的有：工作计算法和节点计算法，在计算方式上又有分析计算法、表上计算法、图上计算法、矩阵计算法和电算法等。本节只介绍工作计算法（含在图上计算的结果）。

1. 工作最早开始时间和最早完成时间

工作 $i\text{–}j$ 的最早开始时间 ES_{i-j} 的计算应符合下列规定：

（1）工作 $i\text{–}j$ 的最早开始时间 ES_{i-j} 应从网络计划的起点节点开始，顺箭线方向依次逐项计算。

（2）以起点节点为开始节点的工作 $i\text{–}j$，当未规定其最早开始时间 ES_{i-j} 时，其值应等于零，即：$ES_{i-j}=0$（$i=1$）

（3）当工作只有一项紧前工作时，其最早开始时间应为：

$$ES_{i-j}=ES_{h-i}+D_{h-i}=EF_{h-i} \tag{4-1}$$

（4）当工作有多个紧前工作时，其最早开始时间应为：

$$ES_{i-j}=\max\{ES_{h-i}+D_{h-i}\}=\max\{EF_{h-i}\} \tag{4-2}$$

这类时间参数受起点节点的控制。其计算程序是：自起点节点开始，顺着箭线方向，用累加的方法计算到终点节点。即：沿线累加，逢圈取大。

2. 确定网络计划工期

当网络计划规定了要求工期时：$T_p \leqslant T_r$

当网络计划未规定要求工期时：$T_p=T_c=\max\ \{EF_{i-n}\}$

3. 最迟开始时间和最迟完成时间

工作 $i\text{–}j$ 的最迟完成时间 LF_{i-j} 的计算应符合下列规定：

（1）工作 $i\text{–}j$ 的最迟完成时间完成 LF_{i-j}，应从网络计划的终点节点开始，逆着箭线方向依次逐项计算。

（2）以终点节点（$j=n$）为箭头节点的工作最迟完成时间 LF_{i-n}，应按网络计划的计划工期 T_p 确定，即：

$$LF_{i-n} = T_p \tag{4-3}$$

（3）其他工作 $i\text{–}j$ 的最迟完成时间 LF_{i-j} 应为：

$$LF_{i-j}=\min\{LF_{i-j}-D_{j-k}\}=\min\{LS_{j-k}\} \tag{4-4}$$

这类时间参数受终点节点（即计算工期）的控制。其计算程序是：自终点节点开始，逆着箭线方向，用累减的方法计算到起点节点。即：逆线累减，逢圈取小。

4. 计算各工作总时差

工作总时差等于最迟开始时间减去最早开始时间，或最迟完成时间减去最早完成时间。即“迟早相减，所得之差”。

即：

$$TF_{i-j}=LS_{i-j}-ES_{i-j} \tag{4-5}$$

$$TF_{i-j}=LF_{i-j}-EF_{i-j} \tag{4-6}$$

总时差有以下特征：

（1）凡是总时差最小的工作即为关键工作，由关键工作构成的线路为关键线路，关键线路上各工作时间之和即为总工期。

（2）当网络计划的计划工期等于计算工期时，凡是总时差为 0 的工作即为关键工作，即可用时间参数判断关键线路。

（3）总时差的使用具有双重性，它既可以被该工作使用，但又属于某非关键线路所共有。

（4）工序总时差并不等于该工序所在线路的线路时差。

5. 计算各工作自由时差

工作自由时差等于紧后工作最早开始时间减去本工作最早完成时间。

计算如下：

当工作有紧后工作时，该工作的自由时差等于紧后工作的最早开始时间减本工作最早完成时间，即：

$$FF_{i-j}=ES_{j-k}-EF_{i-j} \tag{4-7}$$

$$FF_{i-j}=ES_{j-k}-ES_{i-j}-D_{i-j} \tag{4-8}$$

当以终点节点（$j-n$）为箭头节点的工作，其自由时差应该按应按照网络计划的计划工期 T_p 确定，即：

$$FF_{i-n}=T_p-EF_{i-n} \tag{4-9}$$

或

$$FF_{i-n}=T_p-ES_{i-n}-D_{i-n} \tag{4-10}$$

自由时差有以下特征：

（1）并非所有工序都拥有自由时差，只有非关键线路上的最后一个工序或者两条线路相交节点的紧前工序，才有可能具有自由时差。

（2）任一条线路的线路时差等于该线路上各工序自由时差之和。

（3）自由时差为某非关键工作独立使用的机动时间，利用自由时差，不会影响其紧后工作的最早开始时间。

（4）非关键工作的自由时差必小于或等于其总时差。

【案例 4–2】 网络计划的资料见表 4–5，试绘制双代号网络计划；若计划工期等于计算工期，试计算各项工作的六个时间参数并确定关键线路，标注在网络计划上。

二维码 4–17
时间参数的工作计算法（微课）

二维码 4–18
【案例 4–2】解析

网络计划资料表 表 4-5

工作名称	A	B	C	D	E	F	G	H
紧前工作	—	—	B	B	A、C	A、C	D、E、F	D、F
持续时间 /d	4	2	3	3	5	6	3	5

4.3.3 时间参数的节点计算法

时间参数的节点只有两个，即节点最早时间 ET_i 和节点最迟时间 LT_i。按节点计算法计算时间参数，其计算结果应标注在节点之上，如图 4-26 所示。

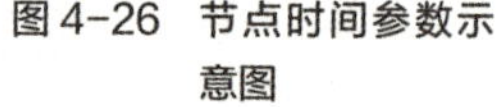

图 4-26 节点时间参数示意图

1. 节点最早时间

节点的最早时间是以该节点为开始节点的工作的最早开始时间，其计算情况如下：

二维码 4-19
时间参数的节点计算法（微课）

（1）起点节点 i 如未规定最早时间，其值应等于零，即：

$$ET_i=0\ (i=1) \tag{4-11}$$

（2）当节点 j 只有一条内向箭线时，最早时间应为：

$$ET_j=ET_i+D_{i-j} \tag{4-12}$$

（3）当节点 j 有多条内向箭线时，最早时间应为：

$$ET_j=\max\{ET_i+D_{i-j}\} \tag{4-13}$$

（4）终点节点 n 的最早时间即为网络计划的计算工期，即：

$$T_c=ET_n \tag{4-14}$$

2. 节点最迟时间

二维码 4-20
节点时间参数计算（微课）

节点最迟时间是以该节点为完成节点的工作的最迟完成时间，其计算情况如下：

（1）终点节点的最迟时间应等于网络计划的计划工期，即：

$$LT_n=T_p \tag{4-15}$$

（2）当节点 i 只有一个外向箭线时，最迟时间为：

$$LT_i=LT_j-D_{i-j} \tag{4-16}$$

（3）当节点 i 有多条外向箭线时，其最迟时间为：

$$LT_i=\min\{LT_j-D_{i-j}\} \tag{4-17}$$

计算口诀：节点最早时间“沿线累加、逢圈取大”；节点最迟时间“逆线累减，逢圈取小”。

二维码 4-21
【子任务三】解析

【子任务三】根据【案例 4-2】绘制的双代号网络图计算节点时间参数。

3. 根据节点时间参数计算工作时间参数

（1）工作最早开始时间等于该工作的开始节点的最早时间。

$$ES_{i-j}=ET_i \tag{4-18}$$

（2）工作的最早完成时间等于该工作的开始节点的最早时间加上持续时间。

$$EF_{i-j}=ET_i+D_{i-j} \tag{4-19}$$

（3）工作最迟完成时间等于该工作的完成节点的最迟时间。

$$LF_{i-j}=LT_j \tag{4-20}$$

（4）工作最迟开始时间等于该工作的完成节点的最迟时间减去持续时间。

$$LS_{i-j}=LT_j-D_{i-j} \tag{4-21}$$

（5）工作总时差等于该工作的完成节点最迟时间减去该工作开始节点的最早时间再减去持续时间。

$$TF_{i-j}=LT_j-ET_i-D_{i-j} \tag{4-22}$$

（6）工作自由时差等于该工作的完成节点最早时间减去该工作开始节点的最早时间再减去持续时间。

$$FF_{i-j}=ET_j-ET_i-D_{i-j} \tag{4-23}$$

二维码 4-22
根据节点时间参数计算工作时间参数（微课）

【子任务四】某双代号网络图及其节点参数计算结果如图 4-27 所示，时间单位：d，试计算工作的六个时间参数（绘图表达）。

二维码 4-23
【子任务四】解析

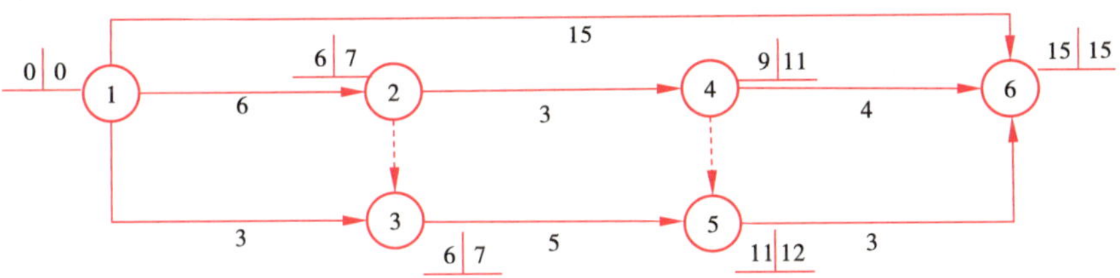

图 4-27　某双代号网络图及其节点参数

【子任务五】根据本章典型工作任务的已知条件，以及子任务一绘制的双代号网络图，计算工作时间参数和节点时间参数。

二维码 4-24
【子任务五】解析

4.3.4　关键工作和关键线路的确定

1. 关键工作

凡是总时差最小的工作就是关键工作。当计划工期等于计算工期时，总时差为 0 的工作就是关键工作。

2. 关键线路

自始至终全部由关键工作组成的线路为关键线路，或线路上总的工

二维码 4-25
关键工作和关键线路的确定（微课）

二维码 4-26
标号法确定关键线路（微课）

二维码 4-27
【子任务六】解析

作持续时间最长的线路为关键线路，网络图上的关键线路可用双线或粗线标注。

双代号网络图中，如果要快速找到关键线路，确定计算工期，可用标号法进行判断。利用标号法时，起点节点的标号值为 0，其他节点的标号值等于以该节点为完成节点的各项工作的开始节点标号值加其持续时间所得之和的最大值。标号宜采用双标号法，即用源节点（得出标号值的节点）号作为第一标号，用标号值作为第二标号。图 4–28 为标号的计算结果，其计算工期为终点节点的标号值。自终点节点开始，逆着箭线跟踪源节点即可确定关键线路，本图中，从终点节点⑥开始跟踪源节点分别为⑤、④、③、②、①，即得关键线路为：1 → 2 → 3 → 4 → 5 → 6。

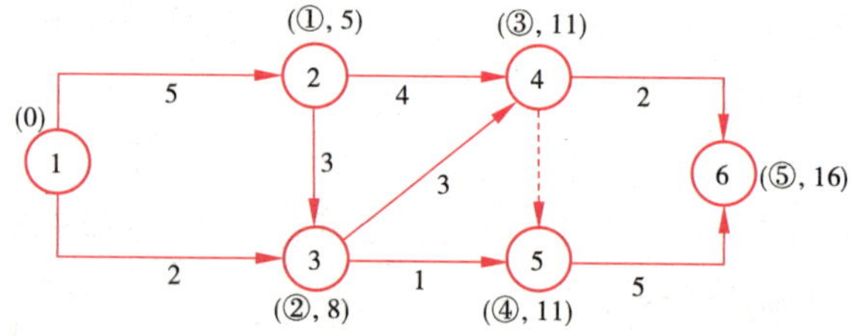

图 4–28　标号法确定关键线路

【子任务六】运用标号法确定图 4–29 的关键线路和工期，单位：d。

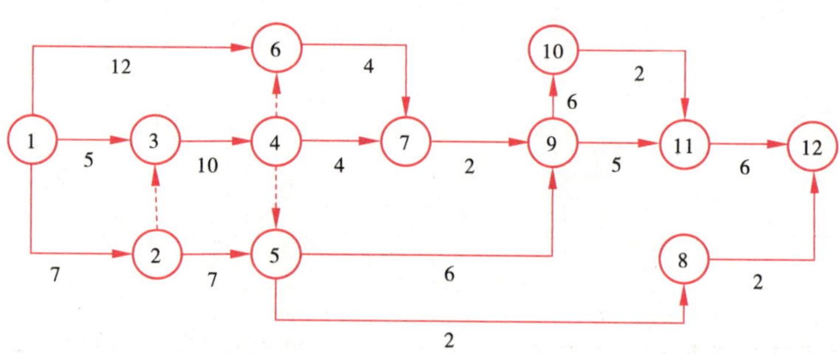

图 4–29　标号法习题

4.4　双代号时标网络计划

二维码 4-28
时标网络计划的概念（微课）

双代号时标网络计划是以时间坐标为尺度编制的网络计划，简称时标网络计划。在时标网络计划中，箭线长短和所在位置即表示工作的时间进程，能清楚地看到一项任务的工期及其他参数。

1. 时标网络计划的特点

（1）时标网络计划中，箭线的水平投影长度表示工作持续时间。

（2）时标网络计划可以直接显示各项工作的时间参数和关键线路。

（3）可以直接在时标网络图的下方统计劳动力、材料、机具等资源的需用量，便于绘制资源消耗动态曲线，也便于计划的控制和分析。

（4）时标网络计划在绘制中受到坐标的限制，因此不易产生循环回路之类的逻辑错误。

（5）由于箭线受到时间坐标的限制，修改和调整时标网络计划较烦琐。

二维码 4-29
时标网络计划的特点（微课）

2. 时标网络计划的绘制

（1）时标网络计划绘制的一般规定

1）时标网络计划必须以水平时间坐标为尺度表示工作时间。时标的时间单位应根据需要在编制网络计划之前确定，可以是时、天、周、旬、月或季等。

二维码 4-30
时标网络计划绘制的一般规则（微课）

2）节点的中心必须对准时标的刻度线。

3）时标网络计划应以实箭线表示工作，以虚箭线表示虚工作，以波形线表示工作的自由时差。

4）虚工作必须以垂直虚箭线表示，有时差时加波形线表示。

二维码 4-31
间接法绘制时标网络计划（微课）

（2）时标网络计划的绘制方法

时标网络计划宜按最早时间绘制。其绘制方法有间接绘制法和直接绘制法两种。

1）间接绘制法。间接绘制法是先计算网络计划的时间参数，再根据时间参数在时间坐标上进行绘制的方法。

二维码 4-32
直接法绘制时标网络计划（微课）

2）直接绘制法。直接绘制法是不计算网络计划的时间参数，直接在时间坐标上进行绘制的方法。其绘制步骤和方法可归纳为如下绘图口诀："时间长短坐标限，曲直斜平利相连；箭线到齐画节点，画完节点补波线；零线尽量拉垂直，否则安排有缺陷。"

【案例 4–3】网络计划的有关资料见表 4–6，试用间接绘制法绘制时标网络计划。

二维码 4-33
间接法与直接法的应用区别（微课）

某网络计划的有关资料　　**表 4–6**

工作	A	B	C	D	E	G	H
持续时间 /d	9	4	2	5	6	4	5
紧前工作	—	—	—	B	B、C	D	D、E

【案例 4–4】试用直接法绘制【案例 4–3】的时标网络计划。

二维码 4-34
【案例 4–3】解析

二维码 4-35
【案例 4-4】解析

二维码 4-36
确定计算工期和关键线路（微课）

3. 时标网络计划时间参数的判读

（1）计算工期的确定

时标网络计划的计算工期等于终点节点与起点节点所在位置的时标值之差。

（2）关键线路的确定

从时标网络计划的终点节点向起点节点观察，凡自始至终不出现波形线的线路即为关键线路。

（3）工作最早时间的确定

工作最早开始时间：每条箭线左端节点中心所对应的时标值为该工作的最早开始时间。

工作最早完成时间：箭线实线部分右端或当工作无自由时差时箭线右端节点中心所对应的时标值为该工作的最早完成时间。

（4）工作自由时差的确定

时标网络计划中，工作自由时差等于其波形线在坐标轴上水平投影的长度。

（5）工作总时差的计算

总时差不能从图上直接判定，需要进行计算。计算应自右向左进行。

以终点节点为箭头节点的工作，其总时差应等于计划工期与本工作最早完成之差。即：

$$TF_{i-n}=T_p-EF_{i-n} \tag{4-24}$$

式中 TF_{i-n}——以网络计划终点节点为完成节点的工作的总时差；

T_p——网络计划的计划工期；

EF_{i-n}——以网络计划终点节点 n 为完成节点的工作的最早完成时间。

其他工作的总时差应为：

$$TF_{i-j}=\min\{TF_{j-k}\}+FF_{i-j} \tag{4-25}$$

式中 TF_{i-j}——工作 $i-j$ 的总时差；

TF_{j-k}——工作 $i-j$ 的紧后工作 $j-k$ 的总时差；

FF_{i-j}——工作 $i-j$ 的自由时差。

（6）工作最迟时间的计算

工作的最迟开始时间等于本工作的最早开始时间与其总时差之和，即：

$$LS_{i-j}=ES_{i-j}+TF_{i-j} \tag{4-26}$$

工作的最迟完成时间等于本工作的最早完成时间与其总时差之和，即：

$$LF_{i-j}=LS_{i-j}+TF_{i-j} \tag{4-27}$$

【子任务七】请判读图 4-30 中工作的六个时间参数，时间单位：周。

二维码 4-37
【子任务七】解析

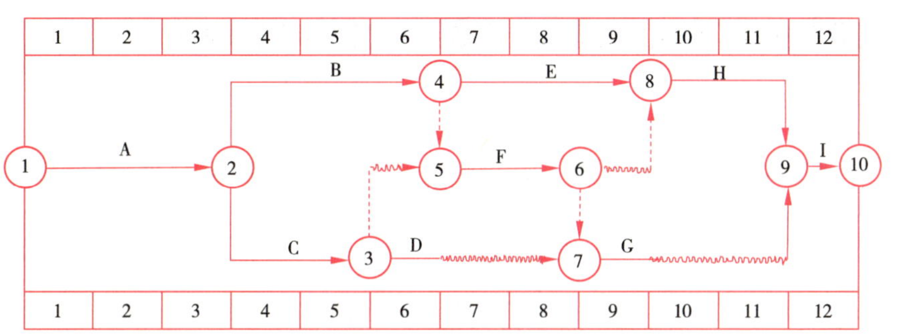

图 4-30　某工程时标网络计划（时间单位：周）

【子任务八】根据本章典型工作任务的已知条件，以及子任务一绘制的双代号网络图，绘制双代号时标网络图。

二维码 4-38
【子任务八】解析

单元小结

网络计划技术被广泛地运用于世界各国的工业、国防、建筑、运输与科研等领域，是一种现代计划管理的科学方法。

在建筑装饰工程施工中，主要用来编制工程项目施工的进度计划和建筑装饰施工企业的生产计划，并通过对计划的优化、调整和控制，达到缩短工期、提高效率、节约劳动力、降低消耗的施工目标，是施工组织设计的重要组成部分，也是施工竣工验收的必备文件。

正确绘制网络图必须遵循其基本绘制规则，从而保证网络图能够正确地反映各项工作之间相互制约关系，这是运用网络计划技术的基础。

复习思考题

二维码 4-39
复习思考题答案

1. 什么是网络图？什么是网络计划？
2. 什么叫双代号网络图？什么叫单代号网络图？
3. 工作和虚工作有什么不同？虚工作的作用有哪些？
4. 什么叫逻辑关系？网络计划有哪两种逻辑关系？有何区别？
5. 简述网络图的绘制原则。
6. 节点位置法怎样确定？用它来绘制网络图有哪些优点？时标网络计划可用它来绘制吗？
7. 试述工作总时差和自由时差的含义及其区别。
8. 什么叫节点最早时间、节点最迟时间？

9. 什么叫线路、关键工作、关键线路？

世界职业院校技能大赛建筑装饰数字化施工赛项模拟赛题

一、绘图题（每题 10 分）

二维码 4-40
绘图题 1

1. 某工程由九项工作组成，它们之间的网络逻辑关系见表 4-7，试绘制双代号网络图。

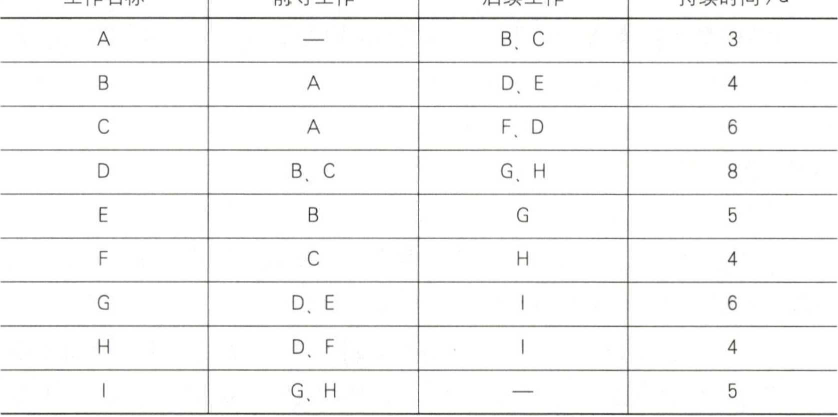

某工程网络计划资料　　　　**表 4-7**

工作名称	前导工作	后续工作	持续时间 /d
A	—	B、C	3
B	A	D、E	4
C	A	F、D	6
D	B、C	G、H	8
E	B	G	5
F	C	H	4
G	D、E	I	6
H	D、F	I	4
I	G、H	—	5

二维码 4-41
绘图题 2

2. 某工程由十项工作组成，各项工作之间相互制约、相互依赖的关系如下所述：A、B 均为第一个开始的工作；G 开始前，D、P 必须结束；E、F 结束后，C、D 才能开始；F、Q 开始前，A 应该结束；C、D、P、Q 结束后，H 才能开始；E、P 开始前，A、B 必须结束；G、H 均为最后一个结束的工作。工作持续时间见表 4-8，试绘制双代号网络图。

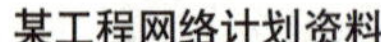

某工程网络计划资料　　　　**表 4-8**

工作代号	持续时间 /d	工作代号	持续时间 /d
A	6	F	2
B	4	G	5
C	2	H	7
D	4	P	8
E	5	Q	10

二维码 4-42
绘图题 3

3. 根据第 1 题绘制的网络图计算工作时间参数和节点时间参数。

4. 根据第 2 题绘制的网络图计算工作时间参数和节点时间参数。

5. 将第 1 题绘制的双代号网络图改绘成双代号时标网络图。

6. 将第 2 题绘制的双代号网络图改绘成双代号时标网络图。

二维码 4-43
绘图题 4

二维码 4-44
绘图题 5

二维码 4-45
绘图题 6

二、单项选择题（每题 1 分，每题的备选项中只有 1 个最符合题意）

1. 网络图组成的三要素是（　　）。

A. 节点、箭线、线路　　B. 工作、节点、线路

C. 工作、箭线、线路　　D. 工作、节点、箭线

2. 网络计划的主要优点是（　　）。

A. 编制简单　　B. 直观易懂

C. 计算方便　　D. 工作逻辑关系明确

3. 网络计划的表达形式是（　　）。

A. 横道图　　B. 工艺流程图

C. 网络图　　D. 施工平面布置图

4. 由生产工艺上客观存在的各个工作之间存在的先后施工顺序称为（　　）。

A. 工艺关系　　B. 组织关系　　C. 搭接关系　　D. 逻辑关系

5. 在网络计划中，某工作有两项以上的紧前工作时，该工作的最早开始时间应为其所有紧前工作（　　）。

A. 最早完成时间的最大值　　B. 最早完成时间的最小值

C. 最迟开始时间的最大值　　D. 最迟开始时间的最小值

6. 双代号网络计划中的线路有（　　）条。

A. 1　　B. 2　　C. 3　　D. 若干

7. 在没有规定的情况下，终点节点的最迟时间是（　　）。

A. 该节点最早时间　　B. 该节点为完成节点的工作的最早开始时间

C. 计划工期　　D. 该节点为完成节点的工作的最迟开始时间

8. 在网络计划中，若某项工作的总时差最小，则该工作（　　）。

A. 必不为关键工作　　B. 必为关键工作

C. 可能为关键工作　　D. 必为虚工作

9. 在工程网络计划中，工作的自由时差是指在不影响（　　）的前提下，该工作可以利用的机动时间。

A. 紧后工作最早开始　　B. 本工作最迟完成

C. 紧后工作最迟开始　　D. 本工作最早完成

10. 假设工作 D 的紧前工作为 B、C，如果 B、C 两项工作的最早开始时间分别为 7 天、8 天，持续时间分别为 4 天和 5 天，则工作 D 的最早开始时间为（　　）天。

A.11　　B.12　　C.13　　D.14

11. 在工程网络计划执行过程中，如果某项非关键工作实际进度拖延的时间超过其总时差，则（　　）。

A. 网络计划的计算工期不会改变　B. 该工作的总时差不变

C. 该工作的自由时差不变　　D. 网络计划中关键线路改变

12. 以箭线及其两端节点的编号表示工作的网络图是（　　）。

A. 单代号搭接网络图　　B. 单代号网络图

C. 单代号时标网络图　　D. 双代号网络图

13. 双代号网络中的节点编号不能出现重号，（　　）跳跃编号。

A. 不允许　　B. 特殊情况下允许

C. 允许　　D. 仅可以偶数或奇数连续

14. 网络图中的起点节点（　　）。

A. 只有内向箭线　　B. 只有外向箭线

C. 既有内向箭线，又有外向箭线　D. 既无内向箭线，又无外向箭线

15. 在双代号时标网络计划中，以波形线表示工作的（　　）。

A. 逻辑关系　　B. 关键线路　　C. 自由时差　　D. 总时差

16. 一个双代号网络计划，某工作有 3 天总时差，若该工作实际施工时间拖延了 4 天，则计划工期将拖延（　　）天。

A.1　　B.2　　C.3　　D.4

17. 在网络图中，成为关键线路的充分条件是（　　）。

A. 总时差为零，自由时差不为零　B. 总时差不为零，自由时差为零

C. 总时差及自由时差均为零　　D. 总时差不小于自由时差

18. 某工程计划中 A 工作的持续时间为 5 天，总时差为 8 天，自由时差为 4 天。如果 A 工作进度拖延 13 天，则会影响工程计划工期（　　）天。

A.13　　B.8　　C.9　　D.5

19. 当计划工期等于计算工期时，总时差为零时，自由时差（　　）。

A. 大于零　　B. 可能为零　　C. 无法确定　　D. 必然为零

20. 当网络图中某一非关键工作的持续时间拖延 X，且大于该工作的总时差 TF 时，则网络计划总工期将（　　）。

A. 拖延 X　　B. 拖延 $X+TF$　　C. 拖延 $X-TF$　　D. 拖延 $TF-X$

21. 双代号网络图中虚箭线表示（　　）。

A. 非关键工作　　B. 工作之间的逻辑关系

C. 时间消耗　　D. 资源消耗

22. 关键线路是（　　）。

A．关键工作相连形成的线路　B．持续时间最长的线路

C．含关键工作的线路　　　　D．持续时间为零的工作组成的线路

23. 某网络计划的执行中，检查发现 D 工作的总时差由 3 天变成了 −1 天，则 D 工作（　　）。

A．工期拖后 1 天，影响工期 1 天　B．工期拖后 3 天，影响工期 1 天

C．工期拖后 4 天，影响工期 1 天　D．工期拖后 4 天，影响工期 3 天

24. 工作 E 有四项紧前工作 A、B、C、D，其持续时间分别为 2 天、6 天、7 天、5 天，最早开始时间分别为第 8 天、第 4 天、第 6 天、第 10 天，则工作 E 的最早开始时间为第（　　）天。

A．10　　B．12　　C．13　　D．15

25. 当计划工期等于计算工期时，（　　）为零的工作肯定在关键线路上。

A. 自由时差　　B. 总时差　　C. 持续时间　　D. 以上三者均

26. 关于网络计划说法正确的是（　　）。

A. 用网络图表达任务构成、工作顺序并加注工作时间参数的进度计划

B. 网络计划不能结合计算机进行施工计划管理

C. 网络计划很难反映工作间的相互关系

D. 网络计划很难反映关键工作

27. 双代号网络计划中，只表示前后相邻工作的逻辑关系，既不占用时间，也不耗用资源的虚拟的工作称为（　　）。

A. 紧前工作　　B. 紧后工作　　C. 虚工作　　D. 关键工作

28. 在双代号时标网络计划中，该工作箭线上的波形线表示（　　）。

A. 实工作　　B. 虚工作

C. 工作的总时差　　D. 工作的自由时差

29. 在一个网络计划中，关键线路一般（　　）。

A. 只有一条　　B. 至少一条

C. 两条以上　　D. 无法确定有几条

30. 当工作具有多个紧前和紧后工作时，该工作的最迟完成时间是（　　）。

A. 所有紧前工作最早完成时间的最大值

B. 所有紧后工作最迟完成时间的最大值

C. 所有紧后工作最迟开始时间的最小值

D. 所有紧后工作最迟完成时间的最小值

31. 双代号网络图与单代号网络图的最主要区别是（　　）。

A. 节点和箭线代表的含义不同　　B. 节点的编号不同

C. 使用的范围不同　　D. 时间参数的计算方法不同

32. 工作最早开始时间和最早完成时间的计算应从网络计划的（　　）开始。

A. 起点节点　　B. 终点节点

C. 中间节点　　D. 指定节点

33. 总时差是各项工作在不影响工程（　　）的前提下所具有的机动时间。

A. 最迟开始时间　　B. 最早开始时间

C. 总工期　　D. 最迟完成时间

34. 时标网络计划的绘制方法宜按（　　）绘制。

A. 最早时间　　B. 最迟时间

C. 最终时间　　D. 最晚时间

35. 当计划工期和计算工期相等时，总时差为零的工作为（　　）。

A. 关键时间　　B. 时差

C. 关键工作　　D. 关键节点

36. 在网络计划中，工作的最早开始时间应为其所有紧前工作（　　）。

A. 最早完成时间的最大值　　B. 最早完成时间的最小值

C. 最迟完成时间的最大值　　D. 最迟完成时间的最小值

37. 时标网络计划与一般网络计划相比其优点是（　　）。

A. 能进行时间参数的计算　　B. 能确定关键线路

C. 能计算时差　　D. 能增加网络的直观性

38. 双代号网络图中每个工作都有（　　）个时间参数。

A.3　　B.4　　C.5　　D.6

三、多项选择题（每题 2 分。每题的备选项中，有 2 个或 2 个以上符合题意，至少有 1 个错项。错选，本题不得分；少选，所选的每个选项得 0.5 分）

1. 在网络计划时间参数的计算中，关于时差的描述不正确是（　　）。

A. 一项工程的总时差不小于自由时差

B. 一项工程的自由时差为零，其总时差必为零

C. 总时差是不影响紧后工作最早开始时间的时差

D. 自由时差是可以为一条线路上其他工作所共有的机动时间

2. 对双代号网络图中的虚工作描述错误的是（　　）。

A. 既不消耗时间，也不消耗资源

B. 既消耗时间，又消耗资源

C. 只消耗资源，不消耗时间

D. 是否消耗资源和时间要看具体情况

3. 单代号网络计划中，表述不正确的是（　　）。

A. 节点表示工作，箭线表示工作进行的方向

B. 节点表示工作的开始或结束，箭线表示工作进行的方向

C. 节点表示工作，箭线表示工作的逻辑关系

D. 节点表示工作逻辑关系，箭线表示工作进行的方向

4. 关键线路是决定网络计划工期的线路，与非关键线路间关系不正确是（　　）。

A. 关键线路是不变的

B. 关键线路可变成非关键线路

C. 非关键线路不可能成为关键线路

D. 关键线路和非关键线路不可以相互转化

5. 下列对双代号网络图绘制规则的描述正确的是（　　）。

A. 不许出现循环回路

B. 节点之间可以出现带双箭头的连线

C. 不允许出现箭头或箭尾无节点的箭线

D. 箭线不宜交叉

6. 当双代号网络计划的计算工期等于计划工期时，对关键工作的提法正确的是（　　）。

A. 关键工作的自由时差为零

B. 关键工作的总时差为零

C. 关键工作的持续时间最长

D. 关键工作的最早开始时间与最迟开始时间相等

7. 下列关于关键线路的说法正确的是（　　）。

A. 关键线路上各工作持续时间之和最长

B. 一个网络计划中，关键线路只有一条

C. 非关键线路在一定条件下可转化为关键线路

D. 关键线路上工作的时差均最小

8. 当双代号网络计划的计算工期等于计划工期时，对关键工作的说法正确的是（　　）。

A. 关键工作的自由时差为零

B. 关键工作的最早完成时间与最迟完成时间相等

二维码 4-46
模拟赛题答案

C. 关键工作的持续时间最长

D. 关键工作的最早开始时间与最迟开始时间相等

9. 下列说法中错误的是（　　）。

A. 凡是总时差为零的工作就是关键工作

B. 凡是自由时差为零的工作是关键工作

C. 凡是自由时差为最小值的工作就是关键工作

D. 凡是总时差为最小值的工作就是关键工作

10. 双代号网络图中关于节点的正确说法是（　　）。

A. 节点表示前面工作结束和后面工作开始的瞬间，所以它不需要消耗时间和资源

二维码 4-47
模拟赛题答案解析

B. 箭线的箭尾节点表示该工作的开始，箭线的箭头节点表示该工作的结束

C. 根据节点在网络图中的位置不同可分为起点节点、终点节点和中间节点

D. 箭头节点编号必须小于箭尾节点编号

5

Danyuanwu　Jianzhu Zhuangshi Gongcheng Shigong Zuzhi Sheji

单元 5
建筑装饰工程施工组织设计

本单元深入探讨施工组织设计的编制依据、程序、具体内容和遵循原则。学生通过学习，能够初步理解并掌握施工组织设计编制的基本方法和要点，能够协助项目经理、技术负责人等岗位开展施工组织设计的编制与调整工作。职业院校技能大赛中，全面考查学生对施工组织设计各环节的理解和运用能力。以创新实施“智慧工地”管理模式为案例，融入课程思政，培养学生的创新意识和绿色施工理念，引导学生关注行业前沿技术，推动建筑装饰施工行业向智能化、绿色化方向发展。

单元 5 课件

单元 5 课前练一练

教学目标

知识目标：

1. 了解装饰工程施工组织设计编制的程序和依据；
2. 熟悉装饰工程施工顺序；
3. 掌握装饰工程施工组织设计的编制内容和步骤；
4. 掌握装饰工程施工组织计划及施工平面图的主要内容。

能力目标：

1. 能区分施工方案和施工组织设计；
2. 能编制和调整装饰工程施工组织设计。

典型工作任务——编制施工组织设计

二维码 5-1
某办公楼装饰项目施工组织设计

任务描述	学习某办公楼装饰项目施工组织设计的内容，尝试编制施工组织设计
任务目的	了解施工组织设计的作用，掌握施工组织设计的内容和编制方法
任务要求	根据某小型装饰工程项目，尝试编制施工组织设计
完成形式	1. 根据班级情况可分组完成，也可以独立完成； 2. 采用 PPT 汇报的方式完成

导读——创新实施“智慧工地”管理模式

长沙地铁 4 号线第一标段是某建筑股份有限公司在湘投资建设的首个重大战略性地铁项目。项目管理团队创新实施“智慧工地”管理模式，着力打造“三化三点”（施工现场标准化、安全建造信息化、钢筋加工生产化，混凝土质量控制示范点、矿山法施工示范点、党建文化示范点）管理亮点。实现了城市轨道交通向三维甚至多维度数字化建造方式的转变，工地管理信息化达到国内先进水平。该项目创新工艺工法，在湖南省内首次采用 MJS 工法施工，成功完成了长沙地铁 4 号线项目下穿地铁 2 号线的施工任务，沉降控制在 2mm 以内，创造了湖南地铁施工以超低沉降量穿越既有运营地铁线路的纪录。取得这样的成绩离不开项目管理团队共同努力，他们将智慧、汗水融入地铁建设的事业中，以共产党员的赤诚初心，坚守着建设者的崇高使命，不懈追求、勇创一流，以忠诚、干净、担当诠释工匠精神，在实现“新基建”的梦想之路上继续前行。

思考：

项目施工过程中施工组织设计是重要依据之一，试想施工组织设计包括哪些内容呢？

5.1　施工组织设计的编制依据和程序

建筑装饰工程施工组织设计是以装饰施工项目为对象编制的，用以指导装饰工程施工的技术、经济和管理的综合性文件，是对装饰施工活动实行科学管理的重要手段，它具有施工部署和施工安排的双重作用。它提供了各阶段的施工准备工作内容，协调装饰施工过程中各专业施工班组、各施工工种、各项资源之间的相互关系。通过建筑装饰工程施工组织设计，可以根据具体装饰工程的特定条件，拟订施工方案、确定施工顺序、施工方法、技术组织措施，可以保证拟建装饰工程按照预定的工期完成，可以在开工前了解到所需资源的数量及其使用的先后顺序，可以合理安排施工现场布置。

二维码 5-2
施工组织设计的概念（微课）

5.1.1　编制依据

建筑装饰工程施工组织设计的编制依据归纳在一起主要包括以下九个内容：

二维码 5-3
施工组织设计的依据（微课）

（1）与建设有关的法律、法规和文件。

（2）国家现行有关标准和技术经济指标。

（3）工程所在地区行政主管部门的批准文件，建设单位对施工的要求。

（4）施工合同和招标投标文件。

（5）工程设计文件。

（6）工程施工范围内的现场条件、工程地质及水文地质、气象等自然条件。

（7）与工程有关的资源供应情况。

（8）施工企业的施工能力、机具设备状况、技术水平以及组织管理水平等。

（9）同类装饰工程的施工经验及有关的参考资料。

5.1.2　编制程序

建筑装饰工程施工组织设计的编制程序，是指针对编制对象的施工组织设计组成部分先后形成的顺序以及相互之间的制约关系。建筑装饰工程施工组织设计是施工单位用于指导装饰施工的文件，必须在调查研究的基础上，结合工程实际的具体情况，会同相关负责人及参编人员对施工组织设计的重点内容进行研究讨论。建筑装饰工程施工组织设计的编制程序如图 5–1 所示。

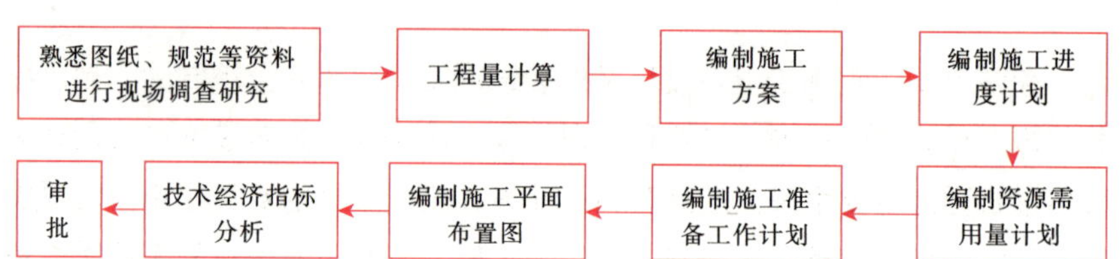

图 5–1 建筑装饰工程施工组织设计编制程序

二维码 5–4
施工组织设计的内容（微课）

5.1.3 编制的主要内容

一个完整的装饰工程施工组织设计一般应包括以下基本内容。

（1）工程概况

工程概况主要包括：本项目的性质、规模、建设地点、结构特点、建设期限、分批交付使用的条件、合同条件，本地区地形、地质、水文和气象情况，施工力量、劳动力、机具、材料、构件等资源供应情况，施工环境及施工条件等。

（2）施工方案

施工方案主要包括以下内容：

1）施工方案的选择是依据工程概况，结合人力、材料、机械设备、资金、施工方法等条件，全面部署施工任务，合理安排施工顺序，确定主要装饰工程的施工方案。

2）对拟建装饰工程可能采用的几个施工方案进行定性、定量的分析，通过技术经济评价，选择最佳方案。

（3）施工进度计划

施工进度计划反映了最佳施工方案在时间上的安排，采用计划的形式，使工序有序地进行，使工期、成本、资源等方面，通过计算和调整达到优化配置，符合项目目标的要求。在此基础上编制相应的人力和时间安排计划、资源需求计划和施工准备计划。

（4）施工准备工作及各项资源需用量计划

施工准备工作是完成单位工程施工任务的重要环节，也是单位工程施工组织设计中的一项重要内容。施工准备工作贯穿整个施工过程，施工准备工作的计划包括技术准备、现场准备及劳动力、材料、机具和加工半成品的准备等。

各项资源需用量计划包括材料、设备需用量计划，劳动力需用量计划，构件和加工成品、半成品需用量计划，施工机具设备需用量计划及运输计划。每项计划必须有数量及供应时间。

二维码 5-5
施工平面图与平面施工图的区别

（5）施工平面图

施工平面图是施工方案及施工进度计划在空间上的全面安排。它把投入的各种资源、材料、构件、机械、道路、水电供应网络、生产和生活活动场地及各种临时工程设施合理地布置在施工现场，使整个现场能有组织、有计划地文明施工。

（6）施工部署

施工部署是在对拟建工程的情况、建设要求、施工条件等进行充分了解的基础上，对项目实施过程涉及的任务、资源、时间、空间做出的统筹规划和全面安排。

5.1.4　编制的主要原则

二维码 5-6
施工组织设计的原则（微课）

建筑装饰工程施工组织设计的编制原则主要包括以下内容：

（1）符合施工合同或招标文件中有关装饰装修进度、质量、安全、环境保护、造价等方面的要求。

（2）积极开发、使用新技术和新工艺，推广应用新材料和新设备。在目前市场经济条件下，企业应当积极利用工程特点、组织开发、创新施工技术和施工工艺，提高施工效率及经济效益。

（3）坚持科学的施工程序和合理的施工顺序，采用流水施工和网络计划等方法，科学配置资源，合理布置现场，采取季节性施工措施，实现均衡施工，达到合理的经济技术指标。

（4）采取技术、经济、组织和管理措施，推广建筑节能和绿色施工。

（5）质量、环境和职业健康安全三个管理体系有效结合。编制施工组织设计时企业应建立企业内部管理体系文件，来保证持续满足过程能力和质量保证的要求。

5.2　工程概况

5.2.1　建筑装饰工程基本情况

建筑装饰工程的基本情况主要说明拟建装饰工程的建设单位、建设地点、工程名称、工程性质、用途和规模、资金来源、工程造价、开竣工日期、工期要求、施工单位、设计单位、监理单位、施工合同和主管部门有关文件等内容。施工单位建筑装饰工程的范围、装饰标准、主要装饰工作

二维码 5-7
工程概况（微课）

量、主要的饰面材料、装饰设计的风格，与之配套的水、电、暖主要项目及相关部门的有关文件或要求，以及组织施工的指导思想。还包括建筑装饰工程所在地的地形、环境、气温、冬雨期施工时间、主导风向、风力大小等，装饰现场条件、材料成品和半成品、施工机械、运输车辆、劳动力配备和施工单位的技术管理水平，业主提供的现场临时设施情况等。

5.2.2 建筑装饰工程设计概况

建筑装饰工程设计概况主要介绍拟建装饰工程的平面特征、使用功能、建筑面积、建筑层数、建筑高度、平面尺寸；外装修、室内墙面、顶棚、门窗材料、楼地面、室内防水主要做法及消防、环保水电设备等方面的参数和要求；采用的新技术、新工艺和新材料。主要分部分项工程量一览表见表 5–1。

主要分部分项工程量一览表　　表 5–1

序号	分部分项工程名称	单位	工程量	备注
1	水磨石地面	m^2	3680	防滑
2	玻璃幕墙	m^2	1200	元件式、隐框
3	铝塑板吊顶	m^2	5840	细木丁板基层
……	……			

5.2.3 建筑装饰工程施工概况

建筑装饰工程施工概况主要包括三个方面：

1. 施工条件

施工条件是针对工程特点、施工现场以及施工单位的具体情况加以说明，包括水、电、通信、道路、场地平整情况，劳动力供应状况，材料、构件、加工品的供应来源和加工能力，施工机械设备的类型和型号及供本工程项目使用的程度，施工场地使用范围、现场临时设施及四周环境，施工技术和施工管理水平，需特别重点解决的问题等。

2. 环境特征

环境特征包括拟建装饰工程的位置、地形、冬雨期起止时间、平均气温、最高气温、年平均气温、年平均降雨量、最大降雨量、主导风向、风力等。

3. 施工特点

不同类型的建筑装饰工程均有不同的施工特点，施工条件不同，施工方案也就不同。通过施工现场调研及资料分析找出拟建装饰工程的施工重点、难点，针对性地提出解决主要矛盾的对策，以便在施工准备、施工方案、施工进度、资源配置及施工现场管理等方面采取相应的技术措施和管理措施，保证施工顺利进行。另外，对装饰工程中的新工艺、新材料，应加以说明，提出保证施工的具体措施。

5.3　施工部署

施工部署是在对拟建装饰工程的情况、建设要求、施工条件等进行充分了解的基础上，对项目实施过程涉及的任务、资源、时间、空间做出的统筹规划和全面安排。施工部署是施工组织设计的纲领性内容，施工进度计划、施工准备与资源配置计划、施工方法、施工现场平面布置和主要施工管理计划等施工组织设计的组成内容都应该围绕该施工部署的原则进行编制。施工部署主要包括：工程目标及管理方式、施工开展程序、划分施工区段、确定施工起点与流向、确定施工顺序。

二维码 5-8
施工部署（微课）

5.3.1　工程目标及管理方式

建筑装饰工程施工目标应根据施工合同、招标文件以及施工单位对工程管理目标的要求确定，包括进度、质量、安全、环境和成本等目标。各项目标应符合施工组织总设计中确定的总体目标。

建筑装饰工程管理的组织机构形式应满足施工组织总体部署的要求，并宜采用框图的形式表示，同时应确定项目经理部的工作岗位设置及其职责划分。对主要分包工程施工单位的选择要求及管理方式应进行简要说明。

5.3.2　施工程序

施工程序是指建筑装饰工程不同施工阶段，各分部工程之间的先后顺序。

在装饰工程施工组织设计中，应结合具体工程的设计特征、施工条件和建设要求，合理确定装饰工程各分部工程之间的施工程序。建筑装饰工程施工总的程序一般有先室外后室内、先室内后室外或室内室外同时进行三种情况。选择哪一种施工程序要根据气候条件、工期要求、劳动力的配备情况等因素进行综合考虑。

1. 先室外后室内

一般情况下，室外装饰受外界自然条件（风、雨、高温、冰冻等）影响较大。另外，室外装饰的施工一般在脚手架上作业，对室内装饰工程的整体性有一定影响（如连墙件的设置）。为保证施工生产的顺利进行和工程质量，一般宜采用先外后内的组织方式。

2. 先室内后室外

当室内装饰工程有大量的湿作业或污染性较强的作业项目（如水磨石），对室外装饰工程质量造成影响，或室内空间急需使用时，宜采用先内后外的组织方式。

3. 室内室外同时进行

当工期紧、任务重，而室内外装饰做法相互影响较小，在工程资源供应充分的情况下，可采用室内室外同时施工的组织方式，这也是目前采用较多的组织方式之一。

对某些特殊的工程或随着新技术、新工艺的发展，施工程序往往不一定完全遵循一般规律，如单元式玻璃幕墙工程施工，铝单板、铝塑板复合墙面施工等，这些均是打破了传统的施工程序。因此，施工程序应根据实际的工程施工条件和采用的施工方法来确定。

5.3.3 划分施工区段

1. 划分施工区段的目的

建筑装饰产品体型庞大的固有特征，以及层间关系，为组织流水施工提供了空间条件，可以把一个体型庞大的“单件产品”划分成具有若干个施工段、施工层的“批量产品”，使其满足流水施工的基本要求。在保证工程质量的前提下，使不同工种的专业队在不同的工作面上进行作业，以充分利用空间，使其按流水施工的原理，集中人力、物力，迅速地、依次地、连续地完成各施工段的任务，为后续专业工作队尽早地提供工作面，以达到缩短工期的目的。

2. 划分施工区段的基本要求

施工段的划分一般是固定施工段，即根据固定的分界线来划分，对所有施工过程来说都是固定不变的，并且每个施工过程都采用相同的施工段。也存在不固定施工段的情况，以不同的施工过程分别规定出一种施工段划分方法，施工段的分界对于不同的施工过程是不同的。在客观条件允许的情况下尽可能采用固定施工段组织流水施工，此法应用也更广泛。

多层建筑物、构筑物或需要分层施工的工程，应既分施工段，又分施工层。各专业工作队依次完成第一施工层中各施工段任务后，再转入到第二施工层的施工段上作业，依此类推，以确保相应专业队在施工段与施工层之间，连续、均衡、有节奏地流水施工。

5.3.4 确定施工起点与流向

施工起点及流向是指装饰工程在平面或空间上开始施工的部位及其流

动方向，主要取决于合同规定、保证质量和缩短工期等要求。

建筑装饰工程的施工可分为室外装饰（檐沟、女儿墙、外墙、勒脚、散水、台阶、明沟、雨水管等）和室内装饰（顶棚、墙面、楼面、地面、踢脚线、楼梯、门窗、五金、油漆及玻璃等）两个方面的内容。建筑装饰工程的施工的流向一般可分为水平流向和竖向流向，从水平方面看，通常从哪一个方向开始都可以，但竖向流程则比较复杂，特别是对于新建工程的装饰。其室外装饰根据材料和施工方法的不同，分别采用自下而上（干挂石材、单元式幕墙等）、自上而下（涂料喷涂、面砖镶贴、元件式幕墙等）的方法。室内装饰则有三种方式，分别如下：

（1）自上而下

室内装饰装修工程自上而下的流水施工方案是指主体结构工程封顶、做好屋面防水层后，从顶层开始，逐层向下进行，一般有水平向下进行和垂直向下进行两种形式，如图 5-2 所示。

自上而下流向的优点是：易于保证质量。新建工程的主体结构完成后有一定的沉降和收缩期，沉降变化趋于稳定，这样能避免产生沉降裂缝。能保证建筑装饰工程的施工质量，同时可以减少或避免各工种操作互相交叉，便于组织施工，有利于施工安全，也方便楼层的清理。其缺点为：不能与主体及屋面工程施工搭接，故工期相应较长。自上而下的施工流向适用于质量要求高、工期较长或有特殊要求的工程。如对高层酒店、商场进行改造时，采用此种流向，从顶层开始施工，仅下一层作为间隔层，停业面积小，将不会影响大堂的使用和其他层的营业；对上下水管道和原有电器线路进行改造，自上而下进行，一般只影响施工层，对整个建筑的影响较小。

（2）自下而上

室内装饰工程自下而上的流水施工方案是指主体结构施工到三层及三层以上时（有两个层面楼板，确保底层施工安全），从底层开始逐层向上的施工流向。同样有水平向上和垂直向上两种形式，如图 5-3 所示。

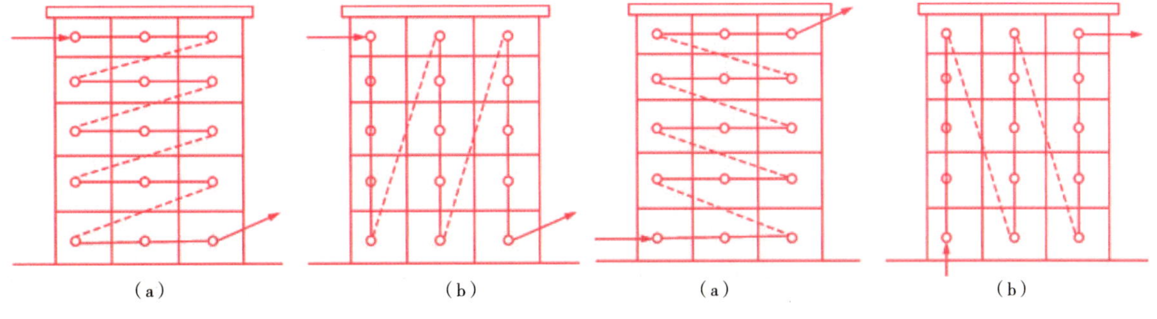

图 5-2　自上而下的施工流向（左）
（a）水平向下；（b）垂直向下

图 5-3　自下而上的施工流向（右）
（a）水平向上；（b）垂直向上

采用自下而上的施工顺序的优点为：可以与主体结构平行搭接施工，从而缩短工期。其缺点为：同时施工的工序多、人员多、工序间交叉作业多，要采取必要的安全措施；材料供应集中，施工机具负担重，现场施工组织和管理比较复杂。因此，只有当工期紧迫时，室内装饰才考虑采取自下而上的施工顺序。

(3) 自中而下，再自上而中

自中而下，再自上而中的施工流向，综合了上述两者优缺点，适用于新建工程的高层建筑装饰工程以及前两种方法不适用施工现场客观条件的情形。

5.3.5 确定施工顺序

二维码 5-9
施工顺序（微课）

施工顺序是分项工程或工序之间的先后次序，是施工的客观规律。

1. 确定施工顺序的基本原则

(1) 要符合施工工艺的要求。施工工艺上存在的客观规律和相互制约关系，一般是不能违背的。如吊顶工程必须先固定吊筋，再安装主次龙骨；裱糊工程要先进行基层的处理，再实施裱糊。

(2) 房间的使用功能和施工方法要协调一致。如卫生间的改造施工顺序一般是：旧物拆除→改上下水管道→改管线→地面找坡→安门框；大厅的施工顺序一般是：搭架子→墙内管线→石材墙柱面→顶棚内管线……

(3) 要考虑施工组织的要求。如油漆和安装玻璃的顺序，可以先安装玻璃后油漆，也可先油漆后安装玻璃。但从施工组织的角度看，后一种方案比较合理，这样可以避免玻璃被油漆污染。

(4) 要考虑施工质量的要求。如对于装饰抹灰，面层施工前必须检查中层抹灰的质量，合格后进行洒水湿润。

(5) 要考虑材料对施工流向的影响。同一个施工部位采用不同的材料，施工的流向也不相同。如当地面采用石材，墙面裱糊时，则施工流向是先地面后墙面；但当地面铺实木，墙面用涂料时，施工流向则变为先墙面后地面。

(6) 要考虑气候条件。如在冬期或风沙较大地区，必须先安装门窗玻璃，再对室内进行装饰施工，用以保温或防污染。

(7) 要考虑施工的安全因素。如外立面的装饰工程施工应在无屋面作业的情况下进行，大面积油漆施工应在作业面附近无电焊的条件下进行，防止气体被点燃。

(8) 设备对施工流向的影响。如外墙进行玻璃幕墙装饰，安装立筋时，如果采用滑架，一般从上往下安装；若采用满堂脚手架，则从下往上安装。

2. 装饰工程的施工顺序

装饰工程分为室外装饰工程和室内装饰工程。要安排好立体交叉平行搭接的施工，确定合理的施工顺序。室外和室内装饰工程的顺序一般有先内后外、先外后内和内外同时进行，具体确定哪一种施工顺序应视施工条件、气候条件和合同工期要求来确定。通常外装饰湿作业，涂料等施工过程应避开冬、雨期；高温条件下不宜安排室外金属饰面板的施工。

室外装饰工程的施工顺序有两种：对于外墙湿作业施工，除石材墙面外，一般采用自上而下的施工顺序，而干作业施工，一般采用自下而上的施工顺序。

室内装饰工程施工的主要内容有：顶棚、地面、墙面的装饰，门窗安装、油漆，制作家具以及相配套的水、电、风口的安装和灯饰洁具的安装。其施工劳动量大、工序繁杂，施工顺序应根据具体条件来确定，基本原则是："先墙、后地"，"先管线、后饰面"，"先湿作业、后干作业"。室内装饰工程的一般施工顺序如图 5-4 所示。

（1）室内顶棚、墙面及地面。室内同一房间的装饰工程施工顺序一般有两种：一是顶棚→墙面→地面，这种施工顺序可以保证连续施工，但在

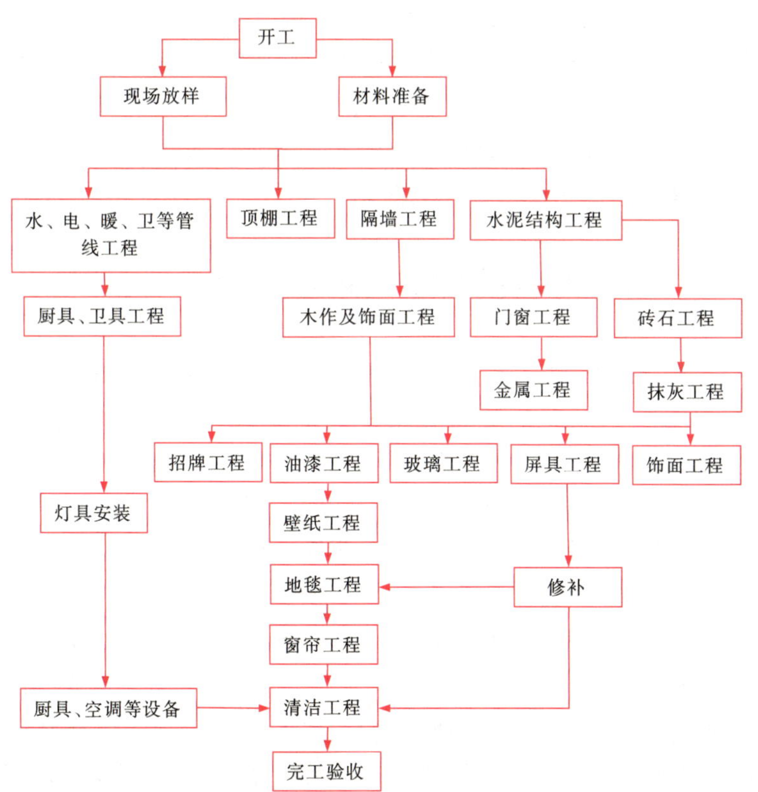

图 5-4　室内装饰工程施工顺序

做地面前必须将顶棚和墙面上的落地灰和渣子处理干净，否则将影响地面面层和基层之间的粘接，造成地面起壳现象且做地面时的施工用水可能会污染已装饰的墙面；二是地面→墙面→顶棚，这种施工顺序易于清理，保证施工质量，但必须对已完工的地面进行保护。

(2) 抹灰、吊顶、饰面和隔断工程的施工。一般应待隔墙、门窗框、暗装管道、电线管、预埋件、预制板嵌缝等完工后进行。

(3) 门窗及其玻璃工程施工。应根据气候及抹灰的要求，可在湿作业之前完成。但铝合金、塑料、涂色镀锌钢板门及玻璃工程宜在湿作业之后进行，否则应对成品加以保护。

(4) 有抹灰基层的饰面板工程、吊顶工程及轻型花饰安装工程，均应在抹灰工程完工后进行。

(5) 涂料、刷浆工程、吊顶和隔断罩面板的安装。应安排在塑料地板、地毯、硬质纤维板等楼地面面层和明装电线施工之前，以及管道设备试压后进行；对于木地（楼）板面层的最后一道涂料，应安排在裱糊工程完工后进行。

(6) 裱糊工程。应安排在顶棚、墙面、门窗及建筑设备的涂料、刷浆工程完工后进行。

例如，客房室内装饰改造工程的施工顺序一般是：拆除旧物→改电器管线及通风→壁柜制作、窗帘盒制作→顶内管线→吊顶→安角线→窗台板、散热器→安门框→墙、地面修补→顶棚涂料→安踢脚板→墙面腻子→安门扇→木面油漆→贴墙纸→电气面板、风口安装→床头灯及过道灯安装→清理修补→铺地毯→交工验收。

5.4 施工进度计划与资源配置计划的编制

建筑装饰工程的施工进度计划，是施工方案在时间上的具体安排，是装饰工程施工组织设计的重要内容之一。其任务是以确定的施工方案为基础，并根据规定的工期和技术物资供应条件，遵循各施工过程合理的工艺顺序，统筹安排各项施工活动的原则进行编制的。施工进度计划的任务，是为各项施工过程明确一个确定的施工期限，并确定各施工期内的劳动力和各种技术物资的供应计划。

在编制装饰工程施工进度计划时，应尽量缩短施工工期，发挥工程效益；高效利用施工机械、设备、工具、模具、周转材料等；尽可能组织连续、均衡的施工，在整个施工期间，施工现场的劳动人数在合理的范围内保持一定的较小数目；尽可能使施工现场各种临时设施的规模最小，降低工程造价；应避免因施工组织安排不善，造成停工待料而引起时间的浪费。

5.4.1　施工进度计划的分类

单位工程施工进度计划根据施工项目划分的粗细程度可分为控制性施工进度计划和指导性施工进度计划两类。

（1）控制性施工进度计划是以分部工程作为施工项目划分对象，控制各分部工程的施工时间及它们之间相互配合、搭接关系的一种进度计划。它主要适用于结构较复杂、规模较大、工期较长需跨年度施工的工程，同时还适用于虽然工程规模不大、结构不算复杂，但各种资源（劳动力、材料、机械）没有落实，或者由于装饰设计的部位、材料等可能发生变化以及其他各种情况。

（2）指导性施工进度计划按分项工程或施工过程来划分施工项目，具体确定各施工过程的施工时间及其相互搭接、相互配合的关系。它适用于任务具体明确、施工条件基本落实、各项资源供应正常、施工工期不太长的工程。

编制控制性施工进度计划的工程，当各分部工程的施工条件基本落实之后，在施工之前还应编制各分部工程的指导性施工进度计划。

5.4.2　施工进度计划的表达形式

施工进度计划的表达方式有多种，常用的有横道图进度计划和网络图进度计划两种形式，并附有必要的说明。对于工程规模较大或较复杂的工程，宜采用网络图表示。

1. 横道图进度计划

横道图进度计划通常按照一定的格式编制，见表 5–2，一般应包括下列内容：各分部分项工程名称、工程量、劳动量、每天安排的人数和施工时间等。表格分为两部分，左边是各分部分项工程的名称、工程量、劳动

装饰工程施工进度计划　　　　**表 5–2**

序号	分部分项工程名称	工程量		劳动量		机械台班数		每天工作班次	每天工作人数	工作天数	施工进度（月份）			
		单位	数量	工种	工日	名称	台班				日	日	日	日
1	水磨石地面	m^2	1120	磨石工	50	—	—	1	10	5	—	—	—	—
2	抹灰工程	m^2	4260	抹灰工	320	—	—	1	20	16	—	—	—	—
	……													

量、机械台班数、每天工作班次、每天工作人数、工作天数、施工进度等施工参数，右边是时间图表，即画横道图的部位。有时需要绘制资源消耗动态图，可将其绘在图表下方，并可附以简要说明。

2. 网络图进度计划

网络图进度计划的形式有两种：一种是双代号网络计划，另一种是单代号网络计划。目前，国内工程施工中，所采用的网络计划大多是双代号网络计划，且多为时标网络计划。

5.4.3 施工进度计划的编制依据

编制装饰工程施工进度计划的基本依据如下：

(1) 必须具备的原始资料：经过审批的建筑主体工程验收资料、装饰工程全套施工图，以及工艺设计图、设备施工图、采用的各种标准等技术资料。

(2) 单位工程施工组织设计中对装饰工程的进度要求。

(3) 施工工期要求及开工、竣工日期。

(4) 当地的气象资料。

(5) 确定的装饰工程施工方案，包括主要施工机械、施工顺序、施工段划分、施工流向、施工方法、质量要求和安全措施等。

(6) 施工条件，劳动力、材料、施工机械、预制构件等的供应情况，交通运输情况，分包单位的情况等。

(7) 本装饰工程的预算文件，现行的劳动材料消耗定额、机械台班定额、施工预算等。

(8) 其他有关要求和资料。如工程承包合同、分包及协作单位对施工进度计划的意见和要求等。

5.4.4 施工进度计划的编制步骤

编制装饰工程施工进度计划的步骤分为：收集编制依据，划分施工过程，计算工程量，套用劳动定额，确定劳动量和机械台班数量，确定各施工过程的施工天数，编制施工进度计划的初始方案，进行施工进度计划的检查、调整与优化，编制正式施工进度计划表等几个主要步骤（图 5-5）。

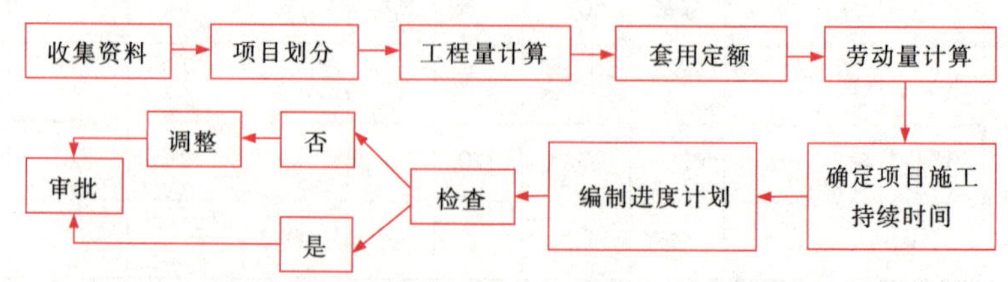

图 5-5 装饰工程施工进度计划编制步骤

5.4.5　施工进度计划的编制方法

1. 施工项目的划分

在编制施工进度计划时，首先应根据图纸和施工顺序将拟建装饰工程的各个施工过程列出，并结合施工方法、施工条件、劳动力组织等因素加以适当调整，使之成为编制施工进度计划所需的施工项目。项目划分的一般要求和方法如下：

（1）明确施工项目划分的内容。应根据施工图纸、施工方案和施工方法，确定拟建工程可划分成哪些分部分项工程，明确其划分的范围和内容。应将一个比较完整的工艺过程划分成一个施工过程，如油漆工程、墙面装饰工程等。

（2）掌握施工项目划分的粗细。施工项目划分的粗细程度应根据进度计划的需要来决定。一般对于控制性施工进度计划，其施工项目可以粗一些，通常只列出施工阶段及各施工阶段的分部工程名称，如群体工程进度计划的项目可划分到单位工程，单位工程进度计划的项目应明确到分项工程或工序；对于指导性施工进度计划，其施工项目的划分可细一些，特别是其中主导工程和主要分部工程，应尽量做到详细、具体、不漏项，以便于掌握施工进度，起到指导施工的作用。

（3）划分施工过程要考虑施工方案和施工机械的要求。由于装饰工程施工方案的不同，施工过程的名称、数量、内容也不相同，而且也影响施工顺序的安排。

（4）将施工项目适当合并。为了使计划简明清晰、突出重点，一些次要的施工过程应合并到主要的施工过程中去，如门窗工程可以合并到墙面装饰工程中；而对于在同一时间内由同一施工班组施工的过程可以合并，如门窗油漆、家具油漆、墙面油漆等均可合并为一项。

（5）水、电、暖、卫和设备安装等专业工程的划分。水、电、暖、卫和设备安装等专业工程不必细分具体内容，由各个专业施工队自行编制计划并负责组织施工，而在单位工程施工进度计划中只要反映出这些工程与装饰工程的配合关系即可。

（6）多层建筑的内、外抹灰应分别根据情况列出施工项目，内、外有别，分、合结合。外墙的抹灰工程可能有若干种装饰抹灰的做法，但一般情况下合并为一项，如有石材干挂等装饰可分别列项；室内的各种抹灰，一般来说，要分别列项，如楼地面（包括踢脚线）抹灰、顶棚及地面抹灰、楼梯间及踏步抹灰等，以便组织安排指导施工开展的先后顺序。

（7）区分直接施工与间接施工。直接在拟建装饰工程的工作面上施工的项目，经过适当合并后均应列出。不在现场施工而在拟建装饰工程工作面之外完成的项目，如各种构件在场外预制及其运输过程，一般可不必列项，只要在使用前运入施工现场即可。

（8）所有划分的施工过程应按施工顺序的先后排列，所采用的工程项目名称，应与现行定额手册上的项目名称一致。

2. 确定施工顺序

在合理划分施工项目后，还需确定各装饰工程施工项目的施工顺序，主要考虑施工工艺的要求、施工组织的安排、施工工期的规定以及气候条件的影响和施工安全技术的要求，使装饰工程施工在理想的工期内，质量达到标准要求。

3. 计算工程量

工程量的计算应根据有关资料、图纸、计算规则及相应的施工方法进行确定，若编制计划时已经有预算文件，则可以直接利用预算文件中的有关工程量数据。

4. 施工定额的套用

根据已划分的施工过程、工程量和施工方法，即可套用施工定额，以确定劳动量和机械台班数量。施工定额一般有两种形式，即时间定额和产量定额。时间定额是指某种专业、某种技术等级工人在合理的技术组织条件下，完成单位合格产品所必需的工作时间。它是以工日数为单位，便于综合计算，故在劳动量统计中用得比较普遍。产量定额是指在合理的技术组织条件下，某种专业、某种技术等级工人在单位时间内所完成的合格产品的数量。它以产品数量来表示，具有形象化的特点，故在分配任务时用得比较普遍。时间定额和产量定额互为倒数关系，即：

$$H_i=\frac{1}{S_i} \text{ 或 } S_i=\frac{1}{H_i} \tag{5-1}$$

式中 S_i——某施工过程采用的产量定额，（m^3/ 工日、m^2/ 工日、m/ 工日、kg/ 工日）；

H_i——某施工过程采用的时间定额，（工日 /m^3、工日 /m^2、工日 /m、工日 /kg）。

套用国家或当地颁发的定额，必须结合本单位工人的技术等级、实际施工技术操作水平、施工机械情况和施工现场条件等因素，确定完成定额的实际水平，使计算出来的劳动量、台班量符合实际需要，为准确编制施工进度计划打下基础。有些采用新技术、新工艺、新材料或特殊施工方法的项目，定额中尚未编入，这样可以参考类似项目的定额、经验资料，按实际情况确定。

5. 确定劳动量和机械台班数量

劳动量和机械台班数量的确定，应当根据各分部分项工程的工程量、施工方法、机械类型和现行施工定额等资料，并结合当时当地的实际情况进行计算。人工作业时，计算所需的工作日数量；机械作业时，计算所需的机械台班数量。一般可按式（5–2）计算：

$$P=\frac{Q}{S} \text{或} P=QH \tag{5-2}$$

式中　P——完成某施工过程所需的劳动量（工日）或机械台班数量（台班）；

Q——完成某施工过程所需的工程量；

S——某施工过程采用的人工或机械的产量定额；

H——某施工过程采用的人工或机械的时间定额。

劳动量计算出来后，往往出现小数位，取数时可取为整数。

6. 确定各施工过程的持续时间

计算各施工过程的持续时间的方法有三种，分别是经验估算法、定额计算法和倒排计划法。

（1）经验估算法。在施工过程中，当遇到新技术、新材料、新工艺等无定额可循的工种时，可采用经验估算法。即根据过去的施工经验并按照实际的施工条件来估算项目的施工持续时间。在经验估算法中，为了提高其准确程度，往往采用“三时估计法”，分别是完成该项目的最乐观持续时间、最悲观持续时间和最可能持续时间三种施工时间。然后利用三种时间，按式（5–3）计算出该施工过程的工作持续时间。

$$m=\frac{a+4c+b}{6} \tag{5-3}$$

式中　m——该项目的施工持续时间；

a——工作的最乐观（最短）持续时间估计值；

b——工作的最悲观（最长）持续时间估计值；

c——工作的最可能持续时间估计值。

（2）定额计算法。根据劳动资源的配备计算施工天数。首先确定配备在该分部分项工程施工的人数或机械台数，然后根据劳动量计算出施工天数。按式（5–4）计算：

$$t=\frac{P}{Rb} \tag{5-4}$$

式中　t——完成某分部分项工程的施工天数；

P——完成某分部分项工程所需完成的劳动量或机械台班数量；

R——每班安排在某分部分项工程上的工人人数或机械台数；

b——每日的工作班数。

例如，某抹灰工程，需要总劳动量为150个工日，每天出勤人数15人（其中技工9人、普工6人，一班制），则其施工天数为：

$$t=\frac{P}{Rb}=\frac{150}{15\times1}=10\text{（天）}$$

每天的作业班数应根据现场施工条件、进度要求和施工需要而定。一般情况下采用一班制，因其能利用自然光照，适宜于露天和空中交叉作业，利于施工安全和施工质量。但在工期紧或其他特殊情况下可采用两班制甚至三班制。

在安排每班工人人数或机械台数时，应综合考虑各分项工程工人班组的每个工人都有足够的工作面，以充分发挥工人高效率生产，并保证施工安全；应综合考虑各分项工程在进行正常施工时，所必须满足的最低限度的工人队组人数及其合理组合（不能小于最小劳动组合），以达到最高的劳动生产率。

（3）倒排计划法。根据工期要求计算施工天数。首先根据规定的总工期和施工经验，确定各分部分项工程的施工时间，然后再按各分部分项工程需要的劳动量或机械台班数量，确定每一分部分项工程每个工作班所需的工人人数或机械台数。按式（5−5）计算：

$$R=\frac{P}{tb} \tag{5-5}$$

例如，某装饰工程的涂料工程采用机械施工，经计算共需要24个台班完成，当工期限定为5天，每日采用一班制时，则所需的喷涂台数为：

$$R=\frac{P}{tb}=\frac{24}{5\times1}\approx5\text{（台）}$$

通常计算时先按每日一班制考虑，如果所需的施工人数或机械台数已超过施工单位现有人力、物力或工作面限制时则应根据具体情况和条件，从技术和施工组织上采取积极的措施。如增加工作班次，最大限度地组织立体交叉平等流水施工等。

在实际工作中，可根据工作面所能容纳的最多人数（即最小工作面）和现有的劳动组织来确定每天的工作人数。在安排施工人数和机械数量时，必须考虑以下条件：

1）最小劳动组合。建筑装饰工程中的许多施工工序都不是一个人所能完成的，而必须有多人相互配合、密切合作进行。如抹灰工程、吊顶工程、搭设脚手架等，必须具有一定的劳动组合时才能顺利完成，才能产生较高的生产效率。如果人数过少或比例不当，都将引起劳动生产率的下降。最小劳动组合是指某一个施工过程要进行正常施工所必需的最少人数及其合理组合。

2）最小工作面。所谓工作面是指工作对象上可能安排工人和布置机械的地段，用以反映施工过程在空间布置的可能性。每一个工人或一个班组施工时都需要足够的工作面才能开展施工活动，确保施工质量和施工安全。因此，在安排施工人数和施工机具时，不能为了缩短施工工期而无限制地增加施工人数和施工机具，避免造成工作面不足而产生窝工现象，甚至发生工程安全事故。保证正常施工、安全作业所必需的最小空间，称为最小工作面。最小工作面决定了安排施工人数和机具数量的最大限度。如果按最小工作面安排施工人数和施工机具后，施工工期仍不能满足最短工期要求，可通过组织两班制、三班制施工来解决。

3）最佳劳动组合。根据某分部分项工程的实际和劳动组合的要求，在最少必需人数和最多可能人数的范围内，安排施工人数，使之达到最大的劳动生产率，这种劳动组合称为最佳劳动组合。最佳劳动组合一定要结合工程特点、企业施工力量、管理水平及原劳动组合对此的适应性，按实际需求确定。

7. 编制施工进度计划的初始方案

在上述各项内容完成以后，可以进行施工计划初步方案的编制。在考虑各施工过程的合理施工顺序的前提下，先安排主导施工过程的施工进度，并尽可能组织流水施工，力求主要工种的施工班组连续施工，其余施工过程尽可能配合主导施工过程，使各施工过程在工艺和工作面允许的条件下，最大限度地合理搭配、配合、穿插、平行施工。如 U 型轻钢龙骨吊顶工程，一般由固定吊挂件、安装调整龙骨、安放面板、饰面处理等施工过程组成，其中安装调整龙骨是主导施工过程。在安排施工进度计划时，应先考虑安装调整龙骨的施工速度，而固定吊挂件、安放面板、饰面处理等施工过程的进度均应在保证安装调整龙骨的进度和连续性的前提下进行安排。

8. 施工进度计划的检查与调整

在编制施工进度计划的初始方案后，还需根据合同规定、经济效益及施工条件等对施工进度计划进行检查、调整和优化。首先检查工期是否符合要求，资源供应是否均衡，工作队是否连续作业，施工顺序是否合理，各施工过程之间搭接以及技术间歇、组织间歇是否符合实际情况；然后进行调整，直至满足要求；最后编制正式施工进度计划。

（1）施工工期的检查与调整。施工进度计划安排的施工工期首先应满足施工合同的要求，其次应具有较好的经济效益，即安排工期要合理，并非越短越好。当工期不符合要求时应进行必要的调整。

(2) 施工顺序的检查与调整。施工进度计划安排的顺序应符合建筑装饰工程施工的客观规律，应从技术上、工艺上、组织上检查各个施工过程的安排是否合理，如有不当之处，应予修改或调整。

(3) 资源均衡性的检查与调整。施工进度计划的劳动力、机械、材料等的供应与使用，应避免过分集中，尽量做到均衡。这里主要讨论劳动力消耗的均衡问题。

劳动力消耗的均衡与否，可以通过劳动力消耗动态图来分析。如图 5-6 (a) 中出现短时间的高峰，即短时间施工人数剧增，相应需增加各项临时设施为工人服务，说明劳动力消耗不均衡。图 5-6 (b) 中出现劳动力长时间的低陷，如果工人不调出，将发生窝工现象；如果工人调出，则临时设施不能充分利用，同样也将产生不均匀。图 5-6 (c) 中出现短时期的低陷，即使是很大的低陷，也是允许的，只需把少数工人的工作重新安排一下，窝工情况就能消除。

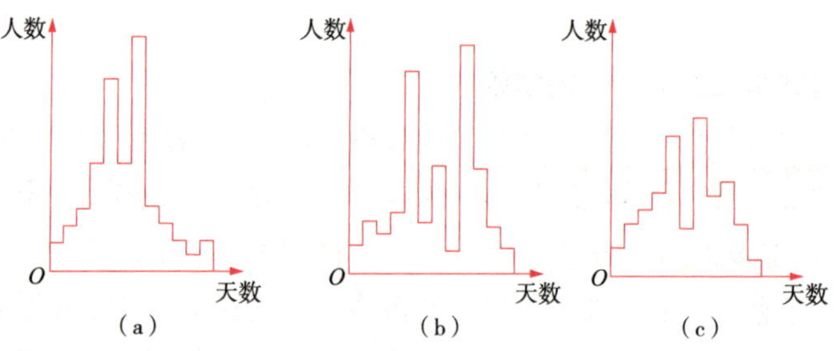

图 5-6 劳动力消耗动态图
(a) 动态图一；(b) 动态图二；(c) 动态图三；

劳动力消耗的均衡性可以用均衡系数来表示，可按式 (5-6) 计算：

$$K=\frac{R_{max}}{R} \tag{5-6}$$

式中 K——劳动力均衡系数；

R_{max}——施工期间工人的最大需要量；

R——施工期间工人的平均需要量，即为总工期所需人数除以施工总工日数。

劳动力均衡系数 K 一般应控制在 2 以下，超过 2 则不正常。K 越接近 1，说明劳动力安排越合理。如果出现劳动力不均衡的现象，可通过调整次要施工过程的施工人数、施工过程的起止时间以及重新安排搭接等方法来实现均衡。

应当指出，建筑装饰工程施工过程是一个很复杂的过程，会受各种条件和因素的影响，每个施工过程的安排都不是孤立的，它们必然相互联系、相互依赖、相互影响。在编制施工进度计划时，虽然做了周密的考虑、充分的预测、全面的安排、精心的计划，但在实际的装饰工程施工中受客观条件的影响较大，受环境变化的制约因素也很多，故在编制施工进度计划时应留有余地。在施工进度计划的执行过程中，当进度与计划发生偏差时，对施工过程应不断地进行计划→执行→检查→调整→重新计划，真正达到指导施工的目的，增加计划的实用性。

5.4.6　资源配置计划的编制

装饰工程施工进度计划编制完成后，可以着手编制各项资源配置（需要量）计划，这是确定施工现场的临时设施、按计划供应材料、配备劳动力、调动施工机械，以保证施工按计划顺利进行的主要依据。

1. 劳动力配置计划

劳动力配置计划，主要是作为安排劳动力的平衡、调配和衡量劳动力耗用指标、安排生活和福利设施的依据。其编制方法是将装饰工程施工进度计划表内所列的各施工过程每天、旬、月所需工人人数按工种汇总而得，见表 5–3。

劳动力需要量计划表　　　　**表 5–3**

序号	工程名称	工种名称	需要量（工日）	月份						
				1	2	3	4	5	6	7

2. 主要材料配置计划

主要材料配置计划，是材料备料、计划供料和确定仓库、堆放面积及组织运输的依据。其编制方法是根据装饰施工预算的工料分析表、施工进度计划表、材料的储备量和消耗定额，将装饰施工中所需材料按名称、规格、数量、供应时间计算汇总而得，见表 5–4。

主要材料需要量计划表　　　　**表 5–4**

序号	材料名称	规格	需要量		供应时间	备注
			单位	数量		

对于某分部分项工程是由多种材料组成时，应对各种不同材料分类计算。如水泥砂浆应变换成水泥、砂、外加剂和水的数量分别列入表格。

3. 构件和半成品配置计划

编制构件、配件和其他计划半成品的配置计划，主要用于落实加工订货单位，并按照所需规格、数量、供应时间，做好组织加工、运输和确定仓库或堆场等工作，可根据施工图和施工进度计划编制，见表5–5。

构件和半成品需要量计划表 **表5–5**

序号	品名	规格	图号	需要量		使用部位	加工单位	供应时间	备注
				单位	数量				

4. 施工机械配置计划

编制施工机械配置计划，主要用于确定施工机械的型号、数量、进场时间，并可据此落实施工机具的来源，以便及时组织进场。其编制方法是将装饰工程施工进度计划表中的每一个施工过程，每天施工所需的机械类型、数量和施工时间进行汇总，以便得到施工机械需要量计划，见表5–6。

施工机械需要量计划表 **表5–6**

序号	机械名称	型号	需要量		货源	使用起止时间	备注
			单位	数量			

5.5 主要施工方案的选择

施工方案是装饰工程施工组织设计的核心。所确定的施工方案是否合理，不仅影响到装饰施工进度的安排和施工平面图的布置，而且将直接关系到工程的施工效率、质量、工期和技术经济效果。因此，必须足够重视施工方案的选择。选择时必须从装饰工程施工的全局出发，慎重研究确定，着重于多种施工方案的技术经济比较，做到方案技术可行、工艺先进、经济合理、措施得力、操作方便。选择施工方案时，应按照国家关于装饰工程施工的质量验收统一标准中分部、分项工程的划分原则，对主要分部、分项工程制定施工方案。施工方案的选择既要考虑施工的技术措施，也要考虑相应的施工组织措施，保证技术措施的落实，确保施工质量。

5.5.1　施工方案选择的基本要求

选择施工方案必须从项目实际出发，结合施工特点，做好深入细致的调查研究，掌握主、客观情况，进行综合分析比较，一般应注意综合性原则、耐久性原则等。

（1）综合性原则。一种装饰施工方法要考虑多种因素，经过认真分析，才能选定最佳方案，达到提高施工速度、施工质量及节约材料的目的，这就是综合性原则的实质。它主要表现在以下几方面：

1）建筑装饰工程施工的目标性。建筑装饰工程施工的基本要求是满足一定的使用、保护和装饰作用。根据建筑类型和部位的不同，装饰设计的目标不同，因而引起的施工目标也不同。例如，电影院除了满足美观舒适外，还有吸声、不发生声音的聚焦现象、无回音等要求。装饰工程中有特殊使用要求的部位不少，在施工前应充分了解装饰工程的用途，了解装饰的目的是确定施工方法（选择材料和做法）的前提。

2）建筑装饰工程施工的灵活性。装饰工程施工的灵活性体现在很多方面，如建筑物的所处地区在城市中的位置以及建筑装饰施工的具体部位所体现的灵活性，地区所处的位置对装饰工程施工的影响在于交通运输条件、市容整洁的要求、气象条件的影响，例如温度变化影响到饰面材料的选用、做法，地理位置所造成的太阳高度角的不同将影响遮阳构件形式；装饰施工的部位不同也与施工有直接的联系，根据人的视平线、视角、视距的不同，装饰部位的精细程度可以不同，如近距离要做得精细些，材料也应质感细腻，而视距较大的装饰部位宜做得粗犷有力，室外高处的花饰要加大尺度，线脚的凹凸变化要明显，以加强阴影效果。

（2）耐久性原则。建筑装饰寿命一般在 3~5 年，对于性质重要、位置重要的建筑或高层建筑，饰面的耐久性应相对长些。对量大面广的建筑则不要求过严。室内外装饰材料的耐久年限与其装饰部位有很大关系，必须在施工中加以注意。影响装饰耐久性的主要因素如下：

1）大气的理化作用。主要包括冻融作用、干湿温变作用、老化作用和盐析作用等，这些都将长期侵蚀建筑装饰面，促使建筑的内外表面、悬吊构件等逐渐失去作用以至损坏。因此，在施工做法的选择上应尽可能避免这些不利影响，如冬季对外墙进行装饰施工，在湿度较大的情况下，防止冻融破坏的措施有：选用抗冻性能好的材料，改善施工做法，在外饰面与墙体结合层采取加胶、加界面剂和挂网的方法；抹灰的外表面不宜压光，用木抹搓出小麻面并设分格线，使其在冻结温度前排出湿气。

2）物体冲击、机械磨损的作用。建筑装饰的内外表面会因各种各样的活动而遭到破坏，对于易受损坏的地方，要加强成品的保护，保证施工质量，合理安排施工顺序。如镜面工程应放在后面，以防成品遭碰撞被破坏。

（3）可行性原则。建筑装饰工程施工的可行性原则包括材料的供应情况（不同地区）、施工机具的选择、施工条件（季节条件、场地条件、施工技术条件）以及施工的经济性等。

（4）先进性原则。建筑装饰工程施工的特点之一是同一个施工过程有不同的施工方法，在选择时要考虑施工方法在技术上和组织上的先进性，尽可能采用工厂化、机械化施工；确定工艺流程和施工方案时，尽量采用流水施工。

（5）经济性原则。建筑装饰工程施工做法的多样化，不同的施工方法，其经济效果也不同。

5.5.2 主要施工方法的选择

二维码 5-10
施工方法和施工机械的选择
（微课）

施工方法的选择应注意以下三个方面的内容：

1. 确定施工方法应遵守的原则

编制施工组织设计及施工方案时，必须注意施工方法的技术先进性与经济合理性的统一；兼顾施工机械的适用性，尽量发挥施工机械的性能和使用效率。应充分考虑工程的设计特征、构造形式、工程量大小、工期要求、资源供应情况、施工现场条件、周围环境、施工单位的技术特点和技术水平、劳动组织形式和施工习惯。

2. 确定施工方法的重点

拟定施工方法时，应着重考虑对整个装饰工程影响大的分部分项工程的施工方法。对于按常规做法和工人熟悉的施工方法，不必详细拟定，一般只提出应注意的特殊问题。对于下列一些项目的施工方法则应详细、具体。

（1）工程量大，在装饰工程中占重要地位，对工程质量起关键作用的分部分项工程，如抹灰工程、吊顶工程、地面工程等。

（2）施工技术复杂、施工难度大，或采用新工艺、新技术、新材料的分部分项工程，如玻璃幕墙工程、金属幕墙工程等。

（3）施工人员不太熟悉的特殊结构、专业性很强、技术要求很高及由专业施工单位施工的工程。

3. 确定施工方法的主要内容

确定主要的操作步骤和施工方法，包括施工机械的选择；提出质量要求和达到质量要求的技术措施；指出可能遇到的问题及防治措施；提出季节性施工措施和降低成本措施；制定切实可行的安全施工措施。

5.5.3　主要施工机械的选择

建筑装饰工程施工所用的机具。除垂直运输和设备安装以外，主要是小型电动工具，如电锤冲击电钻、电动曲线锯、型材切割机、风车锯、云石机、射钉枪、电动角向磨光机等。因此选择施工机械是确定施工方案的中心环节，应重点考虑以下几个方面：

（1）选择适宜的施工机具及其型号。如涂料的弹涂施工，当弹涂面积小或局部进行弹涂施工时，宜选择手动式弹涂器。电动式弹涂器工效高，适用于大面积彩色弹涂施工，不同型号的机具所适用的范围也不同。

（2）在同一施工现场，应力求减少施工机具的种类和型号，选择一机多能的综合性机具，便于机具的管理。机具配备时注意与之配套的附件。如风车锯片有三种，应根据所锯的材料厚度配备不同的锯片，云石机具可分为干式和湿式两种，根据现场条件选用。

（3）充分发挥现有机具的作用。当本单位的机具能力不能满足装饰工程施工需要时则应购置或租赁所需机具。

5.6　施工现场平面布置

装饰工程施工平面图设计是根据拟建装饰工程的规模、施工方案、施工进度及施工生产中的需要，结合现场的具体情况和条件，对施工现场做出的规划和布置。它是施工方案在施工现场空间上的体现，是在施工现场布置仓库、施工机械、临时设施、交通道路、构件材料堆放等的依据，是实现文明施工的先决条件，是装饰工程施工组织设计的重要内容。

二维码 5-11
施工平面布置图基本概念（微课）

装饰工程施工平面图应标明单位工程施工所需机械、加工场地，材料、成品、半成品堆放场地，临时道路，临时供水、供电、供热管网和其他临时设施的合理布置场地位置。绘制施工平面图一般用 1 ∶ 500~1 ∶ 200 的比例。对于工程量大、工期较长或场地狭小的工程，往往按基础、结构、装饰分不同施工阶段绘制施工平面图。建筑装饰施工现场平面布置，要根据施工的具体情况灵活运用，可以单独绘制，也可与结构施工阶段的施工平面图结合，利用结构施工阶段的已有设施。实践表明，装饰施工现场的合理布置和科学管理，会方便施工顺利进行，对加快施工进度，提高生产效率，降低施工成本，提高施工质量，保证施工安全都有极其重要的意义。因此，每个装饰工程在施工之前都要进行施工现场的布置和规划，在装饰施工组织设计中，均要进行施工平面图设计。

二维码 5-12
施工平面布置图的基本规定
（微课）

5.6.1 施工平面图的设计依据和内容

1. 设计依据

单位工程的装饰工程施工平面图设计的依据主要有以下几个方面：

(1) 设计和施工的原始资料。主要包括建筑物所在地的气候条件、供水供电条件、生产生活条件、水源、电源、物质资源及交通运输条件等资料。用它来确定易燃易爆品仓库的位置及防水、防冻材料的堆放场所，临时用生产和生活设施的布置场所；对布置水、电管线、道路，仓库位置及其他临时设施等也有很重要的作用。

(2) 装饰工程的施工环境条件。施工现场的上下管道、施工道路以及场地大小等，如果建筑装饰工程为新建工程，则其施工平面图在充分利用土建施工平面图的基础上作适当调整、补充即可；对于改造装饰工程或局部装饰工程，由于可利用的空间较小，应根据具体情况妥善安排布置。

(3) 装饰工程的施工图纸。根据总平面图确定临时建筑物和临时设施的平面位置，考虑利用现有的管道，若其对施工有影响，应采取一定措施予以解决。

(4) 施工方面的资料。主要包括装饰工程的施工方案、施工方法和施工进度计划。根据施工进度计划，确定材料、机具的进场时间和堆放场所。

2. 设计内容

装饰工程施工平面图的内容与装饰工程的性质、规模、施工条件、施工方案有着密切的关系。在设计时要结合项目实际情况进行，具体包括以下内容：

(1) 建筑总平面图上已建和拟建的地上和地下的房屋、构筑物及地下管线的位置和尺寸。

(2) 测量放线标桩、渣土及垃圾堆放场地。

(3) 垂直运输设备的平面位置，脚手架、防护棚位置。

(4) 材料、加工成品、半成品、施工机具设备的堆放场地。

(5) 生产、生活用临时设施（包括搅拌站、木工棚、仓库、办公室、临时供水、供电、供暖线路和现场道路等）并附一览表。一览表中应分别列出名称、规格、数量及面积大小。

(6) 安全、防火设施。

【案例 5-1】 某工程为 16 层楼的住宅（安置房），其装饰工程施工阶段现场布置情况如图 5-7 所示。

建筑装饰施工是一个复杂多变、动态的生产过程，各种施工机械、材料、构件等，随着工程的进展而逐渐进场，又随着工程的进展而不断消耗、变动。因此工地上的实际布置情况会随时改变，施工平面图必须随着

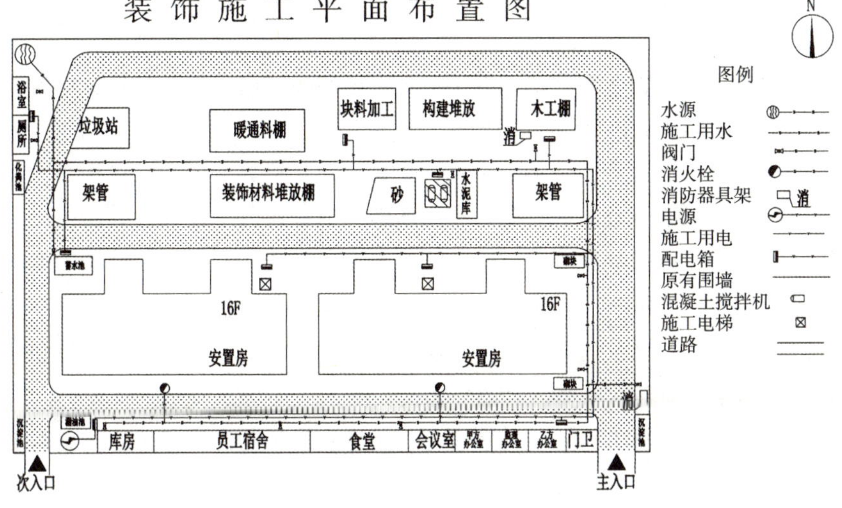

图 5-7　某 16 层住宅装饰施工现场平面布置图

施工的进展及时调整补充以适应情况变化。与此同时，不同的施工对象，施工平面图布置也不尽相同。但是对整个施工期间使用的一些主要道路、垂直运输机械、临时供水供电线路和临时房屋等，则不要轻易变动以节省费用。设计施工平面图时，还应广泛征求各专业施工单位的意见，充分协商，以达到最佳布置。

二维码 5-13
施工平面布置图设计步骤（微课）

5.6.2　施工平面图的设计步骤和原则

1. 施工平面图设计步骤

建筑装饰工程施工平面图设计的一般步骤如图 5-8 所示。

二维码 5-14
施工平面布置图设计要求及原则（微课）

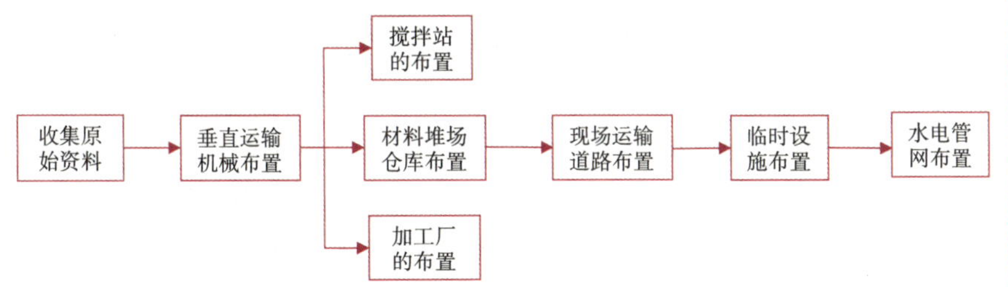

图 5-8　建筑装饰工程施工平面图设计步骤

2. 施工平面图设计原则

装饰工程施工平面图设计应遵循以下原则，并结合具体实际进行比选。

（1）在满足施工条件下，尽可能减少施工用地。减少施工用地，可以使施工现场布置紧凑，便于管理，减少施工用管线。既有利于现场施工管理，又减少施工材料的损耗。

二维码 5-15
垂直运输机械布置要求

二维码 5-16
材料堆放仓库布置要求

（2）对于局部改造工程，尽可能减少对其他部位的影响，这样可以为业主带来较好的经济效益。

（3）在保证施工顺利的情况下，尽可能减少临时设施的费用，尽量利用施工现场原有的设施。

（4）最大限度地减少场内运输，注意材料和机具的保护。各种材料尽可能按计划分期分批进场，充分利用场地，尽量靠近施工场地，避免二次搬运，保证工程的顺利进行，这样既节约了劳动力，也减少了材料在多次转运中的损耗，提高了经济效益。如石材的堆放场地应考虑室外运输及使用时便于查找，以及防雨措施；木制品的堆放场地要考虑防雨淋、防潮和防火；贵重物品应放在室内，以防丢失。

二维码 5-17
现场运输道路布置要求

（5）临时设施的布置，应便于施工管理及工人的生产和生活，同时要考虑业主的要求，注意成品的保护。

（6）垂直运输设备的位置、高度，要结合建筑物的平面形状、高度和材料、设备的质量、尺寸大小，考虑机械的负荷能力和服务范围，做到便于运输，便于组织分层分段流水施工。

二维码 5-18
临时设施布置要求

（7）要符合劳动保护、安全技术和防火的要求。如井架、外用电梯、脚手架等较高的施工设施，在雨期应有避雷设施，顶部应装有夜间红灯。

（8）遵守当地主管部门和建设单位关于施工现场安全文明施工的相关规定。

5.7 专项施工方案

二维码 5-19
临时供水、供电设施布置要求

5.7.1 专项施工方案的概述

《危险性较大的分部分项工程安全管理规定》第三章第十条：施工单位应当在危大工程施工前组织工程技术人员编制专项施工方案。实行施工总承包的，专项施工方案应当由施工总承包单位组织编制。危大工程实行分包的，专项施工方案可以由相关专业分包单位组织编制。危大工程指危险性较大的分部分项工程，是指房屋建筑和市政基础设施工程在施工过程中，容易导致人员群死群伤或者造成重大经济损失的分部分项工程。危大工程及超过一定规模的危大工程范围由国务院住房城乡建设主管部门制定。省级住房城乡建设主管部门可以结合本地区实际情况，补充本地区危大工程范围。

二维码 5-20
《危险性较大的分部分项工程安全管理规定》

5.7.2 专项施工方案的内容

专项施工方案主要包括以下内容：

（1）工程概况。危险性较大的分部分项工程概况、施工平面布置、施工要求和技术保证条件。

（2）编制依据。相关法律、法规、规章、制度、标准及图纸（国家标准图集）、施工组织设计等。

二维码 5-21
危大工程

（3）施工计划。包括施工进度计划、材料与设备计划等。

（4）施工工艺技术。技术参数、工艺流程、施工方法、质量标准、检查验收等。

二维码 5-22
专项施工方案（微课）

（5）施工安全保证措施。组织保障、技术措施、应急预案、监测监控等。

（6）劳动力计划。专职安全生产管理人员、特种作业人员等。

（7）计算书及相关图纸。

施工单位应在施工前，对达到一定规模的危险性较大的分部分项工程编制专项施工方案；对于超过一定规模的危险性较大的单项工程，施工单位应组织专家对专项施工方案进行审查论证。

单元小结

本单元阐述了装饰施工组织设计的具体内容，包括施工组织设计的编制依据和程序、工程概况、施工部署、施工进度计划的编制、施工准备与资源配置计划的编制、主要施工方案的选择、施工现场平面布置、专项施工方案等，重点介绍了施工部署、施工方案、施工进度计划与资源配置计划的编制，主要施工方案的选择、施工现场平面布置、专项施工方案。内容结合现场实际，突出实用性。

建筑装饰工程施工组织设计是以装饰施工项目为对象编制的，用以指导装饰工程施工的技术、经济和管理的综合性文件。建筑装饰施工组织设计是对装饰施工活动实行科学管理的重要手段，它具有施工部署和施工安排的双重作用。

建筑装饰工程施工组织设计应包括编制依据、工程概况、施工部署、施工进度计划、施工准备与资源配置计划、主要施工方法、施工现场平面布置及主要施工管理计划等基本内容。

建筑装饰工程施工组织设计应从装饰工程施工全局出发，充分反映客观实际，符合国家、合同及建设单位的要求，统筹安排施工活动有关的各个方面，合理地布置施工现场，确保文明施工、安全施工。

二维码 5-23
复习思考题答案

复习思考题

1. 什么是建筑装饰工程施工组织设计，由哪些内容组成？
2. 试述建筑装饰工程施工组织设计的编制依据。
3. 试述建筑装饰工程施工组织设计的编制程序。
4. 编制建筑装饰工程施工组织设计应遵循哪些原则？

世界职业院校技能大赛建筑装饰数字化施工赛项模拟赛题

一、单项选择题（每题 1 分，每题的备选项中只有 1 个最符合题意）

1. 建筑装饰工程施工组织设计的编制依据不包括（　　）。

A. 有关的法律、法规和文件　　B. 装饰工程施工合同
C. 项目建议书　　D. 招标投标文件

2. 在编制建筑装饰工程施工组织设计过程中，下列哪一项程序是在编制施工进度计划之前需要完成的（　　）。

A. 计算技术经济指标　　B. 编制施工平面布置图
C. 编制施工准备工作计划　　D. 计算工程量

3. 施工进度计划反映了施工在（　　）的安排。

A. 设计上　　B. 时间上　　C. 空间上　　D. 成本上

4. 下列属于装饰工程施工概况里环境特征的是（　　）。

A. 最大降雨量　　B. 劳动力供应状况
C. 场地平整情况　　D. 施工场地使用范围

5. 划分施工区段的主要目的是（　　）的项目管理。

A. 保证施工质量　B. 缩短工期　C. 减少变更　D. 保证安全

6. 施工进度计划的主要表达形式不包括（　　）。

A. 横道图　　B. 双代号网络图
C. 柱状图　　D. 单代号网络图

7. 劳动力均衡系数 K 不能超过（　　），否则不合理。

A. 1　　B. 2　　C. 3　　D. 4

8. 装饰工程施工组织设计的核心是（　　）。

A. 工程概况　　B. 施工部署
C. 施工方案　　D. 施工进度计划

9. 绘制施工平面图一般用（　　）的比例。

A. 1 ∶ 300~1 ∶ 200　　B. 1 ∶ 400~1 ∶ 200
C. 1 ∶ 500~1 ∶ 300　　D. 1 ∶ 500~1 ∶ 200

10. 关于施工现场平面布置描述正确的是（　　）。

A. 生产性临时设施，宜布置在建筑物四周附近，且远离一定的材料、成品的堆放场地

B. 焊接加工场的位置，应远离易燃物品仓库或堆放场地，并宜布置在上风向

C. 石灰仓库、淋灰池的位置，应靠近砂浆搅拌站，并应布置在下风向

D. 工地办公室应靠近施工现场，并宜设在工地入口处

11. 编制施工组织总设计涉及下列工作：①施工总平面图设计；②拟定施工方案；③编制施工总进度计划；④编制资源需求计划；⑤计算主要工种的工程量。正确的编制程序是（　　）。

A. ⑤－①－②－③－④　　B. ①－⑤－②－③－④

C. ①－②－③－④－⑤　　D. ⑤－②－③－④－①

12. 把施工所需的各种资源、生产、生活活动场地及各种临时设施合理地布置在施工现场，使整个现场能有组织地进行文明施工，属于施工组织设计中（　　）的内容。

A. 施工部署　　B. 施工方案

C. 安全施工专项方案　　D. 施工平面图

二、多项选择题（每题 2 分。每题的备选项中，有 2 个或 2 个以上符合题意，至少有 1 个错项。错选，本题不得分；少选，所选的每个选项得 0.5 分）

1. 施工平面图的设计原则主要包括（　　）。

A. 尽可能减少施工用地

B. 尽可能减少对其他部位的影响

C. 尽可能减少临时设施的费用

D. 最大限度地减少场内运输，保护材料和机具

E. 供应建筑材料的供货方

2. 施工准备与资源配置计划的编制中施工准备工作计划的主要内容主要包括（　　）。

A. 资金准备　　B. 技术资料的准备

C. 劳动力及物资的准备　　D. 施工现场的准备

E. 冬、雨期施工的准备

3. 装饰工程不同施工阶段各分部工程之间的施工程序有（　　）情况。

A. 先重后轻　　B. 先室外后室内
C. 先室内后室外　　D. 室内室外同时进行
E. 施工平面图

4. 室内装饰的施工流向主要有（　　）。
A. 自上而下　　B. 自下而上
C. 自中而下，再自上而中　　D. 自中而上，再自下而中
E. 从中间分别同时向上和向下

5. 施工进度计划的检查与调整主要包括的内容是（　　）。
A. 施工工期的检查与调整　　B. 施工方法和施工机械的选择
C. 施工顺序的检查与调整　　D. 工程技术经济指标
E. 资源均衡性的检查与调整

6. 施工组织设计内容要结合工程对象的实际特点、施工条件和技术水平进行综合考虑，一般包括（　　）。
A. 工程概况　　B. 施工部署及施工方案
C. 施工进度计划　　D. 施工安全计划
E. 施工平面图

二维码 5-24
模拟赛题答案

7. 下列选项中，是单位工程施工组织设计主要内容的是（　　）。
A. 施工方案的选择　　B. 各项资源需求量计划
C. 单位工程施工进度计划　　D. 技术组织措施
E. 作业区施工平面布置图设计

二维码 5-25
模拟赛题答案解析

8. 施工组织总设计的主要内容有（　　）。
A. 施工部署及其核心工程的施工方案
B. 施工方法和施工机械的选择
C. 施工总进度计划
D. 工程技术经济指标
E. 主要措施项目清单

Danyuanliu　Jianzhu Zhuangshi Gongcheng Shigong Chengben Guanli

单元 6 建筑装饰工程施工成本管理

本单元系统涵盖施工成本管理的概念、成本构成、管理原则以及成本预测、计划、控制、核算、分析和考核的全过程。学生学习后，能够了解施工成本管理的基本流程和方法，初步掌握成本核算、成本分析等基础技能，为未来在施工员、质量员等岗位上协助开展成本管控工作，打下一定的专业基础。职业院校技能大赛中，成本计算的准确性、成本偏差分析的合理性以及成本控制措施的有效性是考查重点。将成本管控案例分析，融入课程思政，培养学生的节约意识和经济观念，让学生明白科学的成本管理不仅关乎企业的经济效益，更是对社会资源合理利用的责任体现。

单元 6 课件

单元 6 课前练一练

教学目标

知识目标：

1. 了解建筑装饰工程各个阶段的成本管理内容；
2. 熟悉工程成本的分类及工程成本核算的内容和对象；
3. 熟悉施工成本控制的依据和步骤，以及工程成本核算的程序；
4. 掌握施工成本的控制方法。

能力目标：

1. 能编制基本的成本计划；
2. 能进行基本的成本核算。

典型工作任务——施工成本管理分析

任务描述	项目施工成本管理的重要性
任务目的	了解施工成本管理的作用，熟悉项目施工成本管理的内容
任务要求	1. 阐述建筑装饰项目施工成本管理的主要内容和意义； 2. 浅谈如果你作为项目施工员，该如何控制成本
完成形式	1. 根据班级情况可分组完成，也可以独立完成； 2. 采用 PPT 汇报的方式完成

导读——如何提高“性价比”

某建筑装饰工程公司承揽了某商场的室内外装饰工程，该公司工程部决定对临街营业厅地弹门及大玻璃窗制作安装工程进行分包招标。在分包之前，该公司工程部对地弹门主材 10mm 厚钢化玻璃、地弹簧、拉手、玻璃门夹进行了市场综合调查。在调查中发现地弹门五金价格差距很大，其中：地弹簧的价格范围在 80~900 元 / 个，拉手的价格范围在 60~180 元 / 套。为了确保各投标单位报价的可比性，在招标时该装饰公司根据产品的性能，制定了地弹门五金的合理配置和价位。由于各分包施工单位报价的标准一致，竞争很激烈，最终中标价格比前期预测价格低很多，确保了公司制定的中高档配置、中低价位目标的实现，节约成本约 3 万元。

通过上述案例可见，该公司工程部在价格得到有效控制的前提下，使其所采购的材料质量、品牌得到最大的保证，即提高“性价比”，这是工程管理人员在成本管理中必须要考虑的问题。

思考：

在上述的案例中，建筑装饰工程公司为提高“性价比”都采取了哪些措施？

二维码 6-1
导读解析（微课）

6.1　施工成本管理概述

6.1.1　施工成本管理概念

建筑装饰工程成本是指在建筑装饰工程项目的施工过程中所发生的全部生产费用的总和。包括所消耗的原材料、辅助材料、构配件等费用，周转材料的摊销费或租赁费、施工机械的使用费或租赁费，支付给生产工人的工资、奖金、工资性质的津贴，以及进行施工组织与管理所发生的全部费用支出等。

成本管理就是要在保障安全、保证工期、满足质量要求的情况下，采取相应管理措施，包括组织措施、经济措施、技术措施、合同措施，把成本控制在计划范围内，并进一步寻求最大程度的成本节约。

6.1.2　工程项目成本的构成

二维码 6-2
工程项目成本的构成（微课）

建筑装饰工程项目成本由直接成本和间接成本构成。

（1）直接成本。直接成本是指施工过程中耗费的构成工程实体或有助于工程实体形成的各项费用支出，包括人工费、材料费、机械使用费和其他直接费等。

（2）间接成本。间接成本是指建筑装饰施工项目经理部为准备施工、组织和管理施工生产所产生的全部施工间接费用支出，是无法直接计入工程实体的费用，但为进行工程施工所必须产生的费用。应包括现场管理人员的工资、办公费、差旅交通费、保险费、检验试验费、工程保修费、工程排污费以及其他费用等。

6.1.3　工程项目成本的主要形式

建筑装饰工程成本分为预算成本、计划成本和实际成本。以上各种成本计算既有联系，又有区别。通过几种成本的相互比较，可掌握成本计划的执行情况。

（1）预算成本。预算成本是以建筑装饰施工图为依据，遵照相应的工程量计算规则计算出工程量，套用建筑装饰工程预算定额所计算出的工程成本。它是构成工程造价的主要内容，是甲、乙双方签订建筑装饰工程承包合同的基础，一旦造价在合同中双方认可签字，它将成为建筑装饰施工项目成本管理的依据，是建筑装饰施工项目能否取得好的经济效益的前提条件。所以，

二维码 6-3
工程项目成本的主要形式（微课）

预算成本的计算是成本管理的基础。预算成本包括直接成本和间接成本，是控制成本支出、衡量和考核项目实际成本节约或超支的重要尺度。

（2）计划成本。计划成本是建筑装饰施工项目经理部根据计划期的施工条件和实施该项目的各项技术组织措施，在实际成本发生前预先计算的成本。计划成本是建筑装饰施工项目经理部控制成本支出，安排施工计划，供应工料和指导施工的依据。它综合反映建筑装饰施工项目在计划期内达到的成本水平。根据企业自身的要求，如内部承包的规定，结合装饰工程的技术特征、自然地理特征、劳动力素质、设备情况等确定的标准成本，亦称目标成本。计划成本是控制装饰工程成本支出的标准，也是成本管理的目标。

（3）实际成本。实际成本是建筑装饰工程项目在施工过程中实际发生的各项费用的总和。把实际成本与计划成本比较，可以直接反映出成本的节约与超支。考核建筑装饰施工项目施工技术水平及施工组织措施的贯彻执行情况和施工项目的经营效果。项目应在各阶段快速准确地列出各项实际成本，从计划成本与实际成本中找出原因并分析原因，最终找出更好地节约成本的途径。另外，将实际成本与预算成本比较，也可反映工程盈亏情况。

6.1.4 施工成本管理的基本原则

1. 成本最低化原则

施工成本管理的根本目的在于通过成本管理的各种手段，促进施工项目成本不断降低，以达到可能实现最低的目标成本的要求。还应正确处理质量、工期、成本三大指标之间的关系，以求达到和谐统一。

2. 全面成本管理原则

全面成本管理是企业、全员和全过程的管理。要想降低施工项目成本，达到成本最低化目的，首先组织以项目经理为核心的项目成本控制决策层，对该工程项目的施工生产和经营管理全面负责；其次是项目成本控制的管理层，要重点强调成本管理的全员性，只有全员主动参与，形成“全员经营”和“群智经营”的工作气氛，这样才能够在施工进展的各个阶段有效地降低成本。

3. 成本责任制原则

落实成本责任制是施工项目成本进行有效管理的关键。企业在科学地编制计划成本的基础上，与项目经理签订经营管理目标合同，合同中应明确目标成本责任，落实责、权、利，而项目经理作为项目成本控制的第一责任人，在充分考虑内部挖潜的措施下，确定项目内部目标成本，并把成本指标层层分解，分解落实到各部门进行层层控制，分级负责。在划清责任的同时与奖惩制度挂钩，使人人都关心并参与施工项目成本管理。

4. 成本管理有效化的原则

成本管理的有效化，一是促使项目经理部以最小的投入获得最大的产出，二是以最少的人力和财力完成较多的管理工作，提高工作效率。

5. 成本管理的科学化原则

成本管理是企业管理学中的一个重要内容，将自然科学和社会科学中的理论、技术、方法运用到成本管理中。比如可以运用目标管理方法、量本利分析法等。

6. 成本动态控制原则

影响施工项目成本的因素众多，如内部管理中出现的工期延误、施工方案调整，外部的通货膨胀、设计文件变更等都会影响工程成本。必须针对成本形成的全过程实施动态控制。

6.1.5 项目成本管理的过程

项目成本的管理贯穿项目成本形成的全过程，可分为事前管理、事中管理、事后管理三个阶段，其具体的内容包含成本预测、成本计划、成本控制、成本核算、成本分析、成本考核六个工作流程。

1. 建筑装饰工程施工成本管理的阶段分析

（1）事前管理。成本的事前管理是指工程项目开工前，对影响工程成本的经济活动进行事前规划、审核与监督。

（2）事中管理。成本的事中管理是指工程项目在实施过程中，成本管理人员严格按照费用计划和各项消耗定额对工程项目实施过程中产生的费用进行经常性审核，把偏差及时反馈给责任单位和个人，以便及时采取有效措施纠正，把可能导致损失或浪费的苗头消灭在萌芽状态，使成本控制在预定的目标之内。

（3）事后管理。成本的事后管理是指在某项工程任务完成时，对成本计划的执行情况进行检查、分析。掌握工程实际成本，对比实际成本、计划成本、标准成本，计算成本差异，确定成本节约或浪费数额，分析工程成本节超的原因，改进成本控制工作，对成本责任部门和单位进行业绩的评价和考核。

2. 建筑装饰工程项目成本管理的流程分析

项目经理部在项目施工过程中对所发生的各种成本信息，通过有组织、有系统地进行预测、计划、控制、核算和分析等工作，使工程项目系统内各种要素按照一定的目标运行，从而将工程项目的实际成本控制在预定的计划成本范围内。

（1）成本预测。项目成本预测是通过成本信息和工程项目的具体情况，对未来的成本水平及其可能发展趋势作出科学的估计，可以使项目经理部在满足建设单位和企业要求的前提下，选择成本低、效益好的最佳成本方案，并能够在项目成本形成过程中，针对薄弱环节，加强成本控制，克服盲目性，提高预见性。因此，项目成本预测是项目成本决策与计划的依据。

（2）成本计划。项目成本计划是项目经理部对项目施工成本进行计划管理的工具。它是以货币形式编制工程项目在计划期内的生产费用、成本水平、成本降低率以及为降低成本所采取的主要措施和规划的书面方案，它是建立项目成本管理责任制、开展成本控制和核算的基础。一般来说，一个项目成本计划应包括从开工到竣工所必需的施工成本，它是降低项目成本的指导文件，是设立目标成本的依据。

（3）成本控制。项目成本控制是指在施工过程中对影响项目成本的各种因素加强管理，并采取各种有效措施，将施工中实际发生的各种消耗和支出严格控制在成本计划范围内。实时计算实际支出与计划支出之间的差异并进行分析，及时反馈和调整，消除施工中的损失浪费现象，发现和总结先进经验，最终实现甚至超过预期的成本节约目标。

（4）成本核算。项目成本核算是指项目施工过程中所发生的各种费用和形式成本的核算。项目成本核算所提供的各种成本信息，是成本预测、成本计划、成本控制、成本分析和成本考核等各个环节的依据。

（5）成本分析。项目成本分析是在成本形成过程中，对项目成本进行的对比评价和剖析总结工作，了解成本的变动情况，同时也要分析主要技术经济指标对成本的影响，系统地研究成本变动的因素，检查成本计划的合理性，并通过成本分析，深入揭示成本变动的规律，寻找降低项目成本的途径，以便有效地进行成本控制。

（6）成本考核。成本考核是指在项目完成后，对项目成本形成中的各责任者，按项目成本目标责任制的有关规定，评定项目成本计划的完成情况和各责任者的业绩，并以此给予相应的奖励和处罚。

综上所述，项目成本管理中每一个环节都是相互联系和相互作用的。成本预测是成本决策的前提，成本计划是成本决策所确定目标的具体化。成本控制则是对成本计划的实施进行监督，保证决策的成本目标实现。而成本核算又是成本计划是否实现的最后检验，它所提供的成本信息又为下一个项目成本预测和决策提供基础资料。成本考核是实现成本目标责任制的保证和实现决策目标的重要手段。

以上六个环节构成成本控制的 PDCA 循环，每个施工项目在施工成本控制中，不断地进行着大大小小的成本控制循环，促使成本管理水平不断提高。

6.2　施工成本计划

施工成本计划应在项目实施方案确定和不断优化的前提下进行编制，因为不同的实施方案将导致直接工程费、措施费和企业管理费的差异。成本计划的编制是施工成本预控的重要手段。因此，应在工程开工前编制完成，以便将计划成本目标分解落实，为各项成本的执行提供明确的目标、控制手段和管理措施。

6.2.1　施工成本计划的要求

（1）合同规定的项目质量和工期要求。

（2）组织对施工成本管理目标的要求。

（3）以经济合理的项目实施方案为基础的要求。

（4）有关定额及市场价格的要求。

6.2.2　施工成本计划的内容

（1）编制说明。编制说明是指对工程的范围、投标竞标过程及合同文件，企业对项目经理提出的责任成本目标，施工成本计划编制的指导思想和依据等具体说明。

（2）施工成本计划的指标。施工成本计划的指标应经过科学的分析预测确定，可采用对比法、因素分析法等进行测定。施工成本计划一般情况下应体现数量、质量、效益三类指标。

（3）按工程量清单列出的单位工程成本计划汇总表。根据工程量清单项目的造价分析，分别对人工费、材料费、机械费、企业管理费、安全文明施工费、规费、税费等各类费用进行汇总，形成单位工程成本计划表。

（4）按成本性质划分的单位工程成本计划汇总表。

6.2.3　施工成本计划的编制依据

施工成本计划的编制依据包括：投标报价文件，企业定额、预算定额、施工定额等，施工组织设计或施工方案，人工、材料、机械台班的市场价，企业颁布的材料指导价，企业内部机械台班价格、劳动力内部挂牌价格，周转设备内部租赁价格、摊销损耗标准，已签订的工程合同、分包合同（或估价书），结构件外加工计划和合同，有关财务成本核算制度和财务历史资料，施工成本预测资料，拟采取的降低施工成本的措施，其他相关资料。

6.2.4 施工成本计划的编制方法

1. 按施工成本组成编制

施工成本可以按成本组成分解为人工费、材料费、施工机具使用费和企业管理费等，如图 6–1 所示。在此基础上，编制按成本组成分解的成本计划。

图 6–1　按施工成本组成分解

2. 按项目结构组成编制

大中型工程项目通常是由若干单项工程组成的，每个单项工程包括了多个单位工程，每个单位工程又是由若干个分部分项工程所组成。因此，首先要把项目总施工成本分解到单项工程和单位工程中，再进一步分解到分部工程和分项工程中，如图 6–2 所示。

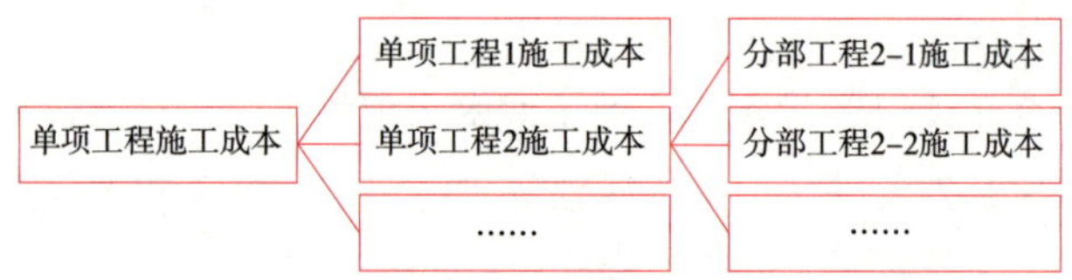

图 6–2　按项目结构组成分解

在完成施工项目成本目标分解之后，接下来就要具体地分配成本，编制分项工程的成本支出计划，从而得到详细的成本计划表，见表 6–1。

分项工程成本计划表　　表 6–1

分项工程编码	工程内容	计量单位	工程数量	计划成本	本分项总计
(1)	(2)	(3)	(4)	(5)	(6)

在编制成本支出计划时，要在项目总的方面考虑总的预备费，也要在主要的分项工程中安排适当的不可预见费。避免在具体编制成本计划时，发现个别单位工程或其中某项内容的工程量计算与实际有较大出入，使原来的成本预算失实，并在项目实施过程中对其尽可能地采取一些措施。

3. 按施工进度编制

通过对施工成本目标按时间进行分解，在网络计划基础上，可获得项目进度计划的横道图，并在此基础上编制成本计划。其表示方式有两种：一种是在时标网络图上按时间编制的成本计划，如图 6–3 所示；另一种是利用时间 – 成本累积曲线（S 形曲线）表示，如图 6–4 所示。

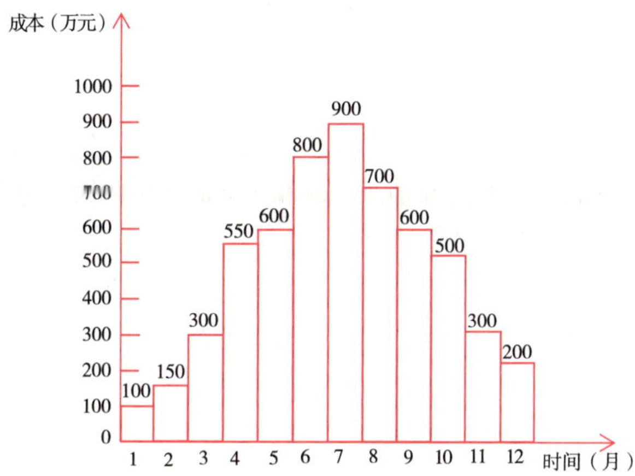

图 6–3 在时标网络图上按月编制成本计划

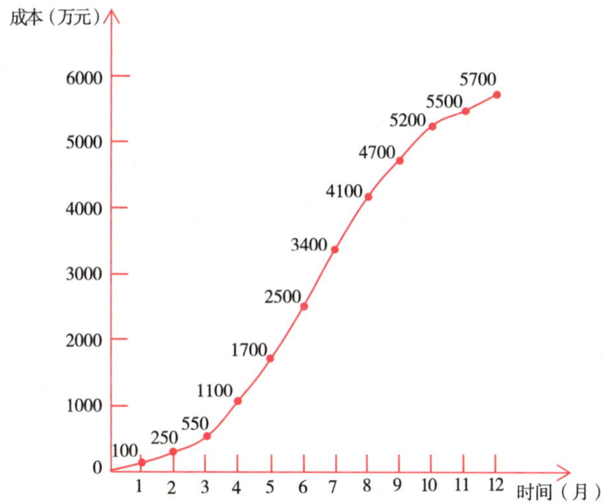

图 6–4 时间 – 成本累积曲线（S 形曲线）

以上三种编制成本计划的方式并不是相互独立的。在实践中，往往是将这几种方式结合起来使用，从而可以取得扬长避短的效果。

6.3 施工成本控制

成本控制是指在项目成本的形成过程中，对生产经营所消耗的人力资源、物资资源和费用开支进行指导、监督、检查和调整，及时纠正将要发生和已经发生的偏差，把各项生产费用控制在计划成本的范围之内，以保证成本目标的实现。

建筑装饰工程项目施工成本控制贯穿于项目从投标阶段开始直至竣工验收的全过程，它是装饰企业全面成本管理的重要环节。施工成本控制可分为事前控制、事中控制和事后控制。在项目的施工过程中，需按动态控制原理对实际施工成本的发生过程进行有效控制。

6.3.1 施工成本控制的依据

（1）项目承包合同文件。项目成本控制要以工程承包合同为依据，围绕降低工程成本这个目标，从预算收入和实际成本两方面，努力挖掘增收节支潜力，以求获得最大的经济效益。

（2）项目成本计划。项目成本计划是根据工程项目的具体情况制订的施工成本控制方案，既包括预定的具体成本控制目标，又包括实现控制目标的措施和规划，是项目成本控制的指导文件。

（3）进度报告。进度报告提供了每一时刻工程实际完成量，工程施工成本实际支付情况等重要信息。施工成本控制工作正是通过实际情况与施工成本计划相比较，找出二者之间的差别，分析偏差产生的原因，从而采取措施改进以后的工作。此外，进度报告还有助于管理者及时发现工程实施中存在的隐患，并在事故还未造成重大损失之前采取有效措施，尽量避免损失。

（4）工程变更与索赔资料。在项目的实施过程中，由于各方面的原因，工程变更很难避免。一般包括设计变更、进度计划变更、施工条件变更、技术规范与标准变更、施工次序变更、工程数量变更等。一旦出现变更，工程量、工期、成本都必将发生变化，从而使得施工成本控制工作变得更加复杂和困难。因此，施工成本管理人员应当通过对变更中各类数据的计算、分析，随时掌握变更情况，包括已发生工程量、将要发生工程量、工期是否拖延、支付情况等重要信息，判断变更以及变更可能带来的索赔额度等。

除了上述几种项目成本控制工作的主要依据以外，有关施工组织设计、分包合同文本等都是项目成本控制的依据。

6.3.2 施工成本控制的步骤

在确定了施工成本计划之后，必须定期地进行施工成本计划值与实际值的比较，当实际值偏离计划值时，分析产生偏差的原因，采取适当的纠偏措施，以确保施工成本控制目标的实现。其步骤如下：

（1）比较。按照某种确定的方式将施工成本计划值与实际值逐项进行比较，以发现施工成本是否已超支。

（2）分析。在比较的基础上，对比较的结果进行分析，以确定偏差的严重性及偏差产生的原因。这一步是施工成本控制工作的核心，其主要目的在于找出产生偏差的原因，从而采取有针对性的措施，减少或避免相同问题再次发生以及减少由此造成的损失。

（3）预测。按照完成情况估计完成项目所需的总费用。

（4）纠偏。当工程项目的实际施工成本出现了偏差，应当根据工程的具体情况及偏差分析和预测的结果，采取适当的措施，以期达到使施工成本偏差尽可能小的目的。

（5）检查。对工程的进展进行跟踪和检查，及时了解工程进展状况以及纠偏措施的执行情况和效果，为今后的工作积累经验。

6.3.3　施工成本控制的方法

1. 赢得值法

施工成本控制适宜运用赢得值法。赢得值法（Earned Value Management，EVM）作为一项先进的项目管理技术，最初是美国国防部于 1967 年首次确立的。目前，国际上先进的工程公司已普遍采用赢得值法进行工程项目的费用、进度综合分析控制。用赢得值法进行费用、进度综合分析控制，基本参数有三项，即已完工作预算费用、计划工作预算费用和已完工作实际费用。

（1）赢得值法的三个基本参数

1）已完工作预算费用

已完工作预算费用（Budgeted Cost for Work Performed，BCWP），是指在某一时间已完成的工作（或部分工作），以批准认可的预算为标准所需要的资金总额。由于发包人正是根据这个值为承包人完成的工作量支付相应的费用，也就是承包人获得（挣得）的金额，故称赢得值或挣值。

已完工作预算费用（BCWP）= 已完成工作量 × 预算单价　（6–1）

2）计划工作预算费用

计划工作预算费用（Budgeted Cost for Work Scheduled，BCWS），即根据进度计划，在某一时刻应当完成的工作（或部分工作），以预算为标准所需要的资金总额。一般来说，除非合同有变更，BCWS 在工程实施过程中应保持不变。

计划工作预算费用（BCWS）= 计划工作量 × 预算单价　（6–2）

3）已完工作实际费用

已完工作实际费用（Actual Cost for Work Performed，ACWP），即到某一时刻为止，已完成的工作（或部分工作）所实际花费的资金总额。

已完工作实际费用（ACWP）＝已完成工作量 × 实际单价 （6-3）

（2）赢得值法的四个评价指标

在这三个基本参数的基础上，可以确定赢得值法的四个评价指标，它们都是时间的函数。

1）费用偏差（Cost Variance，CV）

费用偏差（CV）＝已完工作预算费用（BCWP）－
已完工作实际费用（ACWP）
＝已完成工作量 × 预算单价－已完成工作量 × 实际单价
＝已完成工作量 ×（预算单价－实际单价） （6-4）

当费用偏差 CV 为负值时，即表示项目运行超出预算费用。反之则表示项目运行节支，实际费用没有超出预算费用。

2）进度偏差（Schedule Variance，SV）

进度偏差（SV）＝已完工作预算费用（BCWP）－
计划工作预算费用（BCWS）
＝已完成工作量 × 预算单价－计划工作量 × 预算单价
＝（已完成工作量－计划工作量）× 预算单价 （6-5）

当进度偏差 SV 为负值时，表示进度延误，即实际进度落后于计划进度。反之则表示进度提前，即实际进度快于计划进度。

3）费用绩效指数（Cost Performance Index，CPI）

费用绩效指数（CPI）＝已完工作预算费用（BCWP）／
已完工作实际费用（ACWP）
＝（已完工作量 × 预算单价）／已完成工作量 × 实际单价 （6-6）

当费用绩效指数（CPI）＜1 时，表示超支，即实际费用高于预算费用；反之则表示节支，即实际费用低于预算费用。

4）进度绩效指数（Schedule Performance Index，SPI）

进度绩效指数（SPI）＝已完工作预算费用（BCWP）／
计划工作预算费用（BCWS）
＝（已完工作量 × 预算单价）／（计划工作量 × 预算单价）（6-7）

当进度绩效指数（SPI）＜1 时，表示进度延误，即实际进度比计划进度慢；反之则表示进度提前，即实际进度比计划进度快。

赢得值法，克服过去进度、费用分开控制的缺点，即当发现费用超支时，很难立即知道是由于费用超出预算，还是由于进度提前。相反，当发现费用低于预算时，也很难立即知道是由于费用节省，还是由于进度拖延。赢得值法即可定量地判断进度、费用的执行效果。

【案例 6–1】对某建设工程项目进行成本偏差分析，若当月计划完成工作量是 100m^2，计划单价为 300 元 /m^2；当月实际完成工作量是 120m^2，实际单价为 320 元 /m^2。请对该项目当月进行施工成本偏差分析。

二维码 6–4
【案例 6–1】解析

2. 偏差分析的表达方法

偏差分析可以采用不同的表达方法，常用的有横道图法和曲线法。

（1）横道图法

用横道图法进行费用偏差分析，是用不同的横道标识已完工作预算费用（BCWP）、计划工作预算费用（BCWS）和已完工作实际费用（ACWP），横道的长度与其金额成正比，如图 6–5 所示。横道图法具有形象，直观，一目了然等优点，它能够准确表达出费用的绝对偏差，而且能直观地表明偏差的严重性。但这种方法反映的信息量少，一般在项目的较高管理层应用。

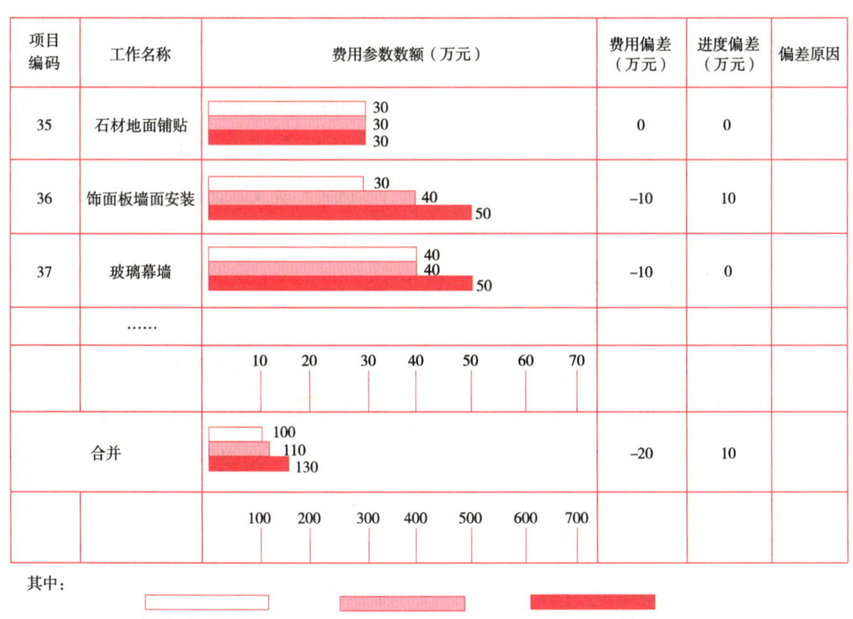

图 6–5　费用偏差分析的横道图法

（2）曲线法

在项目实施过程中，以上三个参数可以形成三条曲线，即已完工作预算费用（BCWP）、计划工作预算费用（BCWS）、已完工作实际费用（ACWP）曲线，如图 6–6 所示。

图中 CV=BCWP–ACWP，由于两项参数均以已完工作为计算基准，所以两者之差反映项目进展的费用偏差。

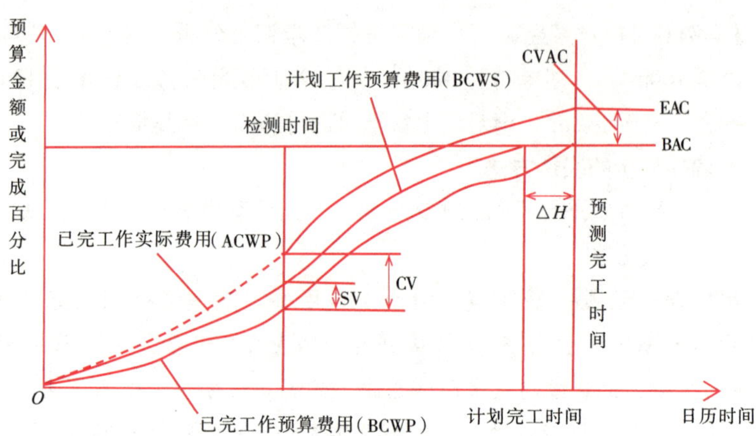

图 6-6　赢得值法评价曲线

SV=BCWP−BCWS，由于两项参数均以预算值（计划值）作为计算基准，所以两者之差反映项目进展的进度偏差。

项目完工预算（Budget at Completion，BAC），指编计划时预计的项目完工费用。

预测的项目完工估算（Estimate at Completion，EAC），指计划执行过程中根据当前的进度、费用偏差情况预测的项目完工总费用。

预测项目完工时的费用偏差（Cost Variance at Completion，CVAC）。

$$CVAC=BAC-EAC \quad (6\text{-}8)$$

3. 偏差原因分析与纠偏措施

（1）偏差原因分析

在实际执行过程中，最理想的状态是已完工作实际费用（ACWP）、计划工作预算费用（BCWS）、已完工作预算费用（BCWP）三条曲线靠得很近，平稳上升，表示项目按预定计划目标进行。如果三条曲线离散度不断增加，则可能出现较大的投资偏差。

偏差分析的目的是找出引起偏差的原因，采取有针对性的措施，减少或避免相同问题的再次发生。在进行偏差原因分析时，首先应当将已经导致偏差的各种原因逐一列举出来。导致不同工程项目产生费用偏差的原因具有一定共性，因而可以通过对已建项目的费用偏差原因进行归纳、总结，为该项目采取预防措施提供依据。

一般来说，产生费用偏差的原因如图 6-7 所示。

（2）纠偏措施

要压缩已经超支的费用，而不影响其他目标是十分困难的，只有当给出的措施比原计划已选定的措施更为有利，成本才能降低。可采取以下措施：

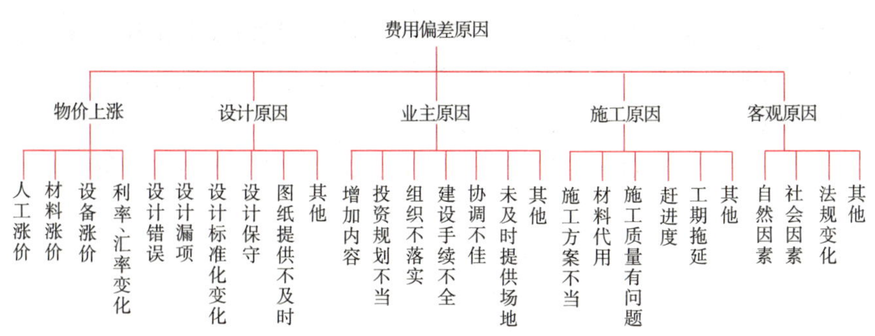

图 6-7　费用偏差原因

1）寻找新的、效率更高的设计方案。

2）购买部分产品，而不是采用完全由自己生产的产品。

3）重新选择供应商，但会产生供应风险，选择需要时间。

4）改变实施过程。

5）变更工程范围。

6）索赔，例如向业主、承（分）包商、供应商索赔以弥补费用超支。

6.4　施工成本核算

6.4.1　施工成本核算的对象和内容

1. 施工成本核算的对象

项目施工成本核算一般以每一独立编制施工图预算的单位工程为对象，但也可以按照承包工程项目的规模、工期、结构类型、施工组织和施工现场等情况，结合成本控制的要求，灵活划分成本核算对象，一般有以下几种划分核算对象的方法：

（1）一个单位工程由几个施工单位共同施工时，各施工单位都应以同一单位工程为成本核算对象，各自核算自行完成的部分。

（2）规模大、工期长的单位工程，可以将工程划分为若干部位作为成本核算对象。

（3）同一建设项目，由同一施工单位施工，并在同一施工地点，属于同一建设项目的各个单位工程合并作为一个成本核算对象。

（4）改建、扩建的零星工程，可根据实际情况和管理需要，以一个单项工程为成本核算对象，或将同一施工地点的若干个工程量较少的单项工程合并作为一个成本核算对象。

2. 施工成本核算的内容

工程成本的成本项目具体包括以下内容：人工费、材料费、机械使用费、其他直接费和间接费用，其中前 4 项构成建筑安装工程的直接成本，第 5 项为建筑安装工程的间接成本。直接成本加上间接成本，构成建筑安装工程的生产成本。施工企业在核算产品成本时，就是按照成本项目来归集企业在施工生产经营过程中所发生的应计入成本核算对象的各项耗费。

6.4.2 施工成本核算的程序

成本核算是企业会计核算的重要组成部分，根据会计核算程序，结合工程成本发生的特点和核算的要求，工程成本核算的程序为：

（1）对所发生的费用进行审核，以确定应计入工程成本的费用和计入各项期间费用的数额。

（2）将应计入工程成本的各项费用，区分为应计入本月的工程成本、应计入其他月份的工程成本。

（3）将每个月应计入工程成本的生产费用，在各个成本对象之间进行分配和归集，计算各工程成本。

（4）对未完工程进行盘点，以确定本期已完工程实际成本。

（5）将已完工程成本转入工程结算成本，核算竣工工程实际成本。

6.5 施工成本分析

施工成本分析是在施工成本核算的基础上，对成本的形成过程和影响成本升降的因素进行分析，以寻求进一步降低成本的途径，包括有利偏差的挖掘和不利偏差的纠正。施工成本分析贯穿于施工成本管理的全过程，是在成本的形成过程中，主要利用施工项目的成本核算资料（成本信息），与目标成本、预算成本以及类似的施工项目的实际成本等进行比较，了解成本的变动情况。同时也要分析主要技术经济指标对成本的影响，系统地研究成本变动的因素，检查成本计划的合理性，并通过成本分析，深入揭示成本变动的规律，寻找降低施工项目成本的途径，以便有效地进行成本控制。

成本偏差分为局部成本偏差和累计成本偏差。局部成本偏差包括项目的月度（或周、天等）核算成本偏差，专业核算成本偏差以及分部分项作业成本偏差等。累计成本偏差是指已完工程在某一时间点上实际总成本与相应的计划总成本的差异，分析成本偏差的原因，应采取定性和定量相结合的方法。成本偏差的控制，分析是关键，纠偏是核心，要针对分析得出的偏差发生原因，采取切实措施，加以纠正。

6.5.1　施工成本分析的原则

（1）实事求是的原则。在成本分析中，必然会涉及一些人和事，因此要注意人为因素的干扰。成本分析一定要有充分的事实依据，对事物进行实事求是的评价。

（2）用数据说话的原则。成本分析要充分利用统计核算和有关台账的数据进行定量分析，尽量避免抽象的定性分析。

（3）注重时效的原则。项目成本分析贯穿于项目成本管理的全过程。这就要求要及时进行成本分析，及时发现问题，及时予以纠正，否则就有可能贻误解决问题的最好时机，造成成本失控、效益流失。

（4）为生产经营服务的原则。成本分析不仅要揭露矛盾，而且要分析产生矛盾的原因，提出积极有效的解决矛盾的合理化建议。

6.5.2　施工成本分析的主要内容

项目成本分析的内容就是对项目成本变动因素的分析。影响项目成本变动的因素有两个方面：一是属于市场经济的外部因素；二是属于企业经营管理的内部因素。这两方面的因素在一定条件下，又是相互制约和相互促进的。影响项目成本变动的市场经济因素主要包括施工企业的规模和技术装备水平，施工企业专业化和协作的水平以及企业员工的技术水平和操作的熟练程度等几个方面，这些因素不是在短期内所能改变的。因此，应将项目成本分析的重点放在影响项目成本升降的内部因素上。一般来说，项目成本分析的内容主要包括以下几个方面：

（1）人工费用水平的合理性。

（2）材料、能源利用效果。

（3）机械设备的利用效果。

（4）施工质量水平的高低。

（5）其他影响项目成本变动的因素。包括除上述四项以外的措施费用以及为施工准备、组织施工和管理所需要的费用。

【案例 6-2】根据工程中的一段对话情景，回答以下问题。

1. 情景对话中影响材料成本增加的因素是什么？

2. 试分析情景对话中采用了什么方法降低材料损耗？

3. 情景对话中遵守了施工成本管理的哪项基本原则？

二维码 6-5
【案例 6-2】情景对话

6.5.3　施工成本分析的方法

施工成本分析的基本方法包括比较法、因素分析法、差额计算法、比率法等。由于项目成本涉及的范围很广，需要分析的内容较多，在不同的情况下采取不同的分析方法，除了基本分析方法外，还有综合成本的分析方法、成本项目的分析方法和专项成本的分析方法等。在此仅介绍成本分析的基本方法。

1. 比较法

比较法，又称"指标对比分析法"，就是通过技术经济指标的对比，检查目标的完成情况，分析产生差异的原因，进而挖掘内部潜力的方法。这种方法，具有通俗易懂、简单易行、便于掌握的特点，因而得到了广泛的应用，但在应用时必须注意各技术经济指标的可比性。比较法的应用，通常有下列形式：

（1）将实际指标与目标指标对比

通过实际指标与目标指标对比检查目标完成情况，分析影响目标完成的积极因素和消极因素，以便及时采取措施，保证成本目标的实现。在进行实际指标与目标指标对比时，还应注意目标本身有无问题，如果目标本身出现问题，则应调整目标，重新正确评价实际工作的成绩。

（2）本期实际指标与上期实际指标对比

通过本期实际指标与上期实际指标对比，可以看出各项技术经济指标的变动情况，反映施工管理水平的提高程度。

2. 因素分析法

因素分析法又称连环置换法、这种方法可用来分析各种因素对成本的影响程度。在进行分析时，首先要假定众多因素中的一个因素发生了变化，其他因素不变，然后逐个替换，分别比较其计算结果，以确定各个因素的变化对成本的影响程度。因素分析法计算步骤如下：

（1）确定分析对象，并计算出实际与目标数的差异。

（2）确定该指标是由哪个因素组成的，并按其相互关系进行排序（排序规则是：先实物量，后价值量；先绝对值，后相对值）。

（3）以目标数为基础，将各因素的目标数相乘，作为分析替代的基数。

（4）将各个因素的实际数据按照上面的排列顺序进行替换计算，并将替换后的实际数据保留下来。

（5）将每次替换计算所得的结果与前一次的计算结果相比较，两者的差异即为该因素对成本的影响程度。

（6）各个因素的影响程度之和，应与分析对象的总差异相等。

二维码 6-6
【案例 6-3】解析

【案例 6-3】商品混凝土目标成本为 404040 元，实际成本为 449904 元，比目标成本增加 45864 元，见表 6-2，请对其进行施工成本分析。

商品混凝土目标成本与实际成本对比表　　　　**表 6–2**

项目	单位	目标	实际	差额
产量	m^3	520	560	40
单价	元 /m^3	740	780	40
损耗率	%	5	3	−2
成本	元	404040	449904	45864

3. 差额计算法

差额计算法是因素分析法的一种简化形式，它利用各个因素的目标值与实际值的差额来计算其对成本的影响程度。

二维码 6–7
【案例 6–4】解析

【案例 6–4】 某工程项目某月的实际成本降低额比目标数提高了 2.9 万元，根据表 6–3 中的资料，应用“差额计算法”分析预算成本和成本降低率对成本降低额的影响程度。

降低成本目标与实际对比表　　　　**表 6–3**

项目	单位	目标	实际	差额
预算成本	万元	250	280	30
成本降低率	%	5	5.5	0.5
成本降低额	万元	12.5	15.4	2.9

4. 比率法

（1）相关比率法。由于项目经济活动的各个方面是相互联系，相互依存，又相互影响的，因而可以将两个性质不同而又相关的指标加以对比，求出比率，并以此来考察经营成果的好坏。例如：工资和产值是两个不同的概念，但他们的关系又是投入与产出的关系。在一般情况下，都希望以最少的工资支出完成最大的产值。因此，用产值工资率指标来考核人工费的支出水平，就很能说明问题。

（2）构成比率法。又称比重分析法或结构对比分析法。通过构成比率，可以考察成本总量的构成情况及各成本项目占成本总量的比重，同时也可看出量、本、利的比例关系（即预算成本、实际成本和降低成本的比例关系），从而为寻求降低成本的途径指明方向。

（3）动态比率法。动态比率法，就是将同类指标不同时期的数值进行对比，求出比率，以分析该项指标的发展方向和发展速度。

二维码 6-8
中间结算和竣工结算

二维码 6-9
工程结算（微课）

二维码 6-10
竣工结（决）算（微课）

6.6 施工成本考核

成本考核是衡量成本降低的实际成果，也是对成本指标完成情况的总结和评价。根据项目成本管理制度，确定项目成本考核目的、时间、范围、对象、方式、依据、指标、组织领导、评价与奖惩原则。

以施工成本降低额和施工成本降低率作为成本考核的主要指标，要加强组织管理层对项目管理部的指导，并充分依靠技术人员、管理人员和作业人员的经验和智慧，防止项目管理在企业内部异化为靠少数人承担风险的以包代管模式。成本考核也可分别考核组织管理层和项目经理部。

项目管理组织对项目经理部进行考核与奖惩时，既要防止虚盈实亏现象，也要避免实际成本归集差错的影响，使施工成本考核真正做到公平、公正、公开，在此基础上兑现施工成本管理责任制的奖惩或激励措施。

单元小结

项目成本管理分为事前、事中、事后管理三个阶段，其具体的内容包含成本预测、成本计划、成本控制、成本核算、成本分析、成本考核六个工作流程。

成本预测是通过成本信息和工程项目的具体情况，对未来的成本水平及其可能发展趋势做出科学的估计。

成本计划是在项目实施方案确定和不断优化的前提下，可以按施工成本组成、项目结构组成、施工进度三个纬度进行编制。

成本控制是在项目成本的形成过程中，按照比较、分析、预测、纠偏、检查等步骤，采用赢得值法进行工程项目的费用、进度综合分析控制，并运用横道图法、曲线法等表达方式对偏差进行分析，及时纠正将要发生和已经发生的偏差。

成本核算的内容是指对人工费、材料费、机械使用费、其他直接费和间接费用进行核算。

成本分析是在施工成本核算的基础上，运用比较法、因素分析法、差额计算法、比率法对成本的形成过程和影响成本升降的因素进行分析，以寻求进一步降低成本的途径，包括有利偏差的挖掘和不利偏差的纠正。

成本考核是衡量成本降低的实际成果，也是对成本指标完成情况的总结和评价。

施工成本管理的每一个环节都是相互联系和相互作用的。成本预测是成本决策的前提，成本计划是成本决策所确定目标的具体化。成本计划控制则是对成本计划的实施进行控制和监督，保证决策的成本目标的实现，而成本核算又是对成本计划是否实现的最后检验，它所提供的成本信息又对下一个施工项目成本预测和决策提供基础资料。成本考核是实现成本目标责任制的保证和实现决策目标的重要手段。

作为一名现场施工员，在成本管理中应发挥积极作用。比如认真会审图纸，积极提出修改意见；深入研究招标文件和合同内容，探寻具有伸缩潜力的内容作为降低成本增加预算收入的重要方面；制订先进的、经济合理的施工方案，最大程度降低人材机成本；根据工程变更资料及时办理增减账，尽快从业主处取得补偿；应用激励机制，调动施工班组增产节约的积极性等。

二维码 6-11
成本管理难点解析（微课）

二维码 6-12
复习思考题答案

复习思考题

1. 成本管理的基本内容是什么？
2. 成本管理的基本原则是什么？
3. 简述成本计划编制的依据和基本方法。
4. 成本核算和成本分析的内容是什么？
5. 工程结算编制的依据是什么？
6. 工程结算的方式有哪些？

世界职业院校技能大赛建筑装饰数字化施工赛项模拟赛题

一、单项选择题（每题 1 分，每题的备选项中只有 1 个最符合题意）

1. 下列建设工程项目成本管理的任务中，作为建立施工项目成本管理责任制、开展施工成本控制和核算的基础是（　　）。

A. 成本预测　　B. 成本计划　　C. 成本考核　　D. 成本分析

2. 项目经理部通过在混凝土拌合物中加入添加剂以降低水泥消耗量，属于成本管理措施中（　　）。

A. 经济措施　　B. 组织措施　　C. 合同措施　　D. 技术措施

3. 施工成本偏差的控制，其核心工作是（　　）。

A. 成本分析　　B. 成本考核
C. 纠正偏差　　D. 调整成本计划

4. 通过加强施工定额管理和施工任务单管理，控制活劳动和物化劳动的消耗。这属于施工成本管理措施的（　　）。

A. 组织措施　　B. 技术措施　　C. 经济措施　　D. 合同措施

5. 采用时间－成本累积曲线编制建设工程项目进度计划时，从节约资金贷款利息的角度出发，适宜采取的做法是（　　）。

A. 所有工作均按最早开始时间开始

B. 关键工作均按最迟开始时间开始

C. 关键工程均按最早开始时间开始

D. 所有工作均按最迟开始时间开始

6. 某工程黑钛不锈钢踢脚线安装预算单价为 30 元 /m，计划一个月完成工程量 100m，实际施工中用了两个月完成工程量 160m，由于材料费上涨导致实际单价为 33 元 /m。则该分项分部工程的费用偏差为（　　）元。

A.480　　B.−480　　C.1800　　D.−1800

7. 某工程的赢得值曲线如图 6-8 所示，关于 t_1 时点成本和进度状态的说法，正确的是（　　）。

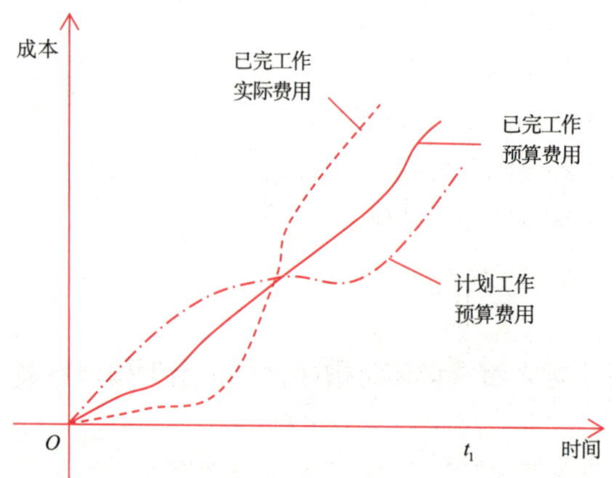

图 6-8　某工程赢得值曲线

A. 费用节约、进度超前　　B. 费用超支、进度拖延

C. 费用节约、进度拖延　　D. 费用超支、进度超前

8. 关于用时间 − 成本累积曲线编制成本计划的说法，正确的是（　　）。

A. 可调整非关键的工作的开工时间以控制实际成本支出

B. 全部工作必须按照最早开始时间安排

C. 全部工作必须按照最迟开始时间安排

D. 可缩短关键工作的持续时间以降低成本

9. 某地下工程施工合同规定，6 月份计划铺贴陶瓷地面砖 4000m^2，合同单价为 90 元 /m^2；6 月份实际铺贴陶瓷地面砖 3800m^2，实际单价为 80 元 /m^2，则至 6 月底，该工程的进度偏差为（　　）万元。

A.1.8　　B.−1.6　　C.−1.8　　D.1.6

10. 某工程按月编制的成本计划如图 6-9 所示，若 5 月、7 月实际成本为 900 万元和 1000 万元，其余月份的实际成本与计划成本均相同，关于该工程施工成本的说法，正确的是（　　）。

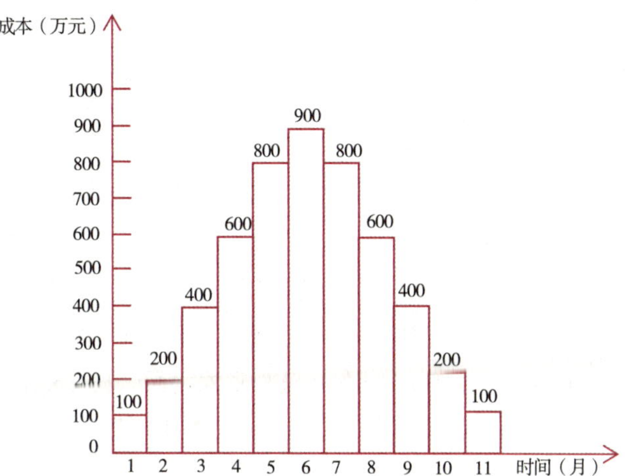

图 6-9　成本计划图

A. 第 6 个月末计划成本累计值为 3100 万元

B. 第 7 个月末计划成本累计值为 4300 万元

C. 第 8 个月末计划成本累计值为 4600 万元

D. 第 6 个月末计划成本累计值为 3000 万元

11. 关于利用时间 – 成本累积曲线编制施工成本计划的说法，正确的是（　　）。

A. 所有工作都按最迟开始时间，对节约资金不利

B. 所有工作都按最早开始时间，对节约资金有利

C. 项目经理通过调整关键工作的最早开始时间，将成本控制在计划范围之内

D. 所有工作都按最迟开始时间，降低了项目按期竣工的保证率

12. 某花岗石楼地面铺贴，月计划工程量 280m^2，预算单价 250 元 /m^2；到月末时已完成工程量 300m^2，实际单价 260 元 /m^2。对该项工作采用赢得值法进行偏差分析的说法，正确的是（　　）。

A. 已完成工作实际费用为 75000 元

B. 费用偏差为 −3000 元，表明项目运行超出预算费用

C. 费用绩效指标 >1，表明项目运行超出预算费用

D. 进度绩效指标 <1，表明实际进度比计划进度拖后

13. 某分部工程的成本计划数据如图 6–10 所示，则第五周的施工成本计划值是（　　）万元。

A.75　　　　B.80　　　　C.125　　　　D.155

编码	项目名称	时间（周）	费用强度（万元/周）	工程进度（周）											
				1	2	3	4	5	6	7	8	9	10	11	12
1	地面找平	1	20												
2	集成墙面	4	30												
3	集成顶棚	4	45												
4	门窗安装	6	80												
5	木地板安装	3	30												

图 6-10 某分部工程成本计划图

14. 某工程某月计划完成工程 10 根柱子的柱面装饰，计划单价为 1.3 万元／根。实际完成工程 11 根，实际单价为 1.4 万元／根。则费用偏差（CV）为（　　）万元。

A. 1.1　　B. 1.3　　C. −1.1　　D. −1.3

15. 某单位产品 1 月份成本相关参数见表 6–4，用因素分析法计算，单位产品人工消耗量变动对成本的影响是（　　）元。

成本相关参数　　**表 6–4**

项目	单位	计划值	实际值
产品产量	件	180	200
单位产品人工消耗量	工日／件	12	11
人工单价	元／工日	100	110

A. −20000　　B. −18000　　C. −19800　　D. −22000

16. 某工程外墙面装饰工程恰逢雨期，造成承包商雨期施工增加费用超支，产生此费用偏差的原因是（　　）。

A. 业主原因　　B. 设计原因　　C. 施工原因　　D. 客观原因

二、多项选择题（每题 2 分。每题的备选项中，有 2 个或 2 个以上符合题意，至少有 1 个错项。错选，本题不得分；少选，所选的每个选项得 0.5 分）

1. 下列施工成本管理的措施中，属于技术措施的有（　　）。

A. 落实各种变更签证

B. 确定合适的施工机械、设备使用方案

C. 在满足功能要求下，通过改变配合比降低材料消耗

D. 加强施工调度，避免物料积压

E. 确定合理的成本控制工作流程

2. 下列施工成本管理措施中，属于经济措施的有（　　）。

A. 使用添加剂降低水泥消耗　　　B. 选用合适的合同结构

C. 及时落实业主签证　　　　　　D. 采用新材料降低成本

E. 通过偏差分析找出成本超支潜在问题

3. 关于赢得值法及相关评价指标的说法，正确的有（　　）。

A. 赢得值法可定量判断进度、费用的执行效果

B. 理想状态是已完工作实际费用、计划工作预算费用和已完工作预算费用三条曲线靠的很近并平稳上升

C. 进度偏差为负值时，表示实际进度快于计划进度

D. 费用（进度）偏差适用于在同一项目和不同项目比较中采用

E. 采用赢得值法可以克服进度、费用分开控制的缺点

4. 关于赢得值及其曲线的说法，正确的有（　　）。

A. 最理想状态是已完工作实际费用、计划工作预算费用和已完工作预算费用三条曲线靠得很近并平稳上升

B. 进度偏差是相对值指标，相对值越大的项目，表明偏离程度越严重

C. 如果已完工作实际费用，计划工作预算费用和已完工作预算费用三条曲线离散度不断增加，则预示着可能发生关系到项目成败的重大问题

D. 在费用、进度控制中引入赢得值可以克服将费用、进度分开控制的缺点

E. 同一项目采用费用偏差和费用绩效指数进行分析，结论是一致的

5. 某工程按月编制的成本计划如图6-11所示，若6月、7月实际完

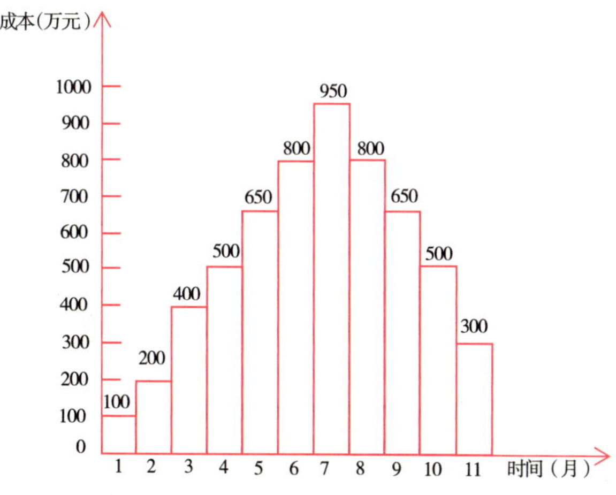

图6-11　成本计划图

成的成本为 700 万元和 1000 万元，其余月份的实际成本与计划相同，则关于成本偏差的说法，正确的有（　　）。

A. 第 7 个月末的计划成本累计值为 3500 万元

B. 第 6 个月末的实际成本累计值为 2550 万元

C. 第 6 个月末的计划成本累计值为 2650 万元

D. 若绘制 S 形曲线，全部工作必须按照最早开工时间计算

E. 第 7 个月末的实际成本累计值为 3550 万元

6. 用赢得值法进行成本控制，其基本参数有（　　）。

A. 已完工作预算费用　　B. 计划工作预算费用

C. 已完成工作实际费用　　D. 计划工作实际费用

E. 费用绩效指数

7. 关于分部分项工程成本分析资料来源的说法，正确的有（　　）。

A. 实际成本来自实际工程量和计划单价的乘积

B. 投标报价来自预算成本

C. 预算成本来自投标报价

D. 目标成本来自施工预算

E. 成本偏差来自预算成本与目标成本的差额

8. 对竣工项目进行工程现场成本核算的目的是（　　）。

A. 评价财务管理效果　　B. 考核企业经营效益

C. 考核项目管理绩效　　D. 评价项目成本效益

二维码 6-13
模拟赛题答案

9. 为了有效控制施工机械使用费的支出，施工企业可以采取的措施有（　　）。

A. 加强设备租赁计划管理，减少安排不当引起的设备闲置

B. 加强机械调度，避免窝工

C. 加强现场设备维修保养，避免不当使用造成设备停滞

D. 做好机上人员和辅助人员的配合，提高台班产量

E. 尽量采用租赁的方式，降低设备购置费

二维码 6-14
模拟赛题难点解析（微课）

10. 某工程主要工作是进行外墙石材干挂，中标的综合单价是 400 元 /m^2，计划工程量是 8000m^2。施工过程中因原材料价格提高使实际单价为 500 元 /m^2，实际完成并经监理工程师确认的工程量是 9000m^2。若采用赢得值法进行综合分析，正确的结论有（　　）。

A. 已完工作预算费用 360 万元　　B. 费用偏差为 90 万元，费用节省

C. 进度偏差为 40 万元，进度拖延　　D. 已完工作实际费用为 450 万元

E. 计划工作预算费用为 320 万元

二维码 6-15
模拟赛题答案解析

7

Danyuanqi　Jianzhu Zhuangshi Gongcheng Shigong Jindu Guanli

单元 7
建筑装饰工程施工进度管理

本单元重点介绍施工进度管理与控制的含义、主要任务和程序，以及进度计划的检查、调整和优化方法。这是施工员、进度管理员岗位必备的技能，有助于保障施工项目按计划推进。职业院校技能大赛主要考查学生对进度计划的调整和优化能力，以及在复杂情况下解决进度问题的能力。以雄安新区建设为例，融入课程思政，让学生明白在关键时刻，高效的进度管理的重要性。

单元 7 课件

单元 7 课前练一练

教学目标

知识目标：

1. 掌握实际进度与计划进度的常用方法；
2. 理解施工进度偏差的原因及调整方法；
3. 掌握施工进度的控制措施；
4. 熟悉施工进度计划的优化。

能力目标：

1. 能对比实际进度与计划进度；
2. 能进行施工进度的优化。

典型工作任务——灵活调整进度计划

二维码 7-1
典型工作任务

二维码 7-2
典型工作任务解析

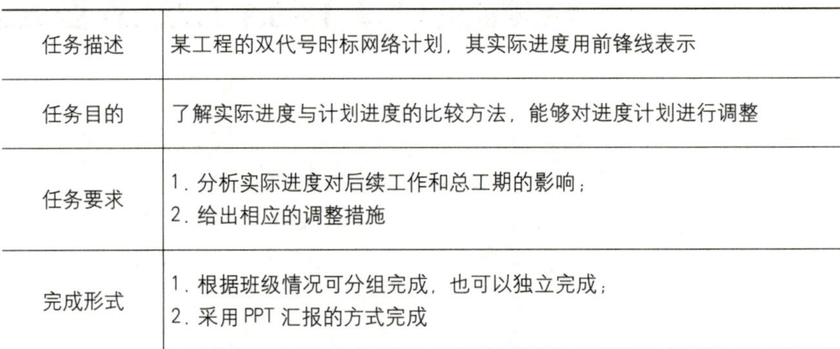

任务描述	某工程的双代号时标网络计划，其实际进度用前锋线表示
任务目的	了解实际进度与计划进度的比较方法，能够对进度计划进行调整
任务要求	1. 分析实际进度对后续工作和总工期的影响； 2. 给出相应的调整措施
完成形式	1. 根据班级情况可分组完成，也可以独立完成； 2. 采用 PPT 汇报的方式完成

导读——从雄安新区建设看到的施工进度控制

2017 年 4 月，雄安新区设立。近年来，这里从“一张白纸”到一座现代化新城拔地而起，进入承接北京非首都功能疏解和大规模开发建设同步推进的关键时期。这座承载千年大计的“未来之城”，对外骨干路网已全面打通、内部骨干路网体系基本形成；城市框架正全面拉开，一批标志性工程投入使用。

雄安新区坚持高质量建设、高水平管理、高质量疏解发展并举，牢牢把握高质量项目建设“生命线”，紧盯目标任务、时间节点，统筹推进重点片区和重大项目建设。截至 2023 年，新区累计完成投资 6000 亿元以上，总开发面积超过 180km^2。新区已经形成以启动区为主的集中承接区域，以昝岗片区为主导的产业发展和支撑疏解区域，以容东、容西、雄东片区为基础的居民居住和生活服务支撑区域，三个功能区域同步推进、融合发展，重点片区功能更加清晰，如期实现“显雏形、出形象”阶段性目标。新区建设涵盖基础设施、产业发展、民生工程等多个领域，为新区高质量发展筑牢坚实基础。

二维码 7-3
雄安新区建设施工进度管理
（微视频）

建设雄安新区是一项历史性工程，必须坚持先谋后动、规划引领，保持历史耐心，一张蓝图绘到底。雄安新区建设能够高标准、高质量有条不紊的大规模推进，离不开高水平、高精度的施工进度控制。

思考：

施工进度的检查方法有哪些？施工进度的控制措施有哪些？施工进度计划的优化包括哪些内容？

7.1　建筑装饰工程施工进度管理概述

7.1.1　建筑装饰工程施工进度管理与控制的含义

二维码 7-4
施工进度计划控制的概念（微课）

1. 建筑装饰工程施工进度管理

装饰工程施工进度管理是指在装饰工程施工过程中，有效地制订进度计划，并监督其实施，并在实施过程中进行有效的进度动态控制，最终能够按照原定的进度计划目标完成工程施工任务的过程。

2. 建筑装饰工程施工进度控制

二维码 7-5
施工进度计划控制的目的（微课）

装饰施工项目进度控制是指在既定的工期内，编制出最优的施工进度计划，在执行该计划过程中，经常检查施工实际情况，并将其与计划进度相比较，若出现偏差，应分析产生偏差的原因和对工期的影响程度，提出必要的调整措施，修改原计划，不断地如此循环，直至工程竣工验收。

施工项目进度控制应以实现施工合同约定的交工日期为最终目标。施工项目进度控制的总目标是确保施工项目既定目标工期的实现，或者在保证施工质量、增加施工实际成本的条件下，适当缩短施工工期。施工项目进度控制的总目标应进行层层分解，形成实施进度控制、相互制约的目标体系。目标分解可按单项工程分解为交工分目标，按承包的专业或按施工阶段分解为完工分目标，按年、季、月计划期分解为时间分目标。

施工项目进度控制应建立以项目经理为首的进度控制体系，各子项目负责人、计划人员、调度人员、作业队长和班组长都是该体系的成员。各承担施工任务者和生产管理者都应承担进度控制目标责任，对进度控制负责。

7.1.2　建筑装饰工程施工进度控制的主要任务和程序

建筑装饰施工项目进度控制的主要任务是编制施工总进度计划并控制

其执行，按期完成整个装饰项目的施工任务；编制单位工程施工进度计划并控制其执行，按期完成单位工程的施工任务；编制分部分项工程施工进度计划，并控制其执行，按期完成分部分项工程的施工任务；编制季度、月、旬作业计划，并控制其执行，完成规定的目标等。

项目经理部的进度控制应按下列程序进行：

（1）根据施工合同确定的开工日期、总工期和竣工日期，确定施工进度目标，明确计划开工日期、计划总工期和计划竣工日期，确定项目分期分批的开工、竣工日期。

（2）编制施工进度计划，具体安排实现前述目标的工艺关系、组织关系、搭接关系、起止时间、劳动力计划、材料计划、机械计划和其他保证性计划。

（3）向监理工程师提出开工申请报告，按监理工程师开工令指定的日期开工。

（4）实施施工进度计划，在实施中加强协调和检查，如出现偏差（不必要的提前或延误）及时进行调整，并不断预测未来进度状况。

（5）项目竣工验收前抓紧收尾阶段进度控制；全部任务完成后，进行进度控制总结，并编写进度控制报告。

7.2 施工进度计划检查

在工程项目的实施过程中，为了进行进度控制，进度控制人员应经常地、定期地跟踪检查施工实际进度情况，主要是收集工程项目进度材料，进行统计整理和对比分析，确定实际进度与计划进度之间的关系，其主要工作包括施工进度计划的跟踪、施工进度计划的整理统计、对比实际进度与计划进度。

7.2.1 施工进度计划的跟踪

跟踪检查工程实际进度是项目进度控制的关键措施，其目的是收集实际施工进度的有关数据。收集的数据应当全面、真实、可靠，不完整或不正确的进度数据将导致判断不准确或决策失误。跟踪检查的时间和收集数据的质量，直接影响控制工作的质量和效果。

检查的时间与施工项目的类型、规模，施工条件和对进度执行要求程度有关，通常分两类：一类是日常检查，另一类是定期检查。日常检查是常驻现场管理人员，每日进行检查，采用施工记录和施工日志的方法记录下来。定期检查一般与计划安排的周期和召开现场会议的周期相一致，可视工程的情况，每月、每半月、每旬或每周检查一次。当施工中遇到天气、资源供应等不利因素的严重影响，检查的间隔时间可临时缩短。定期检查在制度中应规定出来。

检查和收集资料的方式一般采用进度报表方式或定期召开进度工作汇报会。根据不同需要，检查的内容包括：检查期内实际完成和累计完成工程量；实际参加施工的劳动力、机械数量和生产效率；窝工人数、窝工机械台班数及其原因分析；进度管理情况；进度偏差情况；影响进度的特殊原因及分析。

7.2.2　施工进度计划的整理统计

为了进行实际进度与计划进度的比较，必须对收集到的实际进度数据进行加工处理，形成与计划进度具有可比性的数据。一般可以按实物工程量、工作量和劳动消耗量以及累计百分比的形式，整理和统计实际检查的数据，以便与相应的计划完成量进行对比分析。

7.2.3　对比实际进度与计划进度

将收集的资料整理并统计成具有与计划进度可比性的数据后，用工程项目实际进度与计划进度进行比较。常用的比较方法有：横道图比较法、S 形曲线比较法、香蕉形曲线比较法、前锋线比较法和列表比较法等。通过比较得出实际进度与计划进度一致、超前、拖后三种情况。

1. 横道图比较法

横道图比较法是指将项目实施过程中收集的实际进度数据，经加工整理后，直接用横道线平行绘于原计划相对应的横道线处，进行实际进度与计划进度比较的方法。采用横道图比较法，可以形象、直观地反映实际进度与计划进度的比较情况。

例如某装饰工程的计划进度和截止到第 14 天末的实际进度如图 7–1 所示，进度表中细实线表示计划进度，粗实线表示实际进度。

从图 7–1 中可以看出：在第 14 天末进行施工进度检查时，安钢窗工作已经按期完成；顶棚、墙面抹灰工作按计划应该完成 85.7%，但实际只完成 57.1%，任务量拖欠 28.6%；铺地砖工作按计划应该完成 60%，而实际只完成 40%，任务量拖欠 20%。根据各项工作的进度偏差，进度控制者可以采取相应的纠偏措施对进度计划进行调整，以确保该工程按期完成。

图 7–1 所表达的比较方法仅适用于工程项目中的各项工作都是均匀进展的情况，即每项工作在单位时间内完成的任务量都相等的情况。事实

序号	工作名称	工作时间	施工进度												
			2	4	6	8	10	12	14	16	18	20	22	24	26
1	安钢窗	8													
2	顶棚、墙面抹灰	14													
3	铺地砖	10													
4	安玻璃、刷油漆	4													
5	贴壁纸	6													
	……														

检查日期

计划进度

实际进度

图 7-1 某装饰工程实际进度与计划进度的比较

上，工程项目中各项工作的进展不一定是匀速的。根据工程项目中各项工作的进展是否匀速，可分别采用匀速进展横道图比较法和非匀速进展横道图比较法两种方法进行实际进度与计划进度的比较。

完成任务量可以用实物工程量、劳动消耗量和工作量三种物理量表示。为了比较方便，一般用它们实际完成量的累计百分比与计划的应完成量的累计百分比进行比较，如图 7-2 所示。

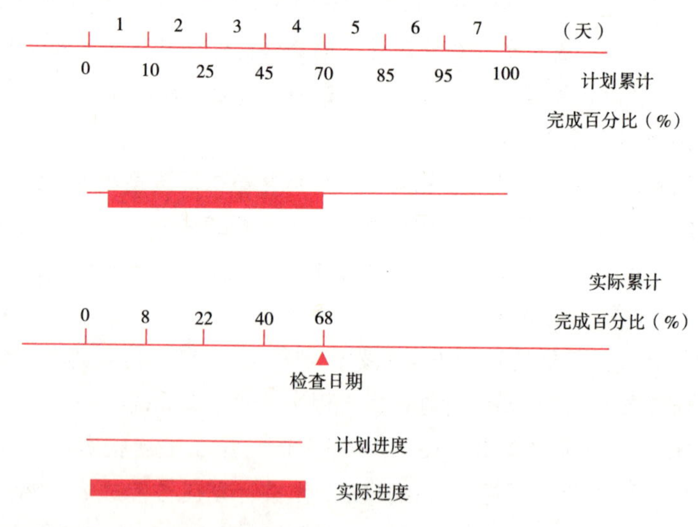

图 7-2 横道图比较法

应该指出，由于工作的施工速度是变化的，因此横道图中进度横线，不管计划的还是实际的，都是表示工作的开始时间、持续天数和完成时间，并不表示计划完成量和实际完成量，这两个量分别通过标注在横道线上方及下方的累计百分比数量表示。实际进度的涂黑粗线是从实际工程的开始日期画起，若工作实际施工间断，亦可在图中将涂黑粗线作相应的空白。

横道图比较法虽有记录简单、形象直观、易于掌握、使用方便等优点，但由于其以横道计划为基础，因而带有不可克服的局限性。在横道计划中，各项工作之间的逻辑关系表达不明确，关键工作和关键线路无法确定。一旦某些工作实际进度出现偏差时，难以预测其对后续工作和工程总工期的影响，也就难以确定相应的进度计划调整方法。因此，横道图比较法主要用于工程项目中某些工作实际进度与计划进度的局部比较。

2. S 形曲线比较法

S 形曲线比较法是以横坐标表示进度时间，纵坐标表示累计完成任务量，绘制出一条按计划时间累计完成任务量的曲线，将施工项目的各检查时间实际完成的任务量与 S 形曲线进行实际进度与计划进度相比较的一种方法。

从整个工程项目实际进展全过程看，单位时间投入的资源量一般是开始和结束时较少，中间阶段较多。与其相对应，单位时间完成的任务量也呈同样的变化规律，如图 7–3（a）所示。而随工程进展累计完成的任务量则应呈 S 形变化，如图 7–3（b）所示。这种以 S 形曲线判断实际进度与计划进度关系的方法，称为 S 形曲线比较法。

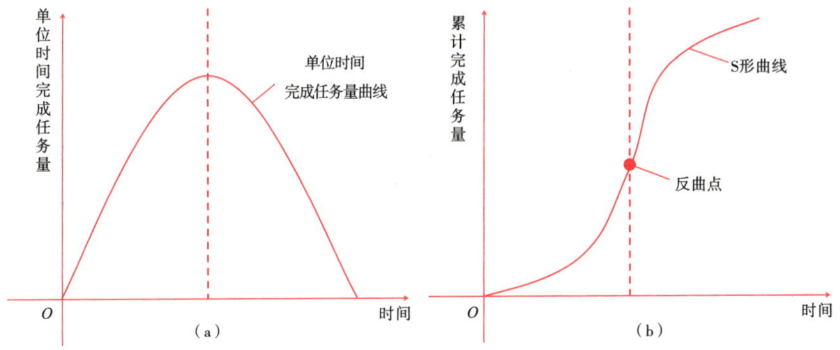

图 7–3　时间与完成任务量关系曲线
（a）单位时间完成任务量；
（b）累计完成任务量

S 形曲线比较法同横道图一样，是在图上直观地进行施工项目实际进度与计划进度相比较。一般情况，计划进度控制人员在计划实施前绘制 S 形曲线。在项目施工过程中，按规定时间将检查的实际完成情况与计划 S 形曲线绘制在同一张图上，可得出 S 形曲线比较图，如图 7–4 所示。比较两条 S 形曲线可以得到以下信息。

（1）工程项目实际进展状况。如果工程实际进展点落在计划 S 形曲线左侧，表明此时实际进度比计划进度超前，如图 7–4 中的 *a* 点所示；若落在计划 S 形曲线右侧，则表明此时实际进度拖后，如图 7–4 中的 *b* 点所示；若正好落在计划 S 形曲线上，则表示此时实际进度与计划进度一致。

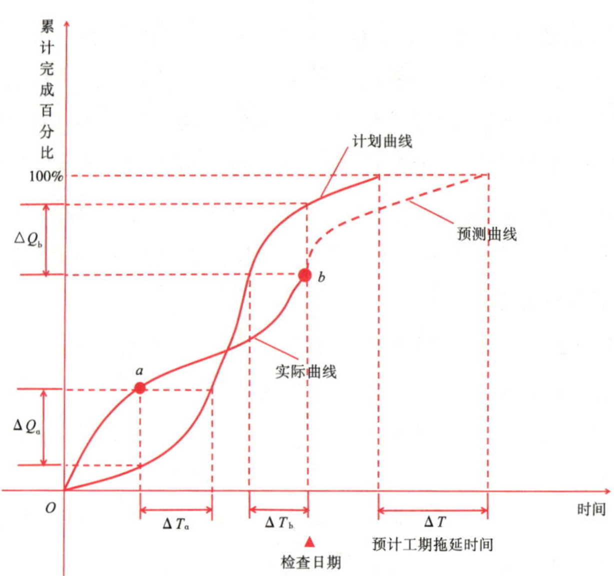

图 7–4 S 形曲线比较图

（2）工程项目实际进度超前或拖后的时间。在 S 形曲线比较图中可以直接读出实际进度比计划进度超前或拖后的时间。如图 7–4 所示，ΔT_a 表示 T_a 时刻实际进度超前的时间；ΔT_b 表示 T_b 时刻实际进度拖后的时间。

（3）工程项目实际超额或拖欠的任务量。在 S 形曲线比较图中也可直接读出实际进度比计划进度超额或拖欠的任务量。如图 7–4 所示，ΔQ_a 表示 T_a 时刻超额完成的任务量；ΔQ_b 表示 T_b 时刻拖欠完成的任务量。

（4）后期工程进度预测。如果后期工程按原计划速度进行，则可作出后期工程预期的 S 形曲线，如图 7–4 中虚线所示，从而可以确定工期拖延预测值 ΔT。

3. 香蕉形曲线比较法

香蕉形曲线是由两条 S 形曲线组合而成的闭合曲线。由 S 形曲线比较法可知，工程项目累计完成的任务量与计划时间的关系，可以用一条 S 形曲线表示。对于一个工程项目的网络计划来说，如果以其中各项工作的最早开始时间安排进度而绘制 S 形曲线，称为 ES 曲线；如果以其中各项工作的最迟开始时间安排进度而绘制 S 形曲线，称为 LS 曲线。两条 S 形曲线具有相同的起点和终点，因此，两条曲线是闭合的。在一般情况下，ES 曲线上的其余各点均落在 LS 曲线的相应点的左侧。由于该闭合曲线形似“香蕉”，故称为香蕉形曲线，如图 7–5 所示。

香蕉形曲线的作图方法与 S 形曲线的作图方法基本一致，所不同之处在于它是分别以工作的最早开始和最迟开始时间绘制的两条 S 形曲线组合成的闭合曲线。

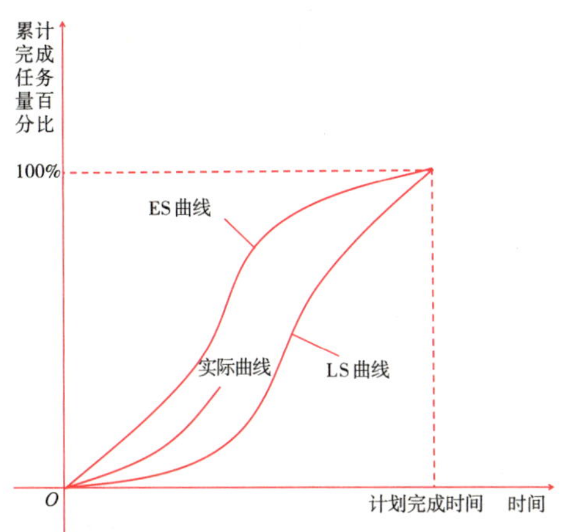

图 7-5　香蕉形曲线比较图

在项目的实施中，进度控制的理想状况是任一时刻按实际进度描绘的点，应落在该香蕉形曲线的区域内。香蕉形曲线比较法的作用：利用香蕉形曲线进行进度的合理安排；进行施工实际进度与计划进度比较；确定在检查状态下，后期工程的 ES 曲线和 LS 曲线的发展趋势。

4. 前锋线比较法

前锋线比较法是通过绘制某检查时刻工程项目实际进度前锋线，进行工程实际进度与计划进度比较的方法，它主要适用于时标网络计划。所谓前锋线，是指在原时标网络计划上，从检查时刻的时标点出发，用点划线依次将各项工作实际进展位置点连接而成的折线。前锋线比较法就是通过实际进度前锋线与原进度计划中各工作箭线交点的位置来判断工作实际进度与计划进度的偏差，进而判定该偏差对后续工作及总工期影响程度的一种方法。

前锋线比较法的基本步骤如下：

（1）绘制时标网络计划图。工程实际进度前锋线是在时标网络计划图上标出，为清楚起见，可在时标网络计划的上方和下方各设一时间坐标。

（2）绘制实际进度前锋线。从时标网络计划图上方时间坐标的检查日期开始绘制，依次连接相邻工作的实际进展点，最后与时标网络计划图下方坐标的检查日期相连接。

（3）进行实际进度与计划进度的比较。前锋线可以直观地反映出检查日期有关工作实际进度与计划进度之间的关系。一般可有以下 3 种情况：

1）工作实际进展位置点落在检查日期的左侧，表明该工作实际进度拖后，拖后的时间为二者之差。

2）工作实际进展位置点落在检查日期的右侧，表明该工作实际进度超前，超前的时间为二者之差。

3）工作实际进展位置点与检查日期重合，表明该工作实际进度与计划进度一致。

（4）预测进度偏差对后续工作及总工期的影响。通过实际进度与计划进度的比较确定进度偏差后，还可根据工作的自由时差和总时差预测该进度偏差对后续工作及项目总工期的影响。由此可见，前锋线比较法既适用于工作实际进度与计划进度之间的局部比较，又可用来分析和预测工程项目整体进度状况。

【案例 7–1】某项目时标网络计划已定。该计划执行到第 4 天末检查实际进度时，发现 A 工作已经完成，B 工作已进行了 1 天，C 工作已进行 1 天，D 工作还未开始。试用前锋线法进行实际进度与计划进度的比较。

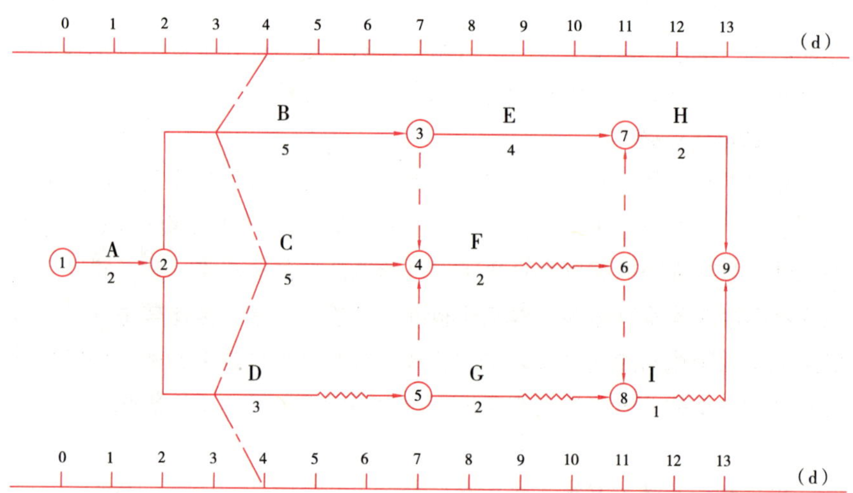

图 7–6　某工程前锋线比较图

【解】（1）根据第 4 天末实际进度的检查结果绘制前锋线，如图 7–6 中点划线所示。

（2）实际进度与计划进度的比较。由图 7–6 可看出：

1）B 工作实际进度拖后 1 天，将使其紧后工作 E、F 的最早开始时间推迟 1 天，由于 B 工作在关键线路上，总时差为 0，因此总工期延长 1 天。

2）C 工作与计划一致。

3）D 工作实际进度拖后 1 天，因 D 工作有 2 天的自由时差，既不影响后续工作，也不影响总工期。

综上所述，如果不采取措施加快进度，该工程项目的总工期将延长 1 天。

5. 列表比较法

当采用时标网络计划时也可以采用列表分析法。即记录检查时正在进行的工作名称和已进行的天数，然后列表计算有关时间参数。根据原有总时差和现有总时差，判断实际进度与计划进度的比较方法，列表比较法见表 7–1。

列表比较法　　表 7–1

工作代号	工作名称	检查计划时尚需作业天数	到计划最迟完成时尚有天数	原有总时差	尚有总时差	情况判断
①	②	③	④	⑤	⑥	⑦

7.2.4　施工进度计划检查结果的处理

按照检查报告制度的规定，将工程项目进度检查的结果，形成进度控制报告并向有关主管人员和部门汇报。进度控制报告是根据报告的对象不同，确定不同的编制范围和内容而分别编写的。一般分为项目概要级进度控制报告、项目管理级进度控制报告和业务管理级进度控制报告。

项目概要级的进度报告是报给项目经理、企业经理、业务部门以及建设单位或业主的，是以整个工程项目为对象说明进度计划执行情况的报告；项目管理级的进度报告是报给项目经理及企业业务部门的，是以单位工程或项目分区为对象说明进度计划执行情况的报告；业务管理级的进度报告是就某个重点部位或重点问题为对象编写的报告，供项目管理者及各业务部门为其采取应急措施而使用的。

进度报告由计划负责人或进度管理人员与其他项目管理人员协作编写。报告时间一般与进度检查时间相协调，也可按月、旬、周等间隔时间进行编写上报。

7.3　施工进度计划的调整

7.3.1　施工进度偏差原因分析

由于工程项目的工期较长，影响进度因素较多，编制、执行和控制工程进度计划时必须充分认识和估计这些因素，使工程进度尽可能按计划进行，当出现偏差时，应分析产生的原因。其主要影响因素有以下四条：

1. 工期及相关计划的失误

（1）计划时遗漏了部分必需的功能或工作。

（2）计划值（例如计划工作量、持续时间）不足，相关的实际工作量

二维码 7–6
影响施工进度的不利因素（微课）

增加。

（3）资源或能力不足，例如计划时没考虑到资源的限制或缺陷，没有考虑如何完成工作。

（4）出现了计划中未能考虑到的风险或状况，未能使工程实施达到预定的效率。

（5）在现代工程中，上级（业主、投资者、企业主管）常常在一开始就提出很紧迫的工期要求，使承包商或其他设计人、供应商的工期太紧，而且许多业主为了缩短工期，常常压缩承包商的做标期和前期准备的时间。

2. 工程条件的变化

（1）工作量的变化可能是由于设计的修改、设计的错误、业主的新要求、项目目标的修改及系统范围的扩展造成的。

（2）外界（如政府、上层系统）对项目的新要求或限制设计标准的提高可能造成项目资源的缺乏，使工程无法及时完成。

（3）环境条件的变化。工程地质条件和水文地质条件与勘察设计不符，如地质断层、地下障碍物、软弱地基、溶洞，以及恶劣的气候条件等，都对工程进度产生影响，造成临时停工或破坏。

（4）发生意外事件。实施中如果出现战争、内乱、拒付债务、工人罢工等事件，地震、洪水等严重的自然灾害，重大工程事故、试验失败、标准变化等技术事件，通货膨胀、分包单位违约等经济事件，都会影响工程进度计划。

3. 管理过程中的失误

（1）计划部门与实施者之间，总分包商之间，业主与承包商之间缺少沟通。

（2）工程实施者缺乏工期意识，例如管理者拖延了图纸的供应和批准。任务下达时缺少必要的工期说明和责任落实，拖延了工程活动。

（3）项目参加单位对各个活动没有清楚地了解，下达任务时也没有做详细的解释，同时对活动的必要前提条件准备不足，各单位之间缺少协调和信息沟通，许多工作脱节，资源供应出现问题。

（4）由于其他方面未完成项目计划规定的任务造成拖延，例如设计单位拖延设计、运输不及时、上级机关拖延批准手续、质量检查拖延、业主不果断处理问题等。

（5）承包商没有集中力量施工、材料供应拖延、资金缺乏、工期控制不紧，这可能是由于承包商同期工程太多，力量不足造成的。

（6）业主没有集中资金的供应，拖欠工程款，或业主的材料、设备供应不及时。

4. 其他原因

由于采取其他调整措施造成工期的拖延，如质量问题的返工、实施方案的修改等。

7.3.2　施工进度偏差的影响分析

在工程项目实施过程中，当通过实际进度与计划进度的比较，发现有进度偏差时，需要分析该偏差对后续工作及总工期的影响，从而采取相应的调整措施对原进度计划进行调整，以确保工期目标的顺利实现。进度偏差的大小及其所处的位置不同，对后续工作和总工期的影响程度是不同的，分析时需要利用网络计划中工作总时差和自由时差进行判断。

1. 分析出现进度偏差的工作是否为关键工作

如果出现进度偏差的工作位于关键线路上，即该工作为关键工作，则无论其偏差有多大，都将对后续工作和总工期产生影响，必须采取相应的调整措施；如果出现偏差的工作是非关键工作，则需要根据进度偏差值与总时差和自由时差的关系作进一步分析。

2. 分析进度偏差是否超过总时差

如果工作的进度偏差大于该工作的总时差，则此进度偏差必将影响其后续工作和总工期，必须采取相应的调整措施；如果工作的进度偏差未超过该工作的总时差，则此进度偏差不影响总工期。至于对后续工作的影响程度，还需要根据偏差值与其自由时差的关系作进一步分析。

3. 分析进度偏差是否超过自由时差

如果工作的进度偏差大于该工作的自由时差，则此进度偏差将对其后续工作产生影响，此时应根据后续工作的限制条件确定调整方法；如果工作的进度偏差未超过该工作的自由时差，则此进度偏差不影响后续工作，因此，原进度计划可以不调整。

进度偏差的分析判断过程如图 7-7 所示。通过分析，进度控制人员可以根据进度偏差的影响程度，制定相应的纠偏措施进行调整，以获得符合实际进度情况和计划目标的新进度计划。

7.3.3　施工进度计划的调整方法

通过检查分析，如果发现原有进度计划已不能适应实际情况时，为了确保进度控制目标的实现或需要确定新的计划目标，就必须对原有进度计划进行调整，以形成新的进度计划，作为进度控制的新依据。施工进度计划的调整方法主要有：

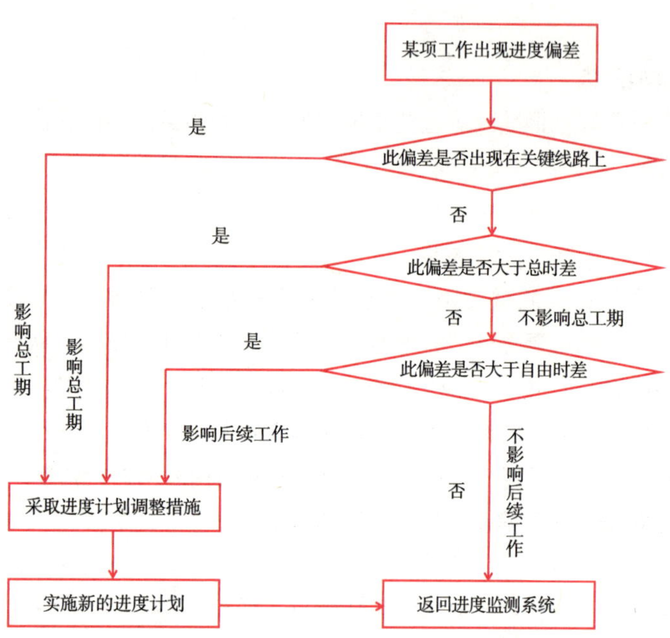

图 7-7 进度偏差对后续工作和总工期影响分析过程图

1. 改变某些工作间的逻辑关系

若检查的实际施工进度产生的偏差影响了总工期，在工作之间的逻辑关系允许改变的条件下，可改变关键线路和超过计划工期的非关键线路上的有关工作之间的逻辑关系，达到缩短工期的目的。用这种方法调整的效果是很显著的，例如可以把依次进行的有关工作改成平行的或互相搭接的，以及分成几个施工段进行流水施工等，都可以达到缩短工期的目的。

2. 缩短某些工作的持续时间

这种方法是不改变工作之间的逻辑关系，而是缩短某些工作持续时间，使施工进度加快，并保证实现计划工期的方法。这些被压缩持续时间的工作是位于由于实际施工进度的拖延而引起总工期增长的关键线路和某些非关键线路上的工作，且这些工作又是可压缩持续时间的工作，这种方法实际上就是网络计划优化中工期优化和工期与成本优化。为达到目的，通常需要采取一定的措施，具体措施包括：

（1）组织措施。如增加工作面，组织更多的施工队伍；增加每天的施工时间（如采用三班制等）；增加劳动力和施工机械的数量等措施。

（2）技术措施。如改进施工工艺和施工技术，缩短工艺技术间歇时间；采用更先进的施工方法；采用更先进的施工机械等措施。

（3）经济措施。如实行包干奖励，提高奖金数额，赶工给予相应的经济补偿等措施。

二维码 7-7
施工进度计划控制的措施（微课）

(4) 管理措施。如改善外部配合条件，改善劳动条件，实施强有力的调度等措施。

一般来说，不管采取哪种措施，都会增加费用。因此，在调整施工进度计划时，应利用费用优化的原理选择费用增加最小的关键工作作为压缩对象。

3. 资源供应的调整

如果资源供应发生异常，应采用资源优化方法对计划进行调整，或采取应急措施，使其对工期影响最小。

4. 增减施工内容

增减施工内容应做到不打乱原计划的逻辑关系，只对局部逻辑关系进行调整。在增减施工内容以后，应重新计算时间参数，分析对原网络计划的影响。当对工期有影响时，应采取调整措施，保证计划工期不变。

5. 增减工程量

增减工程量主要是指改变施工方案、施工方法，从而导致工程量的增加或减少。

6. 起止时间的改变

起止时间的改变应在相应工作时差范围内进行。每次调整必须重新计算时间参数，观察该项调整对整个施工计划的影响。调整时可选择采用下列方法：

(1) 将工作在其最早开始时间与其最迟完成时间范围内移动。

(2) 延长工作的持续时间。

(3) 缩短工作的持续时间。

当采用某种方法进行调整，其可调整的幅度又受到限制时，还可以同时利用这些方法的组合对同一施工进度计划进行调整，以满足工期目标的要求。

7.4 施工进度计划的优化

7.4.1 工期优化

工期优化是指在一定约束条件下，按合同工期目标，通过延长或缩短计算工期以达到合同工期的目标。

1. 计算工期小于或等于合同工期

(1) 若计算工期小于合同工期不多或两者相等，一般可不必优化。

(2) 若计算工期小于合同工期较多，则宜进行优化。具体优化方法是：首先延长个别关键工作的持续时间，相应变化非关键工作的时差，然

二维码 7-8
工期优化的概念（微课）

二维码 7-9
工期优化的计算（微课）

后重新计算各工作的时间参数，反复进行，直至满足合同工期为止。

2. 计算工期大于合同工期

（1）基本思路

一般通过压缩关键线路的持续时间来满足工期要求。在优化过程中要注意不能将关键线路压缩成非关键线路，当出现多条关键线路时，必须将各条关键线路的持续时间压缩至同一数值。

在确定需缩短持续时间的关键工作时，应从以下几个方面进行选择：

1）缩短持续时间对质量和安全影响不大的工作。

2）有充足备用资源的工作。

3）缩短持续时间所需增加的工人或材料最少的工作。

4）缩短持续时间所需增加的费用最少的工作。

（2）优化步骤

1）求出计算工期并找出关键线路及关键工作。

2）按要求工期计算出工期应缩短的时间目标 ΔT。

$$\Delta T=T_c-T_r \tag{7-1}$$

式中 T_c——计算工期；

T_r——要求工期。

3）确定各关键工作能缩短的持续时间。

4）将应优先缩短的关键工作压缩至最短持续时间，并找出新的关键线路。若此时被压缩的工作变成了非关键工作，则应将其持续时间延长，使之仍为关键工作。

5）若计算工期仍超过要求工期，则重复以上步骤，直到满足工期要求或工期已不能再缩短为止。

当采用上述步骤和方法后，工期仍不能缩短至要求工期，则应采用加快施工的技术和组织措施来调整原施工方案，重新编制进度计划。如果属于工期要求不合理，无法满足施工所需的最低要求工期时，应重新确定要求的工期目标。

7.4.2 费用优化

费用优化又称为工期成本优化或时间成本优化，是指寻求工程总成本最低时的工期安排，或按要求工期寻求最低成本的计划安排过程。通常在寻求网络计划的最佳工期大于规定工期或在执行计划需要加快施工进度时，需要进行工期与成本优化。

1. 工程成本与工期的关系

工程的成本包括工程直接费和间接费两部分。直接费包括人工费、材料费和机械费，采用不同的施工方案，工期不同，直接费也不同。间接费包括施工组织管理的全部费用，这与施工单位的管理水平、施工条件、施工组织等有关。在一定时间范围内，工程直接费随着工期的增加而减少，而间接费则随着工期的增加而增加，它们与工期的关系曲线如图 7–8 所示。工程的总成本曲线是将不同工期的直接费和间接费叠加而成，其最低点就是费用优化所寻求的目标。该点所对应的工期，就是网络计划成本最低时的最优工期。

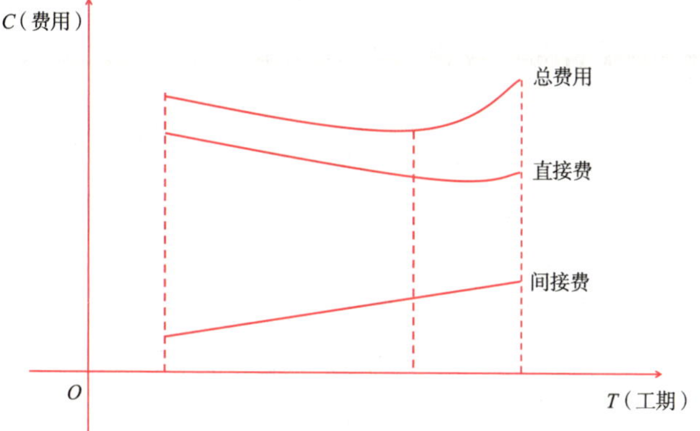

图 7-8 工期 – 费用关系示意图

(1) 直接费曲线

直接费曲线通常是一条由左上向右下的下凹曲线，如图 7–9 所示。因为直接费总是随着工期的缩短而更快地增加，在一定范围内与时间成反比关系。如果缩短时间，即加快施工速度，要采取加班加点和多班作业的方式，采用高价的施工方法和机械设备等，直接费用也跟着增加。然而工作时间缩短至某一极限，则无论增加多少直接费，也不能再缩短

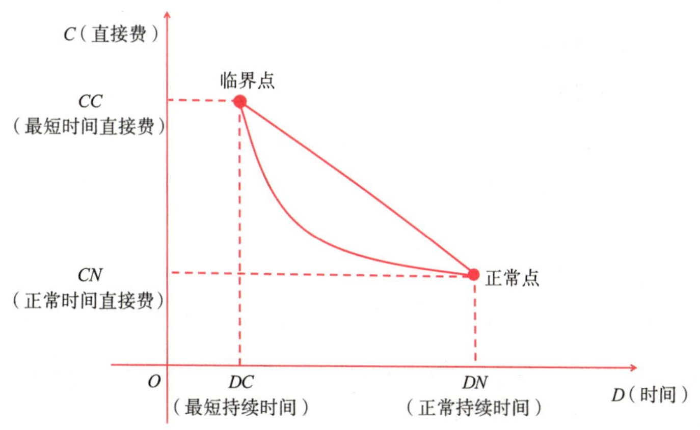

图 7-9 时间与直接费的关系示意图

工期，此极限称为临界点，此时的时间为最短持续时间，此时费用为最短时间直接费。反之，如果延长时间，则可减少直接费。然而时间延长至某一极限，则无论将工期延至多长，也不能再减少直接费。此极限为正常点，此时的时间称为正常持续时间，此时的费用称为正常时间直接费。

连接正常点与临界点的曲线，称为直接费曲线。直接费曲线实际并不像图中那样圆滑，而是由一系列线段组成的折线，并且越接近最高费用（极限费用）其曲线越陡。为计算方便，可近似地将它假定为一直线，如图 7–9 所示。把因缩短工作持续时间（赶工）每一单位时间所需增加的直接费，简称为直接费用率，按式（7–2）计算。

$$\Delta C_{i-j}=(CC_{i-j}-CN_{i-j})/(DN_{i-j}-DC_{i-j}) \tag{7-2}$$

式中　CC_{i-j}——工作最短持续时间的直接费；

CN_{i-j}——工作正常持续时间的直接费；

DN_{i-j}——工作最短持续时间；

DC_{i-j}——工作正常持续时间。

从式（7–2）中可以看出，工作的直接费用率越大，则将该工作的持续时间缩短一个时间单位，相应增加的直接费就越多；反之，工作的直接费用率越小，则将该工作的持续时间缩短一个时间单位，相应增加的直接费就越少。

根据各工作的性质不同，其工作持续时间和费用之间的关系通常有以下两种情况：

1）连续型变化关系

有些工作的直接费用随着工作持续时间的改变而改变，如图 7–9 所示。介于正常持续时间和最短持续时间之间的任意持续时间的费用可根据其费用斜率，用数学方法推算出来。这种时间和费用之间的关系是连续变化的，称为连续型变化关系。

2）非连续型变化关系

有些工作的直接费用与持续时间之间的关系是根据不同施工方案分别估算的，因此，介于正常持续时间与最短持续时间之间的关系不能用线性关系表示，不能通过数学方法计算。工作不能逐天缩短，在图上表示为几个点，只能在几种情况中选择一种，如图 7–10 所示。

（2）间接费曲线

表示间接费用与时间成正比关系的曲线，通常用直线表示。其斜率表示间接费用在单位时间内的增加或减少值。间接费用与施工单位的管理水平、施工条件、施工组织等有关。

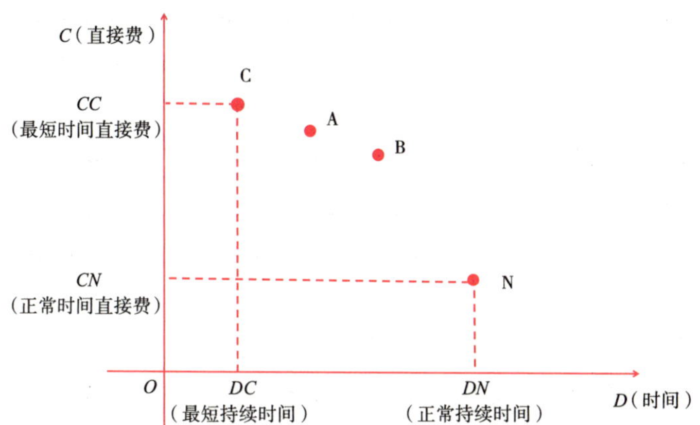

图 7-10　非连续型变化的时间与直接费的关系示意图

2. 费用优化的方法和步骤

进行费用优化，应首先求出不同工期情况下对应的不同直接费用，然后考虑相应的间接费用的影响和工期变化带来的其他损益，最后通过叠加即可求得不同工期对应的不同总费用，从而找出总费用最低所对应的最佳工期。费用优化应按下列步骤进行：

（1）按工作的正常持续时间确定关键线路、工期、总费用。

（2）按规定计算直接费用率。

（3）当只有一条关键线路时，应找出直接费用率最小的一项关键工作，作为缩短持续时间的对象；当有多条关键线路时，应找出组合直接费用率最小的一组关键工作，作为缩短持续时间的对象。

（4）缩短找出的关键工作或一组关键工作的持续时间，必须符合不能将其压缩成非关键工作和缩短后其持续时间不小于最短持续时间的原则。

（5）计算相应的费用增加值。

（6）考虑工期变化带来的间接费及其他损益，在此基础上计算总费用。

（7）重复上述步骤（3）~（6），一直计算到总费用最低为止。

7.4.3　资源优化

资源是指为完成任务所需的人力、材料、机械设备及资金等的通称。虽然说完成一项任务所需的资源量基本上是不变的，不可能通过资源的优化将其减少，但在许多情况下，由于受多种因素的制约，在一定时间内所能提供的各种资源量总是有一定限度的。即使能满足供应，也有可能出现在一定时间内供应过分集中而造成现场拥挤，使管理工作变得复杂，而且还会增加二次搬运费和暂设工程量，造成工程的直接费用和间接费用的增加等不必要的经济损失。因此，就需要根据工期要求和资源的供需情况对网络计划进行调整，通过改变某些工作的开始和完成时间，使资源按时间的分布符合优化目标。

通常，资源优化有两种不同的目标：一种是在资源供应有限制的条件下，寻求工期最短，称为“资源有限，工期最短”的优化；另一种是在工期不变的情况下，力求资源消耗均衡，称为“工期固定，资源均衡”的优化。

这里所讲的资源优化，其前提条件是：

在优化过程中，不改变网络计划中各项工作之间的逻辑关系。

在优化过程中，不改变网络计划中各项工作的持续时间。

网络计划中各项工作的资源强度（单位时间所需资源数量）为常数，而且是合理的。

除规定可中断的工作外，一般不允许中断工作，应保持其连续性。

1.“资源有限，工期最短”的优化

优化步骤如下：

(1) 按照各项工作的最早开始时间安排进度计划，并计算网络计划每个时间单位的资源需用量。

(2) 从计划开始日期起，逐个检查每个时段（每个时间单位资源需用量相同的时间段）资源需用量是否超过所能供应的资源限量。如果在整个工期范围内每个时段的资源需用量均能满足资源限量的要求，则可行优化方案就编制完成；否则，必须转入下一步进行计划的调整。

(3) 分析超过资源限量的时段。

如果在该时段内有几项工作平行作业，则将一项工作安排在与之平行的另一项工作之后进行，以降低该时段的资源需用量。

对于两项平行作业的工作 m 和工作 n 来说，为了降低相应时段的资源需用量，现将工作 n 安排在工作 m 之后进行，如图 7-11 所示。如果将工作 n 安排在工作 m 之后进行，网络计划的工期延长值为：

$$\Delta T_{m,n}=EF_m+D_n-LF_n=EF_m-(LF_n-D_n)=EF_m-LS_n \tag{7-3}$$

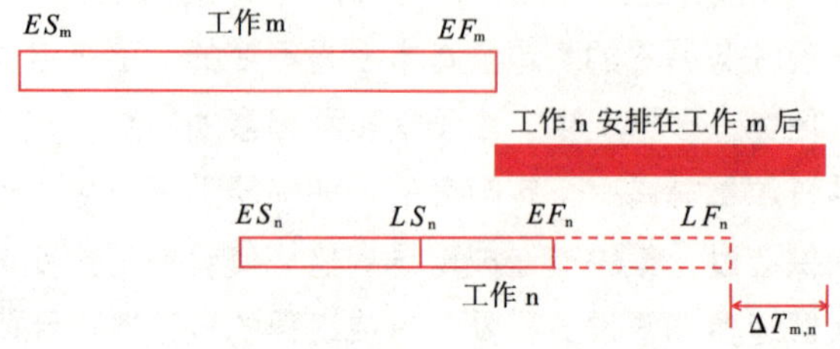

图 7-11 m、n 两项工作的排序

式中　$\Delta T_{m,n}$——将工作n安排在工作m之后进行时网络计划的工期延长值；

EF_m——工作 m 的最早完成时间；

D_n——工作 n 的持续时间；

LF_n——工作 n 的最迟完成时间；

LS_n——工作 n 的最迟开始时间。

在有资源冲突的时段中，对平行作业的工作进行两两排序，即可得出若干个 $\Delta T_{m,n}$，选择其中最小的 $\Delta T_{m,n}$，将相应的工作 n 安排在工作 m 之后进行，既可降低该时段的资源需用量，又使网络计划的工期延长最短。

（4）对调整后的网络计划安排重新计算每个时间单位的资源需用量。

（5）重复上述步骤（2）~（4），直至网络计划整个工期范围内每个时间单位的资源需用量均满足资源限量为止。

2.“工期固定，资源均衡”的优化

安排建设工程进度计划时，需要使资源需用量尽可能地均衡，使整个工程单位时间的资源需用量不出现过多的高峰和低谷，这样不仅有利于工程建设的组织与管理，而且可以降低工程费用。理想状态下的资源曲线是平行于时间坐标的一条直线，即单位时间的资源需要量保持不变。工期固定，资源均衡的优化，即是通过控制单位时间的资源需要量，减少短时期的高峰或低谷，尽可能使实际曲线近似于平均值的过程。“工期固定，资源均衡”的优化方法有多种，如方差值最小法、极差值最小法、削高峰法等。

单元小结

装饰工程施工进度管理是指在装饰工程施工过程中，制订有效的进度计划，并监督其实施，并在实施过程中进行有效的进度动态控制，最终能够按照原定的进度计划目标完成工程施工任务的过程。

装饰施工项目进度控制是指在既定的工期内，编制出最优的施工进度计划，在执行该计划过程中，经常检查施工实际情况，并将其与计划进度相比较，若出现偏差，应分析产生偏差的原因和对工期的影响程度，制定出必要的调整措施，修改原计划，不断地如此循环，直至工程竣工验收。

施工进度计划检查的主要工作包括施工进度计划的跟踪、施工进度计划的整理统计、对比实际进度与计划进度。

对比实际进度与计划进度常用的比较方法有：横道图比较法、S 形曲线比较法、香蕉形曲线比较法、前锋线比较法和列表比较法等。通过比较得出实际进度与计划进度一致、超前、拖后三种情况。

施工进度计划出现偏差后要分析原因及影响因素，及时进行调整。

施工进度控制采取的主要措施有组织措施、技术措施、管理措施和经济措施等。

施工进度的优化包括工期优化、费用优化和资源优化三部分。

通过本单元的学习，希望学生具有编制施工进度计划的能力，还能够根据实际情况对施工进度计划进行动态跟踪、检查，出现偏差能够分析原因，及时进行调整和优化。作为现场的施工管理人员，在进度管理中发挥积极作用，能够正确地指导施工。

复习思考题

二维码 7-10
复习思考题答案

1. 什么叫建筑装饰工程施工进度管理？简述建筑装饰工程施工进度控制的主要任务和程序。

2. 对比实际进度和计划进度时，常用的方法有哪些？

3. 试述横道图比较法的优缺点。

4. 试述前锋线比较法的基本步骤。

5. 简述产生施工进度偏差的主要影响因素。

6. 简述施工进度计划的调整方法。

7. 试述施工进度的控制措施。

8. 什么是工期优化？当计算工期大于合同工期时，简述其优化步骤。

9. 什么是费用优化？简述费用优化的方法和步骤。

10. 资源优化的目标是什么？前提条件是什么？

世界职业院校技能大赛建筑装饰数字化施工赛项模拟赛题

一、单项选择题（每题 1 分，每题的备选项中只有 1 个最符合题意）

1. 某施工项目部决定将原来的横道图进度计划改为网络进度计划进行进度控制，以避免工作之间出现不协调情况。该项进度控制措施属于（　　）。

A. 组织措施　　B. 管理措施

C. 经济措施　　D. 技术措施

2. 下列施工方进度控制的措施中，属于技术措施的是（　　）。

A. 进行进度控制会议的设计　　B. 重视信息技术的应用

C. 设立专人负责进度控制　　　　　D. 优选施工方案

3. 根据《建设工程项目管理规范》，进度控制的工作包括：①编制进度计划及资源需求计划；②采取纠偏措施或调整计划；③分析计划执行的情况；④实施跟踪检查，收集实际进度数据。其正确的顺序是（　　）。

A. ④ – ② – ③ – ①　　　　　B. ② – ① – ③ – ④

C. ③ – ① – ④ – ②　　　　　D. ① – ④ – ③ – ②

4. 下列建设工程施工方进度控制的措施中，属于技术措施的是（　　）。

A. 重视信息技术在进度控制中的应用

B. 分析工程设计变更的必要性和可能性

C. 采用网络计划方法编制进度计划

D. 编制与进度相适应的资源需求计划

5. 为确保建设工程项目进度目标的实现，编制与施工进度计划相适应的资源需求计划，以反映工程实施各阶段所需要的资源。这属于进度控制的（　　）措施。

A. 组织　　　B. 管理　　　C. 经济　　　D. 技术

6. 编制控制性施工进度计划的主要目的是（　　）。

A. 合理安排施工企业计划周期内的生产活动

B. 具体指导建设工程施工

C. 确定项目实施计划周期内的资金需求

D. 对施工承包合同所规定的施工进度目标进行再论证

7. 工程项目的施工总进度计划属于（　　）。

A. 项目的施工总进度方案　　　　B. 项目的指导性施工进度计划

C. 项目的控制性施工进度计划　　D. 项目施工的年度施工计划

8. 下列进度计划中，属于实施性施工进度计划的是（　　）。

A. 项目施工总进度计划　　　　　B. 项目施工年度计划

C. 项目月度施工计划　　　　　　D. 企业旬施工生产计划

9. 建设工程项目进度计划按编制的深度可分为（　　）。

A. 指导性进度计划、控制性进度计划、实施性进度计划

B. 里程碑表、横道图计划、网络计划

C. 总进度计划、单项工程进度计划、单位工程进度计划

D. 年度进度计划、季度进度计划、月进度计划

10. 施工进度控制的主要工作环节包括：①编制资源需求计划；②编制施工进度计划；③组织进度计划的实施；④施工进度计划的检查与调整。其正确的工作程序是（　　）。

A. ① – ② – ③ – ④　　　　　B. ② – ① – ③ – ④

C. ② − ① − ④ − ③　　　　D. ① − ③ − ② − ④

11. 施工进度计划调整的内容，不包括（　　）的调整。

A. 工作关系　　　　B. 工程量

C. 工程质量　　　　D. 资源提供条件

12. 下列造成建设工程施工进度出现偏差的原因中，属于相关计划失误的是（　　）。

A. 地质勘察数据不准确导致基础设计变更

B. 材料供应商未能按时供应关键材料

C. 施工团队对新施工工艺不熟悉导致效率低下

D. 进度计划中未充分考虑雨季对土方作业的影响

13. 某网络计划中，已知工作 M 的持续时间为 6 天，总时差和自由时差分别为 3 天和 1 天；检查中发现该工作实际持续时间为 9 天，则其对工程的影响是（　　）。

A. 既不影响总工期，也不影响其紧后工作的正常进行

B. 不影响总工期，但使其紧后工作的最早开始时间推迟 2 天

C. 使其紧后工作的最迟开始时间推迟 3 天，并使总工期延长 1 天

D. 使其紧后工作的最早开始时间推迟 1 天，并使总工期延长 3 天

二、多项选择题（每题 2 分。每题的备选项中，有 2 个或 2 个以上符合题意，至少有 1 个错项。错选，本题不得分；少选，所选的每个选项得 0.5 分）

1. 施工进度计划的调整包括（　　）。

A. 调整工程量　　　　B. 调整工作起止时间

C. 调整工作关系　　　　D. 调整项目质量标准

E. 调整工程计划造价

2. 施工方进度控制的措施主要包括（　　）。

A. 组织措施　　B. 技术措施　　C. 经济措施

D. 法律措施　　E. 行政措施

3. 施工进度控制的技术措施涉及对实现进度目标有利的技术，包括（　　）。

A. 施工人员　　B. 施工技术　　C. 施工方法

D. 施工机械　　E. 信息处理技术

4. 施工企业在施工进度计划检查后编制的进度报告，其内容包括（　　）。

A. 进度计划的编制说明

B. 实际工程进度与计划进度的比较

C. 进度计划在实施过程中存在的问题及其原因分析

D. 进度执行情况对工程质量、安全和施工成本的影响情况

E. 进度的预测

5. 建设工程项目进度控制的经济措施涉及（　　）。

A. 工程资金需求计划　　B. 编制施工预算

C. 施工索赔　　D. 编制工作量计划

E. 加快施工进度的经济激励措施

6. 下列施工方进度控制的措施中，属于组织措施的有（　　）。

A. 评价项目进度管理的组织风险　B. 进行项目进度管理的职能分工

C. 学习进度控制的管理理念　　D. 优化计划系统的体系结构

E. 规范进度变更的管理流程

7. 根据建设工程施工进度检查情况编制的进度报告，其内容有（　　）。

A. 进度计划实施过程中存在的问题分析

B. 进度执行情况对质量，安全和施工成本的影响

C. 进度的预测

D. 进度计划的完整性分析

E. 进度计划实施情况的综合描述

8. 施工方进度计划的调整内容有（　　）。

A. 合同工期目标的调整　　B. 工程量的调整

C. 工作起止时间的调整　　D. 工作关系的调整

E. 资源提供条件的调整

二维码 7-11
模拟赛题答案

二维码 7-12
模拟赛题答案解析

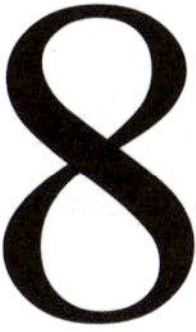

Danyuanba Jianzhu Zhuangshi Gongcheng Shigong Zhiliang Guanli

单元 8
建筑装饰工程施工质量管理

本单元深入剖析影响工程质量的人、材料、机械、方法和环境五大因素，介绍质量管理的 PDCA 循环法、“三全”质量管理理念，以及质量控制阶段和现场质量检查方法。这些内容是质量员等岗位的核心知识，学生学习后能有效进行质量控制和检测工作。职业院校技能大赛常设置质量问题分析、检测方法应用等任务。通过“扁鹊治病”的故事融入课程思政，培养学生预防为主的质量意识和责任感，让学生明白工程质量是建筑行业的生命线。

单元 8 课件

单元 8 课前练一练

教学目标

知识目标：

1. 了解工程项目质量的定义和影响工程质量的五大因素；
2. 掌握工程质量管理的 PDCA 循环法和三全质量管理；
3. 理解施工项目质量控制的三个阶段和现场质量检查的方法；
4. 了解质量管理体系文件的构成及质量管理体系的建立、监督。

能力目标：

1. 能应用 PDCA 循环法进行工程质量管理；
2. 能运用目测法、实测法和试验法进行现场质量检测。

典型工作任务——预防与解决施工质量问题

二维码 8-1
典型工作任务

任务描述	某工程项目施工中混凝土出现了干缩裂缝质量问题，具体特征表现为干缩裂缝具有表面性，缝宽较细，多在 0.05~0.2mm，其走向纵横交错，没有规律性。较薄的梁、板类构件（或桁架杆件）裂缝，多沿短方向分布；整体性结构裂缝，多发生在结构变截面处；平面裂缝多延伸到变截面部位或块体边缘；大体积混凝土裂缝在平面部位较为多见，但侧面也常出现；预制构件裂缝多产生在箍筋位置。 项目部技术人员对干缩裂缝产生的部分原因分析如下： 1. 混凝土成型后，养护不良，受到风吹日晒，表面水分蒸发快，体积收缩大，而内部湿度变化很小，收缩也小，因而表面收缩变形受到内部混凝土的约束，出现拉应力，引起混凝土表面开裂；或者构件水分蒸发，产生的体积收缩受到地基或垫层的约束，而出现干缩裂缝； 2. 混凝土构件长期露天堆放，表面湿度经常发生剧烈变化； 3. 采用含泥量多的粉砂配制混凝土； 4. 混凝土受过度振捣，表面形成水泥含量较多的砂浆层； 5. 后张法预应力构件露天生产后长期不张拉等
任务目的	熟悉影响施工质量的五大影响因素，熟悉混凝土出现干缩裂缝质量问题的预防措施
任务要求	1. 结合案例背景，详细分析影响施工质量的五大影响因素； 2. 避免出现案例背景中的质量问题的预防措施有哪些
完成形式	1. 根据班级情况可分组完成，也可以独立完成； 2. 采用 PPT 汇报的方式完成

导读——透过“经典故事”看施工质量管理

二维码 8-2
扁鹊治病启示

当年齐桓公问扁鹊：“你们家三个兄弟，谁的医术最高？”

扁鹊回答说：“大哥水平最高，二哥稍次，我是最差的。”

齐桓公又问扁鹊：“那为什么你最有名呢？”

扁鹊做了一个解释："我大哥治病的时候，是在病人没有发生任何病症的时候，就已经采取了手段，把病治好了，给外人的感觉是他不会治病，所以不是名医。二哥在病人稍微有一点点病症的阶段，对症下药，给别人的印象是他只能治小病，当然也不是名医了。我是在病人已经病入膏肓的阶段，再采取针灸放血以及各种高难的手段，把病人救活，人们就知道扁鹊是专门治疑难杂症的，于是我就出名了。"

思考：

以上扁鹊与齐桓公的对话，对我们工程项目管理人员进行施工质量管理有何启示？

8.1　影响工程质量的因素

8.1.1　工程项目质量的含义

工程项目质量是国家现行的有关法律、法规、技术标准、设计文件及工程合同中对工程的安全、使用、经济、美观等特性的综合要求。工程项目一般都是按照合同条件承包建设的，因此，工程项目质量是在"合同环境"下形成的，包括了业主的要求和国家标准、行业标准及地方标准的有关规定和标准。合同条件中对工程项目的功能、使用价值及设计、施工质量等的明确规定都是业主的"需要"，因而都是质量保证的内容。从功能和使用价值来看，工程项目质量特性主要表现在以下六个方面：适用性、耐久性、安全性、可靠性、经济性和环境协调性。

工程项目质量不仅包括活动或过程的结果，还包括活动或过程本身，即包括生产产品的全过程。因此，工程项目质量应包括如下工程建设各个阶段的质量及其相应的工作质量。

（1）工程项目决策质量。

（2）工程项目设计质量。

（3）工程项目施工质量。

（4）工程项目回访保修质量。

8.1.2　影响工程质量的五大因素

影响建筑装饰施工项目质量的因素主要包括：人（Man）、材料（Material）、机械（Machine）、方法（Method）和环境（Environment）因素，以上五大方面简称 4M1E，4M1E 关系图如图 8-1 所示。事前对这五个方面的因素严加控制，是保证建筑装饰施工项目质量的关键。

二维码 8-3
影响建筑装饰施工项目质量的因素

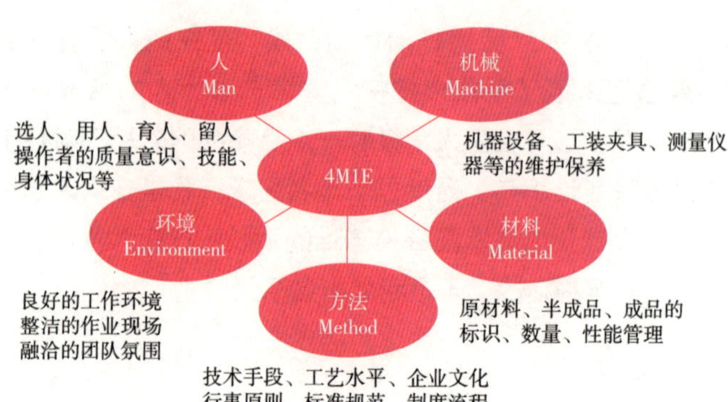

图 8-1　4M1E 关系图

8.2　工程质量管理方法

8.2.1　PDCA 循环法

PDCA 循环法，如图 8-2 所示，是人们在管理实践中形成的基本理论方法，是质量管理的基本方法。美国质量管理专家戴明博士把全面质量管理活动的全过程划分为计划（Plan）、实施（Do）、检查（Check）、处理（Action）四个阶段。即按计划→实施→检查→处理四个阶段不断循环、周而复始地进行质量管理，故称 PDCA 循环法。它是提高产品质量的一种科学管理工作方法，在日本称为“戴明环”。

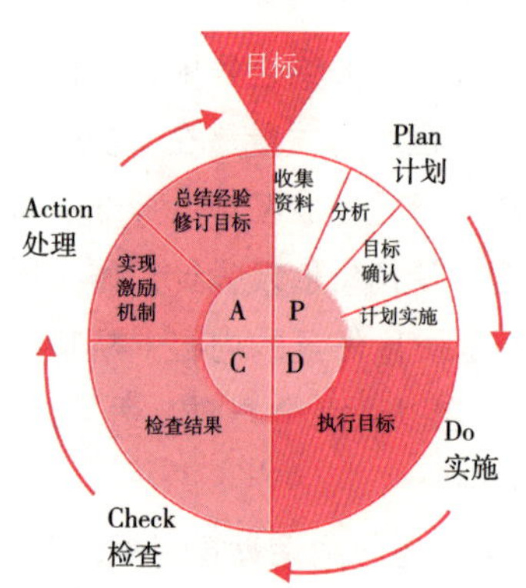

图 8-2　PDCA 循环图

8.2.2　“三全”质量管理

“三全”质量管理是来自于全面质量管理 TQC 的思想，同时与《质量管理体系　基础和术语》GB/T　19000—2016 的要求一致，所谓“三全”管理，主要是指全过程、全员、全企业的质量管理。

二维码 8-4
PDCA 循环法

8.3　工程质量控制

8.3.1　工程质量控制的基本概念

按照《质量管理体系　基础和术语》GB/T　19000—2016 中关于质量控制的定义：“质量控制是质量管理的一部分，致力于满足质量要求。”按照质量控制的概念，工程项目质量控制就是指为达到工程项目质量要求所

二维码 8-5
“三全”质量管理

采取的作业技术和活动。工程项目质量要求主要表现为工程合同、设计文件、技术规范规定的质量标准等。因此，工程项目质量控制就是为了保证达到工程合同、设计文件、技术规范等规定的质量标准面采取的一系列措施、手段和方法。

8.3.2　建筑装饰工程施工项目质量控制的特点

由于建筑装饰工程施工项目施工涉及面广，是一个复杂的综合过程，再加上位置固定、生产流动、结构类型不一、质量要求不一、施工方法不一、体型大、整体性强、建设周期长、受自然条件影响大等特点。因此，建筑装饰工程施工项目的质量比一般工业产品的质量更难以控制，主要表现在以下几个方面：

（1）影响质量的因素多。如设计、材料、机械、地形、地质、水文、气象、施工工艺、操作方法、技术措施、管理制度等，均直接影响施工项目的质量。

（2）容易产生质量变异。如使用材料的规格或品种有误、施工方法不妥、操作不按规程、机械故障、仪表失灵、设计计算错误时，都会引起系统性因素的质量变异，造成工程质量事故。如材料性能微小的差异、机械设备正常的磨损、操作微小的变化、环境微小的波动等，均会引起偶然性因素引起的质量变异。因此，在施工中要严防出现系统性因素的质量变异，要把质量变异控制在偶然性因素范围内。

（3）容易产生第一、第二判断错误。建筑装饰工程施工项目由于工序交接多，中间产品多，隐蔽工程多，若检查不认真，测量仪表不准，读数有误，就会产生第一判断错误，也就是说，容易将合格产品认为是不合格产品；若不及时检查实质，事后再看表面，就容易产生第二判断错误，也就是说，容易将不合格的产品误认为是合格的产品。这点在进行质量检查验收时，应特别注意。

（4）质量检查不能解体、拆卸。建筑装饰工程施工项目产品建成后，不可能像某些工业产品那样，再拆卸或解体检查内在的质量，或重新更换零件，即使发现质量有问题，也不可能像工业产品那样实行“包换”或“退款”。

（5）质量要受投资、进度的制约。一般情况下，投资大、进度慢，质量就好；反之，质量则差。因此，在项目施工中，还必须正确处理质量、投资、进度三者之间的关系，使其达到对立统一。

8.3.3　工程质量形成过程各阶段的质量控制

按工程质量形成过程各阶段的质量控制分为决策阶段的质量控制、工

二维码 8-6
《中华人民共和国招标投标法》

二维码 8-7
《建设工程质量管理条例》

二维码 8-8
《建筑工程施工质量验收统一标准》GB 50300—2013

二维码 8-9
质量控制的三个阶段

程勘察设计阶段的质量控制、工程施工阶段的质量控制。

（1）决策阶段的质量控制。主要是通过项目的可行性研究，选择最佳建设方案，使项目的质量要求符合业主的意图，并与投资目标相协调，与所在地区环境相协调。

（2）工程勘察设计阶段的质量控制。主要是要选择好勘察设计单位，要保证工程设计符合决策阶段确定的质量要求，保证设计符合有关技术规范和标准的规定，要保证设计文件、图纸符合现场和施工的实际条件，其深度能满足施工的需要。

（3）工程施工阶段的质量控制。择优选择能保证工程质量的施工单位；严格监督施工单位按设计图纸进行施工，并形成符合合同文件规定质量要求的最终建筑装饰产品。下面主要介绍施工阶段的质量控制。

8.3.4 建筑装饰工程施工质量控制的依据

1. 共同性依据

共同性依据指适用于施工质量管理有关的、通用的、具有普遍指导意义和必须遵守的基本法规。主要包括：国家和政府有关部门颁布的与工程质量管理有关的法律法规性文件，如《建筑法》《招标投标法》《建设工程质量管理条例》等。

2. 专业技术性依据

专业技术性依据指针对不同的行业、不同质量控制对象制定的专业技术规范文件，包括规范、规程、标准、规定等，例如装饰装修工程建设项目质量检验评定的相关标准有《建筑工程施工质量验收统一标准》GB 50300—2013、《建筑装饰装修工程质量验收标准》GB 50210—2018 等；有关建筑材料、半成品和构配件质量方面的专门技术法规性文件；有关材料验收、包装和标志等方面的技术标准和规定，施工工艺质量等方面的技术法规性文件；有关新工艺、新技术、新材料、新设备的质量规定和鉴定意见等。

3. 项目专用性依据

项目专用性依据指本项目的工程建设合同、勘察设计文件、设计交底及图纸会审记录、设计修改和技术变更通知，以及相关会议记录和工程联系单等。

8.3.5 建筑装饰工程施工项目质量控制的三个阶段

为了加强对建筑装饰工程施工项目的质量控制，明确各施工阶段质量控制的重点，可把建筑装饰工程施工项目质量控制分为事前质量控制、事中质量控制和事后质量控制三个阶段。

8.3.6　建筑装饰工程施工项目现场质量检验

1. 施工现场质量检验的内容

（1）开工前检查。目的是检查是否具备开工条件，开工后能否连续正常施工，能否保证工程质量。

（2）工序交接检查。对于重要的工序或对工程质量有重大影响的工序，在自检、互检的基础上，还要组织专职人员进行工序交接检查。

（3）隐蔽工程检查。凡是隐蔽工程均应检查认证后方能掩盖。

（4）停工后复工前的检查。因处理质量问题或某种原因停工后需复工时，亦应经检查认可后方能复工。

（5）分项分部工程完工后，应经检查认可、签署验收记录后，才允许进行下一个分部分项工程施工。

建筑装饰工程质量验收项目及适用范围见表 8–1：

（6）成品保护检查。检查成品有无保护措施，或保护措施是否可靠。

此外，负责质量工作的领导和工作人员还应经常深入现场，对施工操作质量进行巡视检查；必要时，还应进行跟班或追踪检查。

2. 现场质量检查的方法

现场进行质量检查的方法有目测法、实测法和试验法 3 种。

（1）目测法，其手段可归纳为看、摸、敲、照 4 个字。

建筑装饰工程质量验收项目及适应范围　　**表 8–1**

序号	项目名称	适用范围
1	一般抹灰工程	石灰砂浆，水泥混合砂浆，水泥砂浆，聚合物水泥砂浆，膨胀珍珠岩水泥砂浆，麻刀石膏灰等
2	装饰抹灰工程	水刷石，水磨石，干粘石，假面砖，拉条灰，拉毛灰，洒毛灰，喷砂，滚涂，弹涂，仿石和彩色抹灰等
3	门窗工程	铝合金门窗安装，钢门窗安装，塑料门窗安装等
4	油漆工程	混色油漆，清漆和美术油漆工程以及木地板烫蜡，擦软蜡，大理石，水磨石地面打蜡工程等
5	刷（喷）浆工程	石灰浆，大白浆，可赛银浆，聚合物水泥浆和不溶性涂料，无机涂料等以及室内美术刷浆，喷浆工程等
6	玻璃工程	平板玻璃，夹丝玻璃，磨砂玻璃，钢化玻璃，压花玻璃和玻璃砖等
7	裱糊工程	普通壁纸，塑料壁纸和玻璃纤维墙纸等
8	饰面工程	天然石饰面板：大理石饰面板，花岗石饰面板等 人造石饰面板：人造大理石饰面板，预制水磨石饰面板，水刷石饰面板等 饰面砖：外墙面砖，釉面砖，陶瓷锦砖（陶瓷马赛克）等
9	罩面板及钢木骨架安装	罩面板：胶合板，塑料板，纤维板，钙塑板，刨花板，木丝板，木板等各类骨架：钢木骨架，木骨架，钢木组合骨架，轻钢龙骨骨架等
10	细木制品	楼梯扶手，贴脸板，护墙板，窗帘盒，木台板，挂镜线等
11	花饰安装	混凝土花饰，水泥砂浆花饰，水刷石花饰，石膏花饰等

（2）实测法，就是通过实测数据与施工规范及质量标准所规定的允许偏差对照，来判别质量是否合格。实测检查法的手段也可归纳为靠、吊、量、套4个字。

（3）试验法，是指通过必要的试验手段对质量进行判断的检查方法，主要包括理化试验和无损检测等。

8.4 工程质量管理体系

建筑装饰企业质量管理体系是企业为实施质量管理而建立的管理体系，通过第三方认证机构的认证，为该企业的工程承包经营和质量管理奠定基础。企业质量管理体系应按照我国质量管理体系族标准进行建立和认证。该标准是我国按照等同原则，采用国际标准化组织颁布的ISO 9000质量管理体系标准制定的。

二维码 8-10
ISO 9000族标准的构成

8.4.1 质量管理原则

《质量管理体系　基础和术语》GB/T　19000—2016提出了质量管理七项原则，具体内容如下：

1. 以顾客为关注焦点

质量管理的首要关注点是满足顾客要求并且努力超越顾客期望。

组织（从事一定范围生产经营活动的企业）依存于其顾客，组织应理解顾客当前的和未来的需求，满足顾客要求，并争取超越顾客的期望。

2. 领导作用

各级领导建立统一的宗旨和方向，并创造全员积极参与实现组织的质量目标的条件。因此领导在企业的质量管理中起着决定性的作用，只有领导重视，各项质量活动才能有效开展。

3. 全员积极参与

企业领导应对员工进行质量意识等各方面的教育，激发他们的积极性和责任感，为其能力、知识、经验的提高提供机会，发挥创造精神，鼓励持续改进，给予必要的物质和精神鼓励，使全员积极参与，为达到让顾客满意的目标而奋斗。

4. 过程方法

一般在过程的输入端、过程的不同位置及输出端都存在着可以进行测量、检查的机会和控制点，对这些控制点实行测量、检测和管理，便能控制过程的有效实施。过程方法体现了用PDCA循环改进质量活动的思想，图8-3是以过程方法为基础的质量管理体系模式图。

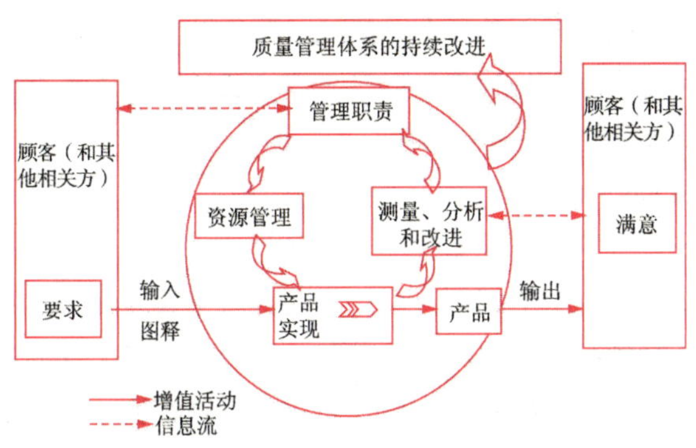

图 8-3　以过程方法为基础的质量管理体系模式图

5. 改进

其作用在于增强企业满足质量要求的能力，包括产品质量、过程及体系的有效性和效率的提高。持续改进是增强和满足质量要求能力的循环活动，它能使企业的质量管理走上良性循环的轨道。

6. 循证决策

循证决策就是将数据和信息及其不确定性经过科学加工后形成证据，基于证据实施决策的理论。这种基于数据、科学知识、证据的决策方法，更有可能产生期望的结果。

7. 关系管理

供方提供的产品是企业提供产品的一个组成部分，处理好与供方的关系，涉及企业能否持续稳定提供顾客满意产品的重要问题。因此，对供方不能只讲控制，不讲合作互利，特别是关键供方，更要建立互利关系，这对企业与供方双方都有利。

8.4.2　质量管理体系文件的构成

质量管理体系族标准对文件提出明确要求，企业应具有完整和科学的质量体系文件。质量管理体系文件一般由以下内容构成：形成文件的质量方针和质量目标，质量手册，质量管理标准所要求的各种生产、工作和管理的程序文件，质量管理标准所要求的质量记录。以上各类文件的详略程度无统一规定，以适于企业使用，使过程受控为准则。

1. 质量方针和质量目标

质量方针和质量目标一般都以简明的文字来表述，是企业质量管理的方向目标，应反映用户及社会对工程质量的要求及企业相应的质量水平和服务承诺，也是企业质量经营理念的反映。

2. 质量手册

质量手册是规定企业组织建立质量管理体系的文件，质量手册对企业

二维码 8-11
《质量手册》

质量体系做了系统、完整和概要的描述。其内容一般包括：企业的质量方针、质量目标，组织机构及质量职责，体系要素或基本控制程序，质量手册的评审、修改和控制的管理办法。

3. 程序文件

质量体系程序文件是质量手册的支持性文件，是企业各职能部门为落实质量手册要求而规定的细则，企业为落实质量管理工作而建立的各项管理标准、规章制度都属于程序文件范畴。各企业程序文件的内容及详略可视企业情况而定。文件控制程序、质量记录管理程序、内部审核程序、不合格品控制程序、预防措施控制程序、纠正措施控制程序 6 个程序为通用性管理程序，各类企业都应在程序文件中制定这 6 个程序。

4. 质量记录

质量记录是对产品质量水平和质量体系中各项质量活动进行的客观反映。对质量体系程序文件所规定的运行过程及控制测量检查的内容如实加以记录，用以证明产品质量达到合同要求及质量保证的满足程度。如在控制体系中出现偏差，则质量记录不仅需要反映偏差情况，而且应反映出针对不足之处所采取的纠正措施及纠正效果。

8.4.3 企业质量管理体系的建立

（1）质量管理体系的建立是企业按照七项质量管理原则，在确定市场及顾客需求的前提下，制定企业的质量方针、质量目标、质量手册、程序文件及质量记录等体系文件，并将质量目标分解落实到相关层次、相关岗位的职能和职责中，形成企业质量管理体系的执行系统。

（2）企业质量管理体系的建立，还包含组织企业不同层次的员工进行培训，使体系的工作内容和执行要求为员工所了解，为全员参与企业质量管理体系的运行打下基础。

（3）企业质量管理体系的建立，需识别并提供实现质量目标和持续改进所需的资源，包括人员、基础设施、环境、信息等。

8.4.4 企业质量管理体系的运行

（1）质量管理体系的运行贯穿生产（或服务）的全过程。质量管理文件体系制定的程序、标准、工作要求及目标分解的岗位职责，进行操作运行。

（2）在质量管理体系运行的过程中，按各类体系文件要求，监视、测量和分析过程的有效性和效率，做好文件规定的质量记录，持续收集、记录并分析过程的数据和信息，使得产品的质量和过程符合要求并达到可追溯的效果。

(3) 按文件规定的办法进行管理评审和考核，过程运行的评审和考核工作，应针对发现的主要问题，采取必要的改进措施，使这些过程达到所策划的目标并实现对过程的持续改进。

(4) 落实质量体系的内部审核程序，有组织、有计划地开展内部质量审核活动，其主要目的是：评价质量管理程序的执行情况及适用性；揭露过程中存在的问题，为质量改进提供依据；建立质量体系运行的信息；向外部审核单位提供质量体系有效的证据。

(5) 为确保系统内部审核的效果，企业领导应进行决策领导，制订审核政策、计划，组织内审人员队伍，落实内部审核，并对审核发现的问题采取纠正措施和提供人力、物力和经济等方面的支持。

8.4.5 企业质量管理体系的认证

质量管理体系认证是指根据有关的质量保证模式标准，由第三方机构对供方（承包方）的质量管理体系进行评定和注册的活动。这里的第三方机构指的是经国家质量监督检验检疫总局（现国家市场监督管理总局）质量体系认可委员会认可的质量管理体系认证机构。质量管理体系认证机构是个专职机构，各认证机构具有自己的认证章程、程序、注册证书和认证合格标志，国家市场监督管理总局对质量认证工作实行统一管理。

企业质量管理体系的认证意义重大，可以提高供方企业的质量信誉，促进企业完善质量体系，增强国际市场竞争能力，减少社会重复检验和检查费用，有利于保护消费者利益和相关法规的实施。一般有申请和受理、审核、审批与注册发证等程序。

8.4.6 企业质量管理体系的监督

企业质量管理体系获准认证的有效期为 3 年，企业获准认证后应通过经常性的内部审核，维持质量管理体系的有效性，并接受认证机构对企业质量管理体系实施监督管理。获准认证后的质量管理体系维持与监督管理内容如下：

(1) 企业通报

认证合格的企业质量管理体系在运行中出现较大变化时，需向认证机构通报。认证机构接到通报后，视情况采取必要的监督检查措施。

(2) 监督检查

认证机构对认证合格的企业质量管理体系维持情况进行监督性现场检查，包括定期和不定期的监督检查。定期检查通常是每年一次，不定期检查视需要临时安排。

（3）认证注销

注销是企业的自愿行为。在企业质量管理体系发生变化或证书有效期届满未提出重新申请等情况下，认证持证者提出注销的，认证机构予以注销，收回该体系认证证书。

（4）认证暂停

认证暂停是认证机构对获证企业质量管理体系发生不符合认证要求情况时采取的警告措施。认证暂停期间，企业不得使用质量管理体系认证证书做宣传。企业在规定期间采取纠正措施满足规定条件后，认证机构撤销认证暂停，否则将撤销认证注册，收回合格证书。

（5）认证撤销

当获证企业发生质量管理体系存在严重不符合规定，或在认证暂停的规定期限未予整改，或发生其他构成撤销体系认证资格情况时，认证机构作出撤销认证的决定。企业不服可提出申诉。撤销认证的企业一年后可重新提出认证申请。

（6）复评

认证合格有效期满前，如企业愿继续延长，可向认证机构提出复评申请。

（7）重新换证

在认证证书有效期内，出现体系认证标准变更、体系认证范围变更、体系认证证书持有者变更，可按规定重新换证。

单元小结

影响施工项目质量的因素有：人、材料、机械、方法、环境（4M1E）五大方面，其中人的因素第一，建筑装饰工程施工时要狠抓人的因素控制，避免由于人的失误，给施工项目质量带来不良的影响。

工程质量管理的基本方法有 PDCA 循环法和“三全”质量管理，其中 PDCA 循环法将质量管理活动的全过程划分为计划（Plan）、实施（Do）、检查（Check）、处理（Action）四个阶段，“三全”质量管理是进行全过程、全员、全企业的质量管理。

建筑装饰施工项目质量控制分为事前质量控制、事中质量控制和事后质量控制三个阶段。现场进行质量检查的方法有目测法、实测法和试验法三种，其中目测法的手段可归纳为看、摸、敲、照四个字；实测法的手段也可归纳为靠、吊、量、套四个字；试验法的手段可以分为理化试验和无损检测等。

质量管理体系文件由质量方针、质量目标、程序文件和质量记录组成，企业应重视质量管理体系的建立、认证和运行。

复习思考题

二维码 8-12
复习思考题答案

1. 影响施工项目质量的因素有哪些？其中哪个因素是最关键的？
2. 质量管理的七项原则有哪些？
3. 建筑装饰工程施工质量控制的依据有哪些？
4. 建筑装饰施工单位进行现场质量检验有哪些方法和手段？

世界职业院校技能大赛建筑装饰数字化施工赛项模拟赛题

一、单项选择题（每题 1 分，每题的备选项中只有 1 个最符合题意）

1. 为提高建筑装饰工程施工质量而采用新型脚手架应用技术的做法，属于质量影响因素中对（　　）因素的控制。

A. 材料　　B. 机械　　C. 方法　　D. 环境

2. 建设装饰工程施工质量保证体系运行的主线是（　　）。

A. 过程管理　　B. 质量计划　　C. PDCA 循环　　D. 质量手册

3. 下列影响建筑装饰工程施工质量的因素中，作为施工质量控制基本出发点的因素是（　　）。

A. 人　　B. 机械　　C. 材料　　D. 环境

4. 施工质量特性主要体现在由施工形成的建筑装饰产品的（　　）。

A. 适用性、安全性、美观性、耐久性
B. 安全性、耐久性、美观性、可靠性
C. 适用性、安全性、耐久性、可靠性
D. 适用性、先进性、耐久性、可靠性

5. 在影响施工质量的五大因素中，建设主管部门推广的高性能混凝土技术，属于（　　）的因素。

A. 方法　　B. 环境　　C. 材料　　D. 机械

6. 施工企业实施和保持质量管理体系应遵循的纲领性文件是（　　）。

A. 质量计划　　B. 质量手册　　C. 质量记录　　D. 程序文件

7. 关于施工企业质量管理体系文件构成的说法，正确的是（　　）。

A. 质量计划是纲领性文件
B. 质量记录应阐述企业质量目标和方针
C. 质量手册应产生项目各阶段的质量责任和权限
D. 程序文件是质量手册的支持性文件

8. 第三方认证机构对建筑装饰施工企业质量管理体系实施的监督管理应每（　　）进行一次。

A. 一年　　B. 三个月　　C. 半年　　D. 三年

9. 下列现场质量检查的方法中，属于目测法的是（　　）。

A. 利用全站仪复查轴线偏差　　B. 利用酚酞液观察混凝土表面碳化

C. 利用磁场磁粉探查焊缝缺陷　　D. 利用小锤检查面砖铺贴质量

10. 下列施工质量控制的工作中，属于事前质量控制的是（　　）。

A. 分析可能导致质量问题的因素并制定预防措施

B. 隐蔽工程的检查

C. 工程质量事故的处理

D. 进场材料抽样检验或试验

11. 根据《环境管理体系　要求及使用指南》GB/T 24001—2016，PDCA 循环中"A"环节指的是（　　）。

A. 策划　　B. 支持和运行

C. 改进　　D. 绩效评价

12. 根据施工企业质量管理体系文件构成，"质量审查、修改和控制管理办法"属于（　　）的内容。

A. 程序文件　　B. 质量计划

C. 质量手册　　D. 质量记录

13. 企业获准质量管理体系认证的有效期为（　　）。

A. 半年　　B. 一年　　C. 二年　　D. 三年

14. 建筑装饰施工企业质量管理体系的认证方应为（　　）。

A. 企业最高领导者　　B. 第三方认证机构

C. 企业行政主管部门　　D. 行业管理部门

15. 根据建筑装饰工程施工质量控制的特点，施工质量控制应（　　）。

A. 加强对施工过程的质量检查　　B. 解体检查内在质量

C. 建立固定的生产流水线　　D. 加强观感质量验收

二、多项选择题（每题 2 分。每题的备选项中，有 2 个或 2 个以上符合题意，至少有 1 个错项。错选，本题不得分；少选，所选的每个选项得 0.5 分）

1. 下列建筑装饰工程施工质量的影响因素中，属于质量管理环境因素的有（　　）。

A. 施工单位的质量管理制度　　B. 各参建单位之间的协调程度

C. 管理者的质量意识　　D. 运输设备的使用状况

E. 施工现场的道路条件

2. 建筑装饰工程施工质量控制的特点有（　　）。

A. 容易产生质量变异　　B. 影响质量的因素多

C. 容易产生第一、第二判断错误　　D. 质量检查不能解体、拆卸

E. 质量不受投资、进度的制约

3. 下列影响施工质量的因素中，属于材料因素的有（　　）。

A. 计量器具　　B. 建筑构配件

C. 新型模板　　D. 工程设备

E. 安全防护设施

4. 与一般工业产品的生产相比较，建筑装饰工程竣工质量控制的特点有（　　）。

A. 需要控制的因素多　　B. 控制的难度大

C. 过程控制的要求高　　D. 控制的标准化程度高

E. “终检”的全面性强

5. 根据《质量管理体系　基础和术语》GB/T 19000—2016，质量管理应遵循的原则有（　　）。

A. 过程方法　　B. 以内部实力为关注焦点

C. 循证决策　　D. 全员积极参与

E. 领导作用

6. 影响施工质量的五大要素是指人、材料、机械及（　　）。

A. 投资额　　B. 合同工期

C. 方法　　D. 环境

E. 信息管理

7. 在PDCA循环中，对实施环节表述正确的是（　　）。

A. 是质量管理的第一步

B. 应进行计划行动方案的交底工作

C. 按计划规定的方法及要求展开施工作业技术活动

D. 在实施这一环节中，首先要做好计划的交底和落实

E. 在实施这一环节中，首先要做好计划的执行

8. 下列施工质量控制措施中，不属于事前控制的是（　　）。

A. 设计交底　　B. 重要结构实体检测

C. 隐蔽工程验收　　D. 施工质量检查验收

E. 编制施工质量计划

9. 下列属于建筑装饰工程施工质量控制依据的是（　　）。

A. 双方签订的施工合同

B. 国家和有关部门颁发的施工规范

C. 设计变更通知书

D. 批准的设计文件、施工图纸及说明书

E. 工程施工进度计划

10. 根据全面质量管理 TQC 的思想，“三全”质量管理主要包括（　　）的质量管理。

A. 全员　　B. 全企业

C. 全过程　　D. 全方位

E. 全行业

11. 下列施工现场质量检查，属于实测法检查的有（　　）。

A. 肉眼观察墙面喷涂的密实度

B. 用敲击工具检查地面砖铺贴的密实度

C. 用直尺检查地面的平整度

D. 用锤吊线检查墙面的垂直度

E. 现场检测混凝土试件的抗压强度

12. 下列引发工程质量事故的原因中，属于管理原因的有（　　）。

A. 施工方法选用不当　　B. 盲目追求利润不顾质量

C. 质量控制不严格　　D. 特大暴雨导致质量不合格

E. 检验制度不严密

二维码 8-13
模拟赛题答案

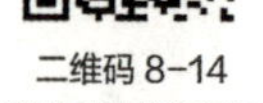

二维码 8-14
模拟赛题答案解析

Danyuanjiu Shigong Zhiye Jiankang Anquan Yu Huanjing Guanli

单元 9
施工职业健康安全与环境管理

本单元聚焦施工职业健康安全与环境管理，全面阐述其目的、方针、原则及要求，详细讲解安全生产管理的各项制度、技术措施计划，以及职业健康安全事故的分类、处理方法，同时介绍文明施工和施工现场环境保护措施。这些知识是现场施工员、安全员等岗位的核心技能，学生通过学习，能在实际工作中有效预防安全事故，做好环境保护工作。职业院校技能大赛中，考查学生对安全事故案例的分析能力以及制定环保措施的能力。以某发电厂事故的惨痛教训为例，融入课程思政，培养学生的安全意识、环保意识和职业道德。让学生深刻认识到保障职业健康安全和保护环境不仅是工作要求，更是对生命的尊重和对社会的责任，促使学生在未来工作中严格遵守相关规定，确保施工过程安全、环保。

单元 9 课件

单元 9 课前练一练

教学目标

知识目标：

1. 了解职业健康安全与环境管理的目的和要求；

2. 掌握建筑装饰工程安全生产管理的方针和原则；

3. 理解职业健康安全管理制度和职业健康安全技术措施计划；

4. 了解职业健康安全事故的分类、处理和文明施工、施工现场环境保护措施。

能力目标：

1. 能参与编制职业健康安全技术措施计划；

2. 能编制施工现场文明施工和环境保护措施。

典型工作任务——预防与处理施工安全问题

任务描述	某施工现场发生了生产安全事故，工人王某从拟建工程的三楼向下抛钳子，导致地面的工人张某头部受重伤。经过调查，发现施工单位存在下列问题： 1. 王某从未经过安全教育培训； 2. 该施工单位只设置了安全生产管理机构，而没有配备专职安全生产管理人员； 3. 现场的工人没有一个戴安全帽
任务目的	熟悉职业健康安全管理的安全教育培训、安全管理人员的配置及安全保护基本知识
任务要求	请根据职业健康安全管理相关知识，分析上述情况所存在的安全管理问题
完成形式	1. 根据班级情况可分组完成，也可以独立完成； 2. 采用 PPT 汇报的方式完成

导读——特别重大安全事故案例警示

2016 年 11 月 24 日，江西某发电厂三期扩建工程发生冷却塔施工平台坍塌特别重大事故，造成 73 人死亡、2 人受伤，直接经济损失 10197.2 万元。

国务院调查组查明，冷却塔施工现场管理混乱，施工单位未按要求制定拆模作业管理控制措施，对拆模工序管理失控。事发当日，在 7 号冷却塔第 50 节筒壁混凝土强度不足的情况下，违规拆除模板，致使筒壁混凝土失去模板支护，不足以承受上部荷载，造成第 50 节及以上筒壁混凝土和模架体系连续倾塌坠落。

2022 年 4 月 24 日，江西省宜春市中级人民法院和丰城市人民法院、奉新县人民法院、靖安县人民法院对该发电厂“11 · 24”冷却塔施工平台坍塌特大事故所涉 9 件刑事案件进行了公开宣判，对 28 名被告人和 1 个被告单位依法判处刑罚。

思考：

该起事故沉痛教训所带来的警醒和反思有哪些？

9.1　职业健康安全与环境管理概述

随着人类社会进步和科技发展，职业健康安全与环境的问题越来越受关注。为了保证劳动者在劳动生产过程中的健康安全和保护人类的生存环境，必须加强职业健康安全与环境管理。由于建筑产业属于劳动密集型产业，具有手工作业多，人员数量大，高处、地下作业多，大型机械多，易燃物多，加上现场环境复杂，劳动条件差等特点，因此在项目施工过程中出现不安全事故的频率比较高，安全隐患也比较大，为保证在生产经营过程中人身及财产安全，就要从技术上、组织上采取一系列措施，加强施工项目的安全管理，保证项目安全管理目标的实现。

二维码 9-1
事故沉痛教训所带来的警醒和反思

9.1.1　职业健康安全与环境管理的目的

职业健康安全管理的目的是在生产活动中，通过职业健康安全生产的管理活动，对影响生产的具体因素进行状态控制，使生产因素中的不安全行为和状态尽可能减少或消除，且不引发事故，以保证生产活动中人员的健康和安全。对于建设工程项目，职业健康安全管理的目的是减少和尽可能防止生产安全事故发生，保护产品生产者的健康与安全，保障人民群众的生命和财产免受损失；控制影响或可能影响工作场所内的员工或其他工作人员（包括临时工和承包方员工）、访问者或任何其他人员的健康安全的条件和因素；避免因管理不当对在组织控制下工作的人员健康和安全造成危害。

环境保护是我国的一项基本国策。环境管理的目的是保护生态环境，使社会的经济发展与人类的生存环境相协调。对于建设工程项目，环境保护主要是指保护和改善施工现场的环境。企业应当遵照国家和地方的相关法律法规以及行业和企业自身的要求，采取措施控制施工现场的各种粉尘、废水、废气、固体废弃物、噪声、振动对环境的污染和危害，并且要注意节约资源和避免资源的浪费。

9.1.2 建筑装饰工程安全生产管理的方针和体制

《中华人民共和国安全生产法》第一章第三条规定：安全生产工作应当以人为本，坚持人民至上、生命至上，把保护人民生命安全摆在首位，树立安全发展理念，坚持安全第一、预防为主、综合治理的方针，从源头上防范化解重大安全风险。

“安全第一”是原则和目标，是把人身安全放在首位，安全为了生产，生产必须保证人身安全，充分体现了“以人为本”的理念。“安全第一”的方针，就是要求所有参与工程建设的人员，包括管理者和操作人员以及对工程建设活动进行监督管理的人员，都必须树立安全的观念，不能为了经济的发展牺牲安全，当安全与生产发生矛盾时，必须先解决安全问题，在保证安全的前提下从事生产活动，也只有这样才能使生产正常进行，促进经济的发展，保持社会的稳定。

“预防为主”是实现“安全第一”的最重要的手段，在工程建设活动中，根据工程建设的特点，对不同的生产要素采取相应的管理措施，从而减少甚至消除事故隐患，尽量把事故消灭在萌芽状态，这是安全生产管理的最重要的思想。

“综合治理”是指由于现阶段我国的安全生产工作出现的严峻形势，既有安全监管体制和制度方面的原因，也有法律制度不健全的原因，为了适应我国安全生产形式的要求，企业管理者自觉遵循安全生产规律，正视安全生产工作的长期性、艰巨性和复杂性，抓住安全生产工作中的主要矛盾和关键环节，综合运用经济、法律、行政等手段，人管、法治、技防多管齐下，并充分发挥社会、职工、舆论的监督作用，有效解决安全生产领域的问题。

为适应社会主义市场经济的需要，1993 年将原来的“国家监察、行政管理、群众监督”的安全生产管理体制，发展为“企业负责、行业管理、国家监察、群众监督”。2002 年施行的《中华人民共和国安全生产法》规定，建立生产经营单位负责、职工参与、政府监管、行业自律和社会监督的机制。

9.1.3 建筑装饰工程安全生产管理的原则

1.“管生产必须管安全”的原则。它体现了安全与生产的统一，生产与安全是一个有机的整体，两者不能分割更不能对立起来，应将安全寓于生产之中。

2.“安全具有否决权”的原则。安全指标没有实现，其他指标顺利完成，仍无法实现项目的最优化，安全具有一票否决的作用。

二维码 9-2
《中华人民共和国安全生产法》

3. 职业安全卫生“三同时”的原则。职业安全卫生技术措施及设施应与主体同时设计、同时施工、同时投产使用，以确保项目投产后符合职业安全卫生要求。

4. 事故处理“四不放过”的原则。即事故原因未查清不放过，当事人和群众没受到教育不放过，事故责任者未受到处理不放过，没有制定切实可行的预防措施不放过。

9.1.4　职业健康安全与环境管理的要求

1. 建设工程项目决策阶段

建设单位应按照有关建设工程法律法规的规定和强制性标准的要求，办理各种有关安全与环境保护方面的审批手续。对需要进行环境影响评价或安全预评价的建设工程项目，应组织或委托有相应资质的单位进行建设工程项目环境影响评价和安全预评价。

2. 建设工程设计阶段

设计单位应按照有关建设工程法律法规的规定和强制性标准的要求，进行环境保护设施和安全设施的设计，防止因设计考虑不周而导致生产安全事故的发生或对环境造成不良影响。

在进行工程设计时，设计单位应当考虑施工安全和防护需要，对涉及施工安全的重点部分和环节在设计文件中应进行注明，并对防范生产安全事故提出指导意见。

对于采用新结构、新材料、新工艺的建设工程和特殊结构的建设工程，设计单位应在设计中提出保障施工作业人员安全和预防生产安全事故的措施建议。

在工程总概算中，应明确工程安全环保设施费用、安全施工和环境保护措施费等。设计单位和注册建筑师等执业人员应当对其设计负责。

3. 建设工程施工阶段

建设单位在申请领取施工许可证时，应当提供建设工程有关安全施工措施的资料。

对于依法批准开工报告的建设工程，建设单位应当自开工报告批准之日起 15 日内，将保证安全施工的措施报送建设工程所在地的县级以上人民政府建设行政主管部门或者其他有关部门备案。

对于应当拆除的工程，建设单位应当在拆除工程施工 15 日前，将拆除施工单位资质等级证明，拟拆除建筑物、构筑物及可能涉及毗邻建筑的说明，拆除施工组织方案，堆放、清除废弃物的措施的资料报送建设工程所在地的县级以上的地方人民政府主管部门或者其他有关部门备案。

建筑装饰施工企业在其经营生产的活动中必须对本企业的安全生产负全面责任。企业的代表人是安全生产的第一负责人，项目经理是施工项目生产的主要负责人。建筑装饰施工企业应当具备安全生产的资质条件，取得安全生产许可证的施工企业应设立安全机构，配备合格的安全人员，提供必要的资源；要建立健全职业健康安全体系以及有关的安全生产责任制和各项安全生产规章制度。对项目要编制切合实际的安全生产计划，制定职业健康安全保障措施；实施安全教育培训制度，不断提高员工的安全意识和安全生产素质。

4. 项目验收试运行阶段

项目竣工后，建设单位应向审批建设工程项目环境影响报告书、环境影响报告或者环境影响登记表的环境保护行政主管部门申请，对环保设施进行竣工验收。环境保护行政主管部门应在收到申请环保设施竣工验收之日起 30 日内完成验收，验收合格后才能投入生产和使用。

对于需要试生产的建设工程项目，建设单位应当在项目投入试生产之日起 3 个月内向环境保护行政主管部门申请对其项目配套的环保设施进行竣工验收。

9.1.5 安全标志

二维码 9-3
《安全色》GB 2893—2008

安全标志是指在操作人员容易产生错误而造成事故的场所，为了确保安全，提醒操作人员注意所采用的一种特殊标志。制定安全标志的目的是引起人们对不安全因素的注意，预防事故的发生，安全标志不能代替安全操作规程和保护措施。

根据《安全色》GB 2893—2008，安全标志应由安全色、几何图形和图形符号构成。必要时，还需要补充一些文字说明与安全标志一起使用。国家规定的安全标志有红、蓝、黄、绿 4 种颜色，红色表示禁止、停止（也表示防火）；蓝色表示指令或必须遵守的规定；黄色表示警告、注意；绿色表示提示、安全状态、通行。安全标志按其用途可分为：禁止标志、警告标志、指示标志 3 种。

安全标志根据其使用目的的不同，可以分为以下 9 种：①防火标志（有发生火灾危险的场所，有易燃易爆危险的物质及位置，防火、灭火设备位置）；②禁止标志（所禁止的危险行动）；③危险标志（有直接危险性的物体和场所，并对危险状态作警告）；④注意标志（由于不安全行为或不注意就有危险的场所）；⑤救护标志；⑥小心标志；⑦放射性标志；⑧方向标志；⑨指示标志。图 9-1 为某施工现场安全标志、标牌图。

图 9-1　某施工现场安全标志、标牌图

9.2　职业健康安全管理

9.2.1　职业健康安全管理制度

建筑装饰工程职业健康安全管理制度主要有以下几项制度：

1. 建筑装饰工程施工安全生产责任制

制定各级各部门安全生产责任制的基本要求如下：企业经理是企业安全生产的第一责任人，各副经理对分管部门的安全生产负直接领导责任；企业总工程师（主任工程师或技术负责人）对本企业安全生产的技术工作负总的责任；项目经理应对本项目的安全生产工作负领导责任；工长、施工员、工程项目技术负责人对所管工程的安全生产负直接责任；班组长要模范遵守安全生产规章制度，带领本班组安全作业，认真执行安全交底，有权拒绝违章指挥；企业中的生产、技术、机械设备、材料、财务、教育、劳资、卫生等各职能机构，都应在各自业务范围内，对实现安全生产的要求负责。

2. 各岗位、各工种岗位安全操作规程

建立约束人的不安全行为、规范操作动作、严格工作程序、建立消除物的不安全状态以及劳动保护、环境安全评价等安全制度。同时，作业时对操作者本人，尤其是对他人和周围设施的安全有重大危害因素的特种作业人员，如电工、电（气）焊工、架子工、司炉工、爆破工、机械操作工、起重工、塔式起重机司机及指挥人员、人货两用电梯司机、信号指挥人员、厂内车辆驾驶人员、起重机机械拆装作业人员、物料提升机操作员等特殊工种人员，必须经国家规定的有关部门进行安全教育和安全技术培训，并经考核合格取得操作证者，方准独立作业。

特种作业人员应具备的条件是：①年满 18 周岁，且不超过国家法定退休年龄；②经社区或者县级以上医疗机构体检健康合格，并无妨碍从事相应特种作业的器质性心脏病、癫痫病、美尼尔氏症、眩晕症、痛症、震颤麻痹症、精神病、痴呆症以及其他疾病和生理缺陷；③具有初中及以上文化程度；④具备必要的安全技术知识与技能；⑤相应特种作业规定的其他条件。

3. 群防群治制度

群防群治制度是职工群众进行预防和治理安全的一种制度，这一制度也是“安全第一、预防为主”的具体体现，同时也是群众路线在安全工作中的具体体现，是企业进行民主管理的重要内容。这一制度要求建筑装饰企业职工在施工中应当遵守有关生产的法律法规和建筑装饰行业安全规章、规程，不得违章作业，对于危及生命安全和身体健康的行为，有权提出批评、检举和控告。

4. 安全生产教育培训制度

二维码 9-4
《建设工程安全生产管理条例》

安全生产教育培训制度是对广大建筑干部职工进行安全教育培训，提高安全意识，增加安全知识和技能的制度。“安全生产、人人有责”，只有通过对广大职工进行安全教育、培训，才能使广大职工真正认识到安全生产的重要性、必要性，才能使广大职工掌握更多、更有效的安全生产的科学技术知识，牢固树立“安全第一”的思想，自觉遵守各项安全生产和规章制度。

建筑装饰施工单位可以对新工人实施三级安全教育，三级安全教育是企业必须坚持的安全生产基本教育制度，对新工人（包括新招收的合同工、临时工、学徒工、劳务工及实习和代培人员）都必须进行公司（厂）、项目、班组的三级安全教育。

《建设工程安全生产管理条例》（国务院令〔2003〕393号）规定，施工单位的主要负责人、项目负责人、专职安全生产管理人员应当经建设行政主管部门或者其他有关部门考核合格后方可任职。施工单位应当对管理人员和作业人员每年至少进行一次安全生产教育培训，其教育培训情况记入个人工作档案。安全生产教育培训考核不合格的人员不得上岗。施工单位在采用新技术、新工艺、新设备、新材料时，应当对作业人员进行相应的安全生产教育培训。

5. 安全生产检查制度

安全生产检查制度是上级管理部门或企业自身对安全生产状况进行定期或不定期检查的制度。通过检查可以发现问题，查出隐患，从而采取有效措施，堵塞漏洞，把事故消灭在发生之前，做到防患于未然，是“预防为主”的具体体现。通过检查，还可总结出好的经验加以推广，为进一步搞好安全工作打下基础，安全检查制度是安全生产的保障。

安全生产检查可分为日常性检查、专业性检查、季节性检查、节假日前后的检查和不定期检查，安全生产检查的基本方法有“听、嗅、问、测、查、析”等手段和方法。安全生产检查的主要内容包括查思想、查管理、查隐患、查整改和查事故处理等。安全生产检查的重点是检查“三违”和安全责任制的落实，所谓的“三违”是指在生产作业和日常工作中出现“违章指挥、违规作业、违反劳动纪律。”

6. 伤亡事故处理报告制度

施工中发生事故时，建筑装饰企业应当采取紧急措施，减少人员伤亡和事故损失，并按照国家有关规定及时向有关部门报告的制度。事故处理必须遵循一定的程序，做到“四不放过”。

7. 安全责任追究制度

法律责任中规定建设单位、设计单位、施工单位、监理单位，由于没有履行职责造成人员伤亡和事故损失的，视情节给予相应处理；情节严重的，责令停业整顿，降低资质等级或吊销资质证书；构成犯罪的，依法追究刑事责任。

9.2.2　职业健康安全技术措施计划

职业健康安全技术措施计划是指为防止工伤事故和职业病的危害，从技术上采取的措施计划。在建筑装饰工程施工中，是指针对工程特点、环境条件、劳动组织、作业方法、施工机械、供电设施等制定确保安全施工的措施计划，职业健康安全技术措施计划也是建设工程项目管理实施规划或施工组织设计的重要组成部分。

建筑装饰工程项目施工组织或专项施工方案中，必须有针对性的安全技术措施，特殊和危险性大的工程必须编制专项施工方案或安全技术措施，安全技术措施计划的编制依据包括如下：

（1）国家发布的有关职业健康安全政策、法规和标准。

（2）在安全检查中发现的尚未解决的问题。

（3）造成伤亡事故和职业病的主要原因和所采取的措施。

（4）生产发展需要所应采取的安全技术措施。

（5）安全技术革新项目和员工提出的合理化建议。

项目职业健康安全技术措施计划应在项目管理实施规划中编制。编制项目职业健康安全技术措施计划可以按照下列步骤进行：工作分类，识别危险源，确定风险，评价风险，制定风险对策，评审风险对策的充分性。

项目职业健康安全技术措施计划应由项目经理主持编制，经有关部门批准后，由专职安全管理人员进行现场监督实施。项目职业健康安全技术措施计划应包括编制依据、工程概况、控制目标、控制程序、组织结构、职责权限、规章制度、资源配置、安全措施、检查评价和奖惩制度以及对

二维码 9-5
危险源的分类

图 9-2　施工现场临时安全隔离设施

分包的安全管理等内容。策划过程应充分考虑有关措施与项目人员能力相适宜的要求。

对结构复杂、施工难度大、专业性强的项目，必须制定项目总体、单位工程或分部、分项工程的安全措施；对高空作业等非常规性的作业，应制定单项职业健康安全技术措施和预防措施，并对管理人员、操作人员的安全作业资格和身体状况进行合格审查。对危险性较大的工程作业，应编制专项施工方案，并进行安全验证；临街脚手架、临近高压电缆以及起重机臂杆的回转半径达到项目现场范围以外的，均应按要求设置安全隔离设施，如图 9–2 所示。

在职业健康安全技术措施计划的实施时，项目经理部应建立职业健康安全生产责任制，并把责任目标分解落实到人。必须建立分级职业健康安全生产教育制度，实施公司、项目经理部和班组作业队三级安全教育，未经教育的人员不得上岗作业。作业前，要进行职业健康安全技术交底，并应符合下列规定：工程开工前，项目经理部的技术负责人必须向有关人员进行职业健康安全技术交底；结构复杂的分部分项工程施工前，项目经理部的技术负责人应进行职业健康安全技术交底；项目经理部应保存职业健康安全技术交底记录。

职业健康安全技术交底主要内容包括：本施工项目的施工作业特点和危险点、针对危险点的具体预防措施、应注意的安全事项、相应的安全操作规程和标准、发生事故后应及时采取的避难和急救措施等内容。

建筑装饰施工企业应对施工项目定期组织职业健康安全管理检查，分析影响职业健康或不安全行为与隐患存在的部位和危险程度。职业健康安全检查可以采取随机抽样、现场观察、实地检测相结合的方法，记录检测结果，及时纠正发现的违章指挥和作业行为。职业健康安全检查人员应在每次检查结束后及时编写职业健康安全检查报告。

9.2.3　职业健康安全事故的分类

职业健康安全事故分两大类型，即职业伤害事故与职业病。

1. 职业伤害事故

职业伤害事故是指因生产过程及工作原因或与其相关的其他原因造成的伤亡事故。

按照事故发生的原因分类：

二维码 9-6
《企业职工伤亡事故分类》
GB 6441—86

按照我国《企业职工伤亡事故分类》GB 6441—86 标准规定，职业伤害事故分为物体打击、车辆伤害、机械伤害、起重伤害、触电、淹溺、灼烫、火灾、高处坠落、坍塌、冒顶片帮、透水、放炮、火药爆炸、瓦斯爆炸、锅炉爆炸、容器爆炸、其他爆炸、中毒和窒息、其他伤害共 20 类。以上 20 类职业伤害事故中，在建设工程领域中最常见的是高处坠落、物体打击、机械伤害、触电、坍塌、中毒、火灾 7 类。

二维码 9-7
意外伤害保险

按事故严重程度分类：

依据《企业职工伤亡事故分类》GB 6441—86 规定，事故按严重程度可分为以下类别：

（1）轻伤事故，是指造成职工肢体或某些器官功能性或器质性轻度损伤，能引起劳动能力轻度或暂时丧失的伤害事故，受伤人员损失 1 个工作日以上（含 1 个工作日），105 个工作日以下的失能伤害的事故。

二维码 9-8
《生产安全事故报告和调查处理条例》

（2）重伤事故，一般指受伤人员肢体残缺或视觉、听觉等器官受到严重损伤，能引起人体长期存在功能障碍或劳动能力有重大损失的伤害，或者造成受伤人员损失 105 个工作日以上（含 105 个工作日）的失能伤害的事故。

（3）死亡事故，其中，重大伤亡事故指一次事故中死亡 1~2 人的事故；特大伤亡事故指一次事故死亡 3 人以上（含 3 人）的事故。

二维码 9-9
《职业病分类和目录》

按事故造成的人员伤亡或者直接经济损失分类：

2007 年 6 月 1 日起实施的《生产安全事故报告和调查处理条例》规定，根据生产安全事故（以下简称事故）造成的人员伤亡或者直接经济损失，事故一般分为以下等级：

（1）特别重大事故，是指造成 30 人以上死亡，或者 100 人以上重伤（包括急性工业中毒，下同），或者 1 亿元以上直接经济损失的事故。

（2）重大事故，是指造成 10 人以上 30 人以下死亡，或者 50 人以上 100 人以下重伤，或者 5000 万元以上 1 亿元以下直接经济损失的事故。

（3）较大事故，是指造成 3 人以上 10 人以下死亡，或者 10 人以上 50 人以下重伤，或者 1000 万元以上 5000 万元以下直接经济损失的事故。

（4）一般事故，是指造成 3 人以下死亡，或者 10 人以下重伤，或者 1000 万元以下直接经济损失的事故。

2. 职业病

经诊断因从事接触有毒、有害物质或不良环境的工作而造成急慢性疾病，属于职业病，职业病给从事职业活动劳动者的身心健康带来严重伤害。

2024 年，国家卫生健康委、人力资源社会保障部、国家疾控局、全国总工会联合印发《职业病分类和目录》（国卫职健发〔2024〕39 号），列出了法定职业病 12 大类共 135 种。该文件中所列的 12 大类职业病如下：①职业性尘肺病及其他呼吸系统疾病；②职业性皮肤病；③职业性眼病；④职业性耳鼻喉口腔疾病；⑤职业性化学中毒；⑥物理因素所致职业病；⑦职业性放射性疾病；⑧职业性传染病；⑨职业性肿瘤；⑩职业性肌肉骨骼疾病；⑪ 职业性精神和行为障碍；⑫ 其他职业病。

图 9-3 施工人员佩戴防尘口罩

建筑行业工人常见职业病有：各种粉尘引起的尘肺病；焊接引起的电焊工尘肺病、电光性眼炎；振动机械引起的手臂振动病；化学物质引起的各种中毒职业病；噪声引起的职业性耳聋等。

建筑装饰施工企业针对常见的职业病应采取预防管理措施，如尘肺病预防管理措施如下：①作业场所防护措施，加强水泥等容易扬尘材料的保管场所、使用场所的扬尘防护，任何人都不得擅自拆除，在容易扬尘的场所设置警告标志。②个人防护措施，执行相关岗位持证上岗，防止施工人员超时工作，为施工人员提供灰尘防护口罩，如图 9-3 所示。③检查措施，在检查项目工程安全的同时，检查工人工作场所灰尘防护措施的执行，检查个人灰尘防护措施的执行，每月检查一次以上，指导工人减少灰尘的操作方法和技术。

9.2.4 职业健康安全事故的处理

1. 安全事故处理的原则

（1）事故原因未查清不放过。

（2）当事人和群众没受到教育不放过。

（3）事故责任者未受到处理不放过。

（4）没有制定切实可行的预防措施不放过。

2. 安全事故处理程序

（1）报告安全事故

事故发生后，事故现场有关人员应当立即向本单位负责人报告；单位负责人接到报告后，应当于 1 小时内向事故发生地县级以上人民政府应急管理部门和负有安全生产监督管理职责的有关部门报告，并有组织、有指挥地抢救伤员、排除险情；应当防止人为或自然因素的破坏，便于事故原因的调查。

情况紧急时，事故现场有关人员可以直接向事故发生地县级以上人民政府应急管理部门和负有安全生产监督管理职责的有关部门报告。

应急管理部门和负有安全生产监督管理职责的有关部门接到事故报告后，应当依照下列规定上报事故情况，并通知公安机关、劳动保障行政部门、工会和人民检察院。

1）特别重大事故、重大事故逐级上报至国务院应急管理部门和负有安全生产监督管理职责的有关部门。

2）较大事故逐级上报至省、自治区、直辖市人民政府应急管理部门和负有安全生产监督管理职责的有关部门。

3）一般事故上报至设区的市级人民政府应急管理部门和负有安全生产监督管理职责的有关部门。

应急管理部门和负有安全生产监督管理职责的有关部门依照相关规定上报事故情况，应当同时报告本级人民政府。国务院应急管理部门和负有安全生产监督管理职责的有关部门以及省级人民政府接到发生特别重大事故、重大事故的报告后，应当立即报告国务院。必要时，应急管理部门和负有安全生产监督管理职责的有关部门可以越级上报事故情况。

应急管理部门和负有安全生产监督管理职责的有关部门逐级上报事故情况，每级上报的时间不得超过 2 小时。事故报告后出现新情况的，应当及时补报。

（2）处理安全事故、安全事故调查和对事故责任者进行处理

发生安全事故时，应及时抢救伤员、排除险情，防止事故蔓延扩大，做好标识、保护好现场等。事故调查应当按照实事求是、尊重科学的原则，及时、准确地查清事故原因，查明事故性质和责任，总结事故教训。施工单位发生生产安全事故，经调查确定为责任事故的，除了应当查明事故单位的责任，并依法予以追究外，还应当查明对安全生产的有关事项负有审查批准和监督职责的行政部门的责任，对有失职、渎职行为的，追究法律责任。对施工安全事故的处理应按照〝四不放过〞原则进行处理，任何单位和个人不得阻挠和干涉对事故的依法调查处理。

（3）编写调查报告并上报

事故调查组应当自事故发生之日起 60 日内提交事故调查报告；特殊情况下，经负责事故调查的人民政府批准，提交事故调查报告的期限可以适当延长，但延长的期限最长不超过 60 日。事故调查报告应当包括下列内容：

调查报告的内容包括：事故基本情况、事故经过、事故原因分析、事故预防措施建议、事故责任的确认和处理意见、调查组人员名单及签字、附图及附件等。

3. 职业健康安全事故处理的有关规定

（1）事故调查组提出的事故处理意见和防范措施建议，由发生事故的企业及其主管部门负责处理。

（2）因忽视安全生产、违章指挥、违章作业、玩忽职守或者发现事故隐患、危害情况而不采取有效措施造成伤亡事故的，由企业主管部门或者

企业按照国家有关规定，对企业负责人和直接责任人员给予行政处分；构成犯罪的，由司法机关依法追究刑事责任。

（3）在伤亡事故发生后，隐瞒不报、谎报、故意迟延不报、故意破坏事故现场，或者以不正当理由，拒绝接受调查以及拒绝提供有关情况和资料的，由有关部门按照国家有关规定，对有关单位负责人和直接责任人员给予行政处分；构成犯罪的，由司法机关依法追究刑事责任。

（4）伤亡事故处理工作应当在90日内结案，特殊情况不得超过180日。伤亡事故处理结案后，应当公开宣布处理结果。

9.3 施工环境管理

9.3.1 文明施工

1. 文明施工的概念

文明施工是保持施工现场良好的作业环境、卫生环境和工作秩序。文明施工主要包括以下几个方面的工作：①规范施工现场的场容，保持作业环境的整洁卫生；②科学组织施工，使生产有序进行；③减少施工对周围居民和环境的影响；④保证职工的安全和身体健康。

2. 文明施工的组织和制度管理

（1）施工现场应成立以项目经理为第一责任人的文明施工管理组织。分包单位应服从总承包单位的文明施工管理组织的统一管理，并接受监督检查。

（2）各项施工现场管理制度应有文明施工的规定，包括个人岗位责任制、经济责任制、安全检查制度、持证上岗制度、奖惩制度、竞赛制度和各项专业管理制度等。

（3）加强和落实现场文明检查、考核及奖惩管理，以促进施工文明管理工作提高。检查范围和内容应全面周到，包括生产区、生活区、场容场貌、环境文明及制度落实等内容。

（4）施工组织设计（方案）中应明确对文明施工的管理规定，明确各阶段施工过程中现场文明施工所采取的各项措施。

（5）建立收集文明施工的资料，包括上级关于文明施工的标准、规定、法律法规等资料，并建立其相应的保存措施。建立施工现场相应的文明施工管理的资料系统并整理归档，应包括以下内容：

1）文明施工自检资料。

2）文明施工教育、培训、考核计划的资料。

3）文明施工活动各项记录资料。

（6）加强文明施工的宣传和教育。

在坚持岗位练兵基础上，要采取派出去、请进来、短期培训、上技术课、登黑板报、听广播、看录像、看电视等方法狠抓教育工作。要特别注意对临时工的岗前教育。专业管理人员应熟悉掌握文明施工的规定。

3. 现场文明施工的基本要求

（1）施工现场必须设置明显的标牌，标明工程项目名称、建设单位、设计单位、施工单位、项目经理和施工现场总代表人的姓名，开工、竣工日期，施工许可证批准文号等。施工单位负责施工现场标牌的保护工作，施工现场标牌如图 9-4 所示。

（2）施工现场的管理人员在施工现场应当佩戴证明其身份的证件。

（3）应当按照施工总平面布置图设置各项临时设施。现场堆放的大宗材料、成品、半成品和机具设备不得侵占场内道路及安全防护等设施。

（4）施工现场的用电线路、用电设施的安装和使用必须符合安装规范和安全操作规程，并按照施工组织设计进行架设，严禁任意拉线接电。施工现场必须设有保证施工安全要求的夜间照明；危险潮湿场所的照明以及手持照明灯具，必须采用符合安全要求的电压。

（5）施工机械应当按照施工总平面布置图规定的位置和线路设置，不得任意侵占场内道路。施工机械进场须经过安全检查，经检查合格的方能使用。施工机械操作人员必须建立机组责任制，并依照有关规定持证上岗，禁止无证人员操作。

二维码 9-10
施工现场动火管理

（6）应保证施工现场道路畅通，排水系统处于良好的使用状态；保持场容场貌的整洁，随时清理建筑垃圾。在车辆、行人通行的地方施工，应当设置施工标志，并对沟井、坎穴进行覆盖。

二维码 9-11
《中华人民共和国消防法》

（7）施工现场的各种安全设施和劳动保护器具，必须定期进行检查和维护，及时消除隐患，保证其安全有效。

（8）施工现场应当设置各类必要的职工生活设施，并符合卫生、通风、照明等要求。职工的膳食、饮水供应等应当符合卫生要求。

（9）应当做好施工现场安全保卫工作，采取必要的防盗措施，在现场周边设立围护设施。

（10）应当严格依照《中华人民共和国消防法》的规定，在施工现场建立和执行防火管理制度，设置符合消防要求的消防设施，并保持完好的备用状态。在容易发生火灾的地区施工，或者储存、使用易燃易爆器材时，应当采取特殊的消防安全措施，施工现场消防柜如图 9-5 所示。

（11）施工现场发生工程建设重大事故的处理，依照《生产安全事故报告和调查处理条例》执行。

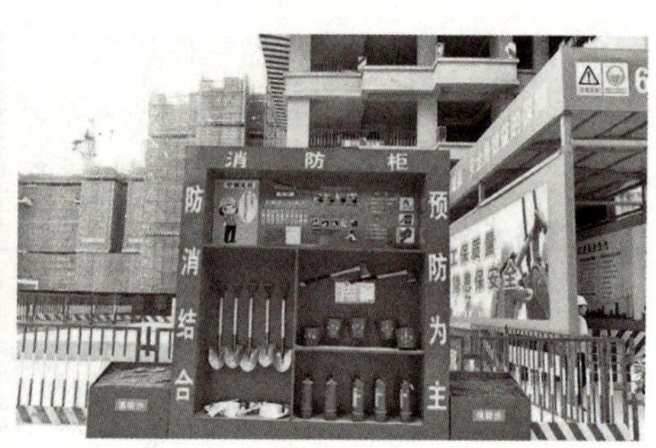

图 9-4　施工现场标牌（左）
图 9-5　施工现场消防柜（右）

9.3.2　项目现场管理

项目现场管理是指对施工现场内的施工活动及空间场所进行的管理活动，其目的是做到文明施工、安全有序、整洁卫生、不扰民、不损害公众利益。项目现场管理十分重要，它是建筑装饰施工单位项目管理水平的集中体现，能反映出项目经理部乃至建筑装饰企业的面貌；是进行施工的舞台、处理各方关系的焦点和连接项目其他工作的纽带。通过对施工场地的合理安排使用和管理，保证生产的顺利进行，减少污染，保护环境，达到各方满意的效果。项目现场管理的主要内容如下：

图 9-6　项目现场的施工区和生活、办公区

（1）合理规划用地。施工区和生活、办公区有明确的划分，如图 9-6 所示。责任区分片包干，岗位责任制健全，各项管理制度健全并上墙；施工区内废料和垃圾及时清理，成品保护措施健全有效。

（2）科学地进行施工总平面设计。在施工总平面图上，临时设施、大型机械、材料堆放、物资仓库、构件堆场、消防设施、道路及进出口、加工场地、水电管线、周转使用场地等都应各得其所，有利于安全和环境保护，有利于节约，便于工程施工。

（3）加强现场的动态管理，不同的施工阶段，施工的需要不同，现场的平面布置图亦应进行调整。

（4）加强施工现场的检查。现场管理人员，应经常检查现场布置是否按平面布置图进行，是否符合各项规定，是否满足施工需要，还有哪些薄弱环节，从而为调整施工现场布置提供有用的信息，也使施工现场保持相对稳定，不被复杂的施工过程打乱或破坏。

二维码 9-12
五牌一图

（5）建立文明的施工现场。严格按照相关文件规定的尺寸和规格制作各类工程标志标牌，如施工场地大门口或显眼位置处应挂工程项目的五牌一图，即工程概况牌、管理人员名单及监督电话牌、消防保卫牌、安全生

产牌、文明施工牌和施工现场总平面图。其中，工程概况牌应标明项目名称、规模、开工及竣工日期、施工许可证号、建设单位、设计单位、施工单位、监理单位和联系电话等。

（6）及时清场转移。施工结束后，项目管理班子应及时组织清场。将临时设施拆除，剩余物资退场，组织向新工程转移，以便整治规划场地，恢复临时占用土地，不留后患。现场要做到自产自清、日产日清、工完场清的标准。

9.3.3　施工现场环境保护措施

施工现场环境保护是按照法律法规、各级主管部门和企业的要求，保护和改善作业现场的环境，控制现场的各种粉尘、废水、废气、固体废弃物、噪声、振动等对环境的污染和危害。环境保护也是文明施工的重要内容之一。施工现场环境保护应制定相应的现场环境保护措施，其相应内容如下：

（1）对确定的重要环境因素制定目标、指标及管理方案。

（2）明确关键岗位人员和管理人员的职责。

（3）建立施工现场对环境保护的管理制度。

（4）对噪声、电焊弧光、无损检测等方面可能造成的污染和防治的控制。

（5）易燃、易爆及其他化学危险品的管理。

（6）废弃物，特别是有毒有害及危险品等固体或液体的管理和控制。

（7）节能降耗管理。

（8）应急准备和响应等方面的管理制度。

（9）对工程分包方和相关方提出现场保护环境所需的控制措施和要求。

（10）对物资供应方提出保护环境行为要求，必要时在采购合同中予以明确。

在落实施工现场环境保护措施方面应注意如下事项：

（1）施工作业前，应对确定的与重要环境因素有关的作业环节，进行操作安全技术交底或指导，落实到作业活动中，并实施监控。

（2）在施工和管理活动过程中，进行控制检查，并接受上级部门和当地政府或相关方的监督检查，发现问题立即整改。

（3）进行必要的环境因素监测控制，如施工噪声、污水、扬尘和废气的排放等，如图 9-7 所示，项目经理部自身无条件检测时，可委托当地环境管理部门进行检测。

（4）施工现场、生活区和办公区应配备的应急器材、设施

图 9-7　施工现场扬尘噪声监测

应落实并完好，以备应急时使用。

（5）加强施工人员的环境保护意识教育，组织必要的培训，使制定的环境保护措施得到落实。

单元小结

建筑装饰工程安全生产管理的方针为“安全第一、预防为主、综合治理”；安全生产管理的体制为“企业负责、行业管理、国家监察、群众监督、劳动者遵章守纪”。

建筑装饰工程安全生产管理的原则有：“管生产必须管安全”的原则，“安全具有否决权”的原则，职业安全卫生“三同时”的原则，事故处理“四不放过”的原则。

职业安全卫生“三同时”的原则是指一切生产性的基本建设和技术改造建设工厂项目，其职业安全卫生技术措施及设施应与主体同时设计、同时施工、同时投产使用，以确保项目投产后符合职业安全卫生要求。事故处理“四不放过”的原则是指事故原因未查清不放过，当事人和群众没受到教育不放过，事故责任者未受到处理不放过，没有制定切实可行的预防措施不放过。

复习思考题

二维码 9-13
复习思考题答案

1. 建筑装饰工程安全生产管理的方针和体制分别是什么？

2. 建筑装饰工程安全生产管理的原则有哪些？

3. 根据造成的人员伤亡或者直接经济损失，生产安全事故可以如何划分等级？

4. 什么是职业安全卫生“三同时”的原则？什么是事故处理“四不放过”的原则？

世界职业院校技能大赛建筑装饰数字化施工赛项模拟赛题

一、单项选择题（每题 1 分，每题的备选项中只有 1 个最符合题意）

1. 施工现场文明施工“五牌一图”中，“五牌”是指（　　）。

A. 工程概况牌、管理人员名单和监督电话牌、消防保卫牌、安全生产牌、文明施工牌

B. 工程概况牌、管理人员名单和监督电话牌、现场平面布置牌、安

全生产牌、文明施工牌

C. 工程概况牌、现场危险警示牌、现场平面布置牌、安全生产牌、文明施工牌

D. 工程概况牌、现场危险警示牌、消防保卫牌、安全生产牌、文明施工牌

2. 关于施工中一般特种作业人员应具备条件的说法，正确的是（　　）。

A. 年满 16 周岁，且不超过国家法定退休年龄

B. 具有初中及以上文化程度

C. 必须为男性

D. 连续从事本工种 10 年以上

3. 对建设工程来说，新员工上岗前的三级安全教育具体应由（　　）负责实施。

A. 公司、项目、班组　　B. 企业、工区、施工队

C. 企业、公司、工程处　　D. 工区、施工队、班组

4. 施工企业安全检查制度中，安全检查的重点是检查“三违”和（　　）的落实。

A. 施工起重机械的使用登记制度　　B. 安全责任制

C. 现场人员的安全教育制度　　D. 专项施工方案专家论证制度

5. 下列不属于建筑装饰施工企业安全检查的重点“三违”的是（　　）。

A. 违章指挥　　B. 违规作业

C. 违反劳动纪律　　D. 违规发放物资

6. 根据《生产安全事故报告和调查处理条例》，下列建设工程施工生产安全事故中，属于重大事故的是（　　）。

A. 某基坑发生透水事件，造成直接经济损失 5000 万元，没有人员伤亡

B. 某拆除工程安全事故，造成直接经济损失 1000 万元，45 人重伤

C. 某建设工程脚手架倒塌，造成直接经济损失 960 万元，8 人重伤

D. 某建设工程提前拆模导致结构坍塌，造成 35 人死亡，直接经济损失 4500 万元

7. 根据《生产安全事故报告和调查处理条例》，某工程因提前拆模导致垮塌，造成 74 人死亡、2 人受伤的事故，该事故属于（　　）事故。

A. 中大　　B. 较大　　C. 一般　　D. 特别重大

8. 根据《生产安全事故报告和调查处理条例》，生产安全事故发生后，受伤者或是最先发现事故的人员应立即用最快的传递手段，向（　　）报告。

A. 项目经理　　B. 安全员

C. 施工单位负责人　　D. 项目总监理工程师

9. 施工现场文明施工管理的第一责任人是（　）。

A. 建设单位负责人　　B. 施工单位负责人

C. 项目专职安全员　　D. 项目经理

10. 根据建设工程文明工地标准，施工现场必须设置“五牌一图”，其“一图”是指（　）。

A. 施工进度横道图　　B. 大型机械布置位置图

C. 施工现场交通组织图　　D. 施工现场平面布置图

11. 下列施工现场作业行为中，符合环境保护技术措施和要求的是（　）。

A. 将未经处理的泥浆水直接排入城市排水设施

B. 在大门口铺设一定距离的石子路

C. 在施工现场露天熔融沥青或者焚烧油毡

D. 将有害废弃物用作深层土回填

12. 下列施工现场文明施工措施中，正确的是（　）。

A. 现场施工人员均佩戴胸卡，按工种统一编号管理

B. 市区主要路段设置围挡的高度不低于 2m

C. 项目经理任命专人为现场文明施工第一责任人

D. 建筑垃圾和生活垃圾集中一起堆放，并及时清运

13. 建筑装饰工程安全生产管理的方针是（　）。

A. 企业负责、行业管理、国家监察

B. 安全第一、预防为主、综合治理

C. 管生产必须管安全

D. 安全具有否决权

14. 安全标志应由安全色、几何图形和图形符号构成，国家规定的安全标志有（　）4 种颜色。

A. 红、蓝、黄、绿　　B. 黑、蓝、黄、绿

C. 红、紫、黄、绿　　D. 红、蓝、白、绿

二、多项选择题（每题 2 分。每题的备选项中，有 2 个或 2 个以上符合题意，至少有 1 个错项。错选，本题不得分；少选，所选的每个选项得 0.5 分）

1. 关于生产安全事故报告和调查处理“四不放过”原则的说法，正确的有（　）。

A. 事故原因未查清不放过

B. 事故责任者未受到处理不放过

C. 防范措施没有落实不放过

D. 职工群众未受到教育不放过

E. 事故未及时报告不放过

2. 下列关于建设工程施工职业健康安全管理的基本要求，说法正确的有（　　）。

A. 设计单位应当对生产安全事故处理提出指导意见

B. 施工企业必须对本企业的安全生产负全面责任

C. 施工项目负责人和专职安全生产管理人员应持证上岗

D. 坚持安全第一、预防为主和防治结合的方针

E. 实行总承包的工程，分包单位应当接受总承包单位的安全生产管理

3. 根据现行法律法规，建设工程对施工环境管理的基本要求有（　　）。

A. 应采取生态保护措施

B. 建筑材料和装修必须符合国家标准

C. 建设工程项目中的防治污染设施必须与主体工程同时设计、同时施工和同时投产使用

D. 经行政部门批准后可以引进低于我国环保规定的特定技术

E. 尽量减少建设工程施工所产生的噪声对周围生活环境的影响

4. 下列施工企业员工的安全教育中，属于经常性安全教育的有（　　）。

A. 事故现场会　　　　　　B. 岗前三级教育

C. 变换岗位时的安全教育　　D. 安全生产会议

E、安全活动日

5. 项目经理部建立施工安全生产管理制度体系时，应遵循的原则有（　　）。

A. 贯彻“安全第一，预防为主”的方针

B. 建立健全安全生产责任制度和群防群治制度

C. 必须符合有关法律、法规及规程的要求

D. 必须适用于工程施工全过程的安全管理和控制

E. 遵循安全生产投入最小

6. 关于施工生产安全事故报告的说法，正确的有（　　）。

A. 施工单位负责人在接到事故报告后，2 小时内向上级报告事故情况

B. 一般事故上报至设区的市级人民政府应急管理部门和负有安全生产监督管理职责的有关部门

C. 重大事故应逐级上报至省、自治区、直辖市人民政府应急管理部

门和负有安全生产监督管理职责的有关部门

D. 对于需逐级上报的事故，每级应急管理部门上报的时间不得超过 2 小时

E. 特别重大事故应逐级上报至国务院应急管理部门和负有安全生产监督管理职责的有关部门

7. 在某市中心施工的工程，施工单位采取的下列环境保护措施，正确的有（　　）。

A. 用餐人数在 100 人以上的施工现场临时食堂，设置简易有效的隔油池

B. 施工现场水磨石作业产生的污水，分批排入市政污水管网

C. 严格控制施工作业时间，晚间作业不超过 22 时，早晨作业不早于 6 时

D. 施工现场外围设置 1.5m 高的围挡

E. 在进行沥青防潮防水作业时，使用密闭和带有烟尘处理装置的加热设备

8. 根据《企业职工伤亡事故分类标准》GB 6441—86，按安全事故类别分类，伤亡事故分为（　　）。

A. 物体打击、车辆伤害、机械伤害、起重伤害、火灾

B. 灼烫、高处坠落、坍塌、冒顶片帮、透水、放炮

C. 电伤、挫伤、割伤、擦伤、刺伤、撕脱伤、扭伤

D. 瓦斯爆炸、火药爆炸、锅炉爆炸、容器爆炸

E. 中毒、窒息、触电、淹溺

9. 建设工程安全事故调查报告的主要内容包括（　　）。

A. 事故基本情况和事故经过

B. 事故原因分析和事故预防措施建议

C. 事故责任的确认和处理意见

D. 事故报告单位或报告人员

E. 事故的性质

二维码 9-14
模拟赛题答案

10. 一切生产性的基本建设和技术改造建设工厂项目，必须符合国家的职业安全卫生方面的法规和标准。职业安全卫生技术措施及设施应与主体工程遵循“三同时”原则，以确保项目投产后符合职业安全卫生要求，下列属于“三同时”原则的是（　　）。

A. 同时设计　　B. 同时规划

C. 同时施工　　D. 同时投产使用

E. 同时验收

二维码 9-15
模拟赛题答案解析

10

Danyuanshi Jianzhu Zhuangshi Gongcheng Shigong Hetong Guanli

单元 10 建筑装饰工程施工合同管理

本单元围绕建设工程合同展开，深度解析合同的主要内容、多样类型、订立流程以及履约管理的各个环节，重点传授合同变更程序与索赔程序相关知识。这些内容与施工员等岗位工作紧密相关，学生熟练掌握后，能够在实际工作中精准处理各类合同事务，维护企业合法权益。在职业院校技能大赛中，考查学生对合同索赔程序的运用以及证据收集与整理的能力。通过某工程项目成功索赔案例的分析，融入课程思政，培养学生的法律意识、契约精神和诚信品质。让学生明白在合同管理中，既要依法依规维护自身权益，也要秉持诚信原则履行合同义务，促进建筑装饰行业市场的健康、有序发展。

单元 10 课件

单元 10 课前练一练

教学目标

知识目标：

1. 了解建设工程合同的主要内容、合同的种类、合同的订立；
2. 熟悉工程合同的履约管理内容；
3. 掌握工程合同的变更程序、合同索赔的程序。

能力目标：

1. 能够根据合同规定解决实际装饰现场中合同的变更；
2. 能够辨别索赔事件，并及时收集索赔所需证据；
3. 能够按照规定程序进行索赔。

典型工作任务——解析施工索赔程序

二维码 10-1
典型工作任务

任务描述	调查分析某建筑装饰项目施工索赔的程序
任务目的	掌握合同索赔的程序
任务要求	1. 列出工程合同索赔中常见的证据； 2. 阐述承包人向发包人进行施工索赔的程序
完成形式	1. 根据班级情况可分组完成，也可以独立完成； 2. 采用 PPT 汇报的方式完成

导读——通过合理的工程合同索赔为企业“挽回经济损失”

某大型高层建筑工程，招标人根据设计概算数据编制招标工程量清单，在投标时投标人按招标人提供的招标工程量清单填报价格。工程中标后，发现工程量清单少算、漏项很多，尤其是钢筋含量严重偏少，会给中标企业造成经济损失。成立了由领导直接参加的“索赔小组”，在有领导负责的同时，还安排了专人执行，并拟出索赔事项计划。

该工程属框架结构，二十八层，建筑面积 51235m^2。原招标预算钢筋量 2946t，每平方米含量仅 57.50kg/m^2（2946 × 10^{3}kg ÷ 51235m^2）与定额含量（80kg/m^2）相差 22.50kg/m^2。索赔人员对此努力寻找索赔机会，首先向发包人提交索赔意向通知书，说明钢筋量不足的事由。同时做了很多基础工作，如与造价工程师、监理工程师及发包人专题讨论；针对钢筋量不足的情况，组织预算人员进行钢筋抽量计算，重新编制施工图预算。随后积极准备索赔凭据，在规定时间内向发包人正式提交索赔通知书，详细说明了索赔理由和要求，并附上了必要的记录和证明材料。由于该工程签订的合同属总价包干合同，对包死的项目进行调整十分困难。面对困难，索赔小组没有放弃索赔计划，索赔人员不辞辛苦地与造价工程师、监理工程师、发包人、设计院多方联系，不断做工作、讨论深化。最后由发包人、承包人、设计院三方达成协议，同意增加钢筋工程量，并提出以钢筋配料单汇总为依据，调整量作专项调整。

按照协议精神，索赔人员进行了重新抽量计算，编制钢筋配料单，并按有关规定实事求是地进行了调整，编写最终索赔文件，交与造价工程师、监理工程师及发包人。经其多次审核，钢筋核定数量为 3677t，该工程的钢筋含量从 57.50kg/m^2 提高至 71.77kg/m^2（3677×10^{3}kg÷51235m^2），增加了 14.27kg/m^2，钢筋量共计增加了 731t（3677t−2946t），最终核定索赔金额为 216.3859 万元。

通过施工项目组领导和索赔人员的不懈努力，做了大量工作，工程钢筋调整量索赔为企业挽回了潜在的经济损失。

二维码 10-2
如何高效地进行建筑装饰合同中的工程索赔

思考：

在竞争激烈的建筑装饰市场中，项目管理人员如何高效地进行建筑装饰合同中的工程索赔？

10.1　建设工程合同概述

合同管理是工程项目管理中的重要内容之一。施工合同管理是对工程施工合同的签订、履行、变更、解除等进行策划和控制的过程，其主要内容有：根据建筑装饰项目的特点和要求确定施工承发包模式以及合同结构、合同的文本、合同的计价方式和支付方式、合同履行过程中的管理与控制、合同索赔和第三方索赔等一系列事项。

10.1.1　工程合同的主要内容

在建设工程领域，常用的建设工程合同有很多类型，有勘察设计合同、建设工程总承包合同、建设施工合同、劳务分包合同、物资采购合同等。在这里主要介绍施工合同的内容，因为建筑装饰项目采用的多是施工合同文本。

1. 建设施工合同的结构

合同的结构由合同首部、合同条款、合同尾部构成。

（1）合同首部。合同首部包括合同名称，当事人双方的完整名称，法定代表人的名称，合法代理人的名称，合同标的的过渡，合同法律背景陈述。

(2) 合同条款。合同条款分为主要条款、一般条款、选用条款。主要条款（一般应具备的条款）如下：

1）当事人的名称或者姓名和住所。

2）标的。

3）数量。

4）质量。

5）价款或者报酬。

6）履行期限、地点和方式。

7）违约责任。

8）解决争议的方法。

其中必备条款有：标的和数量；一般条款包含风险条款，合同的适用法律条款，争议的解决方式条款，合同转让条款；选用条款包含定义条款，合同所使用的语言文字条款，合同前文件条款等。

(3) 合同尾部。合同尾部为当事人双方签字或盖章，法定代表人签字或盖章；合法代理人的签字或盖章，已依法办理必要的相关手续的证明，其他相关信息等。

2. 建设施工合同的基本形式

建设施工合同的基本形式是合同关系，包括直接的合同关系和间接的合同关系，即建立在法律基础上的权利义务关系（债权债务关系）。

二维码 10-3
《建设工程施工合同（示范文本）》
GF—2017—0201

3. 建设施工合同示范文本的组成

《建设工程施工合同（示范文本）》GF—2017—0201 由合同协议书、通用合同条款、专用合同条款三部分组成。该文本适用于各类公用建筑、民用住宅、工业厂房、交通设施及路线、管道的施工和设备安装等工程。建筑装饰合同示范文本也一直沿用此文本。

(1) 施工合同文件的组成及顺序

1）合同协议书。

2）中标通知书（如果有）。

3）投标函及其附录（如果有）。

4）专用合同条款及其附件。

5）通用合同条款。

6）技术标准和要求。

7）图纸。

8）已标价工程量清单或预算书。

9）其他合同文件。

（2）施工合同文件的通用合同条款的主要内容

通用合同条款是一般建设工程所共同具备的共性条款，具有规范性、可靠性、完备性和适用性等特点，是合同文本的基本部分及指导性部分。通用合同条款是根据《民法典》《建筑法》等法律法规对承发包双方的权利义务作出的具体规定，除双方协商一致对其中的某些条款做修改、补充或取消外，双方都必须履行。我国《建设工程施工合同（示范文本）》GF—2017—0201 通用合同条款有四级编码，20 部分共 117 个二级条款，基本适用于各类建设工程。

通用合同条款分为一般约定，发包人，承包人，监理人，工程质量，安全文明施工与环境保护，工期和进度，材料与设备，试验与检验，变更，价格调整，合同价格、计量与支付，验收和工程试车，竣工结算，缺陷责任与保修，违约，不可抗力，保险，索赔，争议解决等。

10.1.2　工程合同类型

建设工程项目的合同形式如图 10-1 所示，在这里主要讲述工程施工合同的分类。

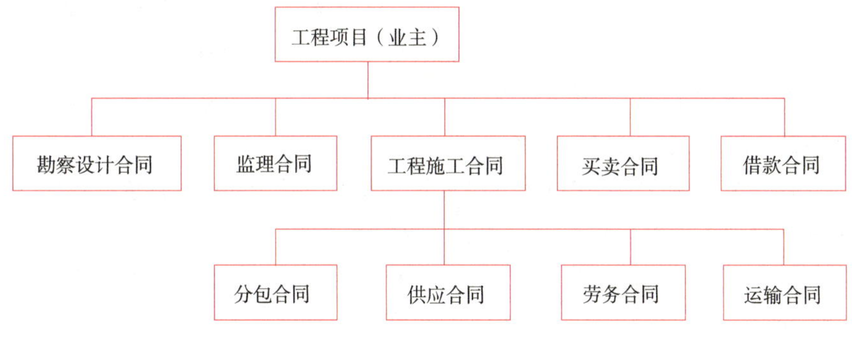

图 10-1　建设工程项目的合同形式

建设工程施工合同可以按照不同的方法加以分类，按照施工合同的计价方式可以分为单价合同、总价合同和成本加酬金合同三大类。

1. 单价合同

当发包工程的内容和工程量以及时间尚不能明确、具体地点难以确定时，则可以采用单价合同形式，即根据计划工程内容和估算工程量，在合同中明确每项工程合同内容的单位价格，实际支付时则根据每一个子项的实际完成工程量乘以该子项的合同单价计算该项工作的应付工程款。

（1）单价合同的特点

单价合同的特点是单价优先，例如 FIDIC 土木工程施工合同中，业主给出的工程量清单表中的数字是参考数字，而实际工程款则按实际完成的工程量和合同中确定的单价计算。虽然在投标报价、评标以及签订合同中，人们常常注重总价格，但在工程款结算中单价优先，对于投标书中明显的数字计算错误，业主有权利先做修改再评标，当总价和单价的计算结果不一致时，以单价为准调整总价。例如，某装饰工程采用招标的形式，投标人进行分项报价并汇总，见表 10–1。

某装饰工程分项报价汇总表 **表 10–1**

序号	工程分项	单位	数量	单价（元）	合价（元）
1					
2					
…					
X	金属幕墙安装	m^2	1000	300	30000
…					
总报价					8200000

根据投标人的投标单价，金属幕墙安装的合价应该是 300000 元，而实际只写了 30000 元，在评标时应该根据单价优先原则对总报价进行修正，所以正确的报价应该是 8200000+（300000−30000）=8470000 元。

在实际施工时，如果实际工程量是 $1500m^2$，则金属幕墙安装工程的价款金额应该是 300 × 1500=450000 元。

由于单价合同允许随工程量变化而调整工程总价，业主和承包商都不存在工程量方面的风险，因此对合同双方都比较公平。另外，在招标前，发包单位无需对工程范围作出完整的、详尽的规定，从而可以缩短招标准备时间，投标人也只需要对所列工程内容报出自己的单价，从而缩短投标时间。

（2）单价合同的分类

单价合同可以分为固定单价合同和变动单价合同。

1）固定单价合同

当采用固定单价合同时，无论发生哪些影响价格的因素都不对单价进行调整，因而对承包商而言就存在一定的风险。在固定单价合同条件下，其一般适用于工期较短、工程量变化幅度不会太大的项目。

2）变动单价合同

当采用变动单价合同时，合同双方可以约定一个估计的工程量，当实际工程量发生较大变化时可以对单价进行调整，同时还应该约定如何对单价进行调整；当然也可以约定，当通货膨胀达到一定水平或者国家政策发生变化时，可以对哪些工程内容的单价进行调整以及如何调整等。因此，承包商的风险就相对较小。

在工程实际中，采用单价合同有时也会根据估算的工程量计算一个初步的合同总价，用作投标报价和签订合同。但是，当上述初步合同的总价与各项单价乘以实际完成的工程量之和发生矛盾时，则以后者为准，即单价优先。实际工程款的支付也将以实际完成工程量乘以合同单价进行计算。

2. 总价合同

所谓总价合同，是指根据合同规定的工程施工内容和有关条件，业主应付给承包商的款额是一个规定的金额，即明确的总价。总价合同也称为总价包干合同，即根据施工招标时的要求和条件，当施工内容和有关条件不发生变化时，业主付给承包商的价款总额就不发生变化。

(1) 总价合同的特点

总价合同的特点如下：

1) 发包单位可以在报价竞争状态下确定项目的总造价，可以较早确定或者预测工程成本。

2) 业主的风险较小，承包方将承担较多的风险。

3) 评标时易于迅速确定最低报价的投标人。

4) 在施工进度上能极大地调动承包人的积极性。

5) 发包单位能更容易、更有把握地对项目进行控制。

6) 必须完整而明确地规定承包人的工作。

7) 必须将设计和施工方面的变化控制在最小限度内。

(2) 总价合同的分类

总价合同分固定总价合同和变动总价合同两种。

1) 固定总价合同

固定总价合同的价格计算是以图纸、规定及规范为基础，工程任务和内容明确，业主的要求和条件清楚，合同总价一次包死，固定不变，即不再因为环境的变化和工程量的增减而变化。在这类合同中，承包商承担了全部的工作量和价格风险，因此，承包商在报价时应对一切费用的价格变动因素以及不可预见因素都做充分的估计，并将其包含在合同价格之中。

采用固定总价合同，双方结算比较简单，但是由于承包商承担了较大的风险，因此报价中不可避免地要增加一笔较高的不可预见风险费。承包商的风险主要有两方面：一是价格风险，二是工作量风险。价格风险有报价计算错误、漏报项目、物价和人工费上涨等；工作量风险有工程量计算错误、工程范围不确定、工程变更或者由于设计深度不够所造成的误差等。固定总价合同适用以下情况：

①工程量小、工期短，估计在施工过程中环境因素变化小，工程条件稳定并合理。

②工程设计详图，图纸完整、清楚，工程任务和范围明确。

③工程结构和技术简单，风险较小。

④投标期相对宽裕，承包商可以有充足的时间详细考察现场、复核工程量、分析招标文件、拟定施工计划。

⑤合同条件中双方的权利和义务十分清楚，合同条件完备。

2）变动总价合同

变动总价合同又称为可调总价合同，合同价格是以图纸及规定、规范为基础，按照时价进行计算，得到包括全部工程任务和内容的暂定合同价格。

（3）总价合同的应用

显然，采用总价合同时，对承发包工程内容及其各种条件都应基本清楚、明确，否则，承发包双方都有蒙受损失的风险。因此，一般在施工图设计阶段完成，施工任务和范围比较明确，业主的目标、要求和条件都清楚的情况下才采用总价合同。对业主来说，由于设计花费时间长，因而开工时间较晚，开工后的变更容易带来索赔，而且在设计过程中也难以吸收承包商的建议。

总价合同和单价合同有时在形式上很相似，例如，在有的总价合同的招标文件中也有工程量表，也要求承包商提出各分项工程的报价，与单价合同在形式上很相似，但两者在性质上是完全不同的。总价合同是总价优先，承包商报总价，双方商讨并确定合同总价，最终也按总价结算。

3. 成本加酬金合同

（1）成本加酬金合同的定义

成本加酬金合同也称为成本补偿合同，是与固定总价合同正好相反的合同，工程施工的最终合同价格将按照工程实际成本再加上一定的酬金进行计算。在合同签订时，工程实际成本往往不能确定，只能确定酬金的取值比例或者计算原则。

（2）成本加酬金合同的特点

1）工程特别复杂，工程技术、结构方案不能预先确定，或者尽管可以确定工程技术和结构方案，但是不可能进行竞争性的招标活动并以总价合同或单价合同的形式确定承包商，如研究开发性质的工程项目。

2）时间特别紧迫，如抢险、救灾工程，来不及进行详细的计划和商谈。

对业主而言，这种合同形式也有一定优点，如：可以通过分段施工缩短工期，而不必等待所有施工图完成才开始招标和施工；可以减少承包商的对立情绪，承包商对工程变更和不可预见条件的反应比较积极和快捷；可以利用承包商的施工技术专家，帮助改进或弥补设计中的不足；业主可以根据自身力量和需要，较深入地介入和控制工程施工和管理；也可以通过确定最大保证价格约束工程成本不超过某一限值，从而转移一部分风险。

对承包商来说，这种合同比固定总价合同的风险低，利润比较有保证，因而比较有积极性。其缺点是合同的不确定性，由于设计未完成，无法准确确定合同的工程内容、工程量以及合同的终止时间，有时难以对工程计划进行合理安排。

（3）成本加酬金合同的形式

成本加酬金合同有许多种形式，主要如下：

1）成本加固定费用合同。

2）成本加固定比例费用合同。

3）成本加奖金合同。

4）最大成本加费用合同。

（4）成本加酬金合同的应用

当实行施工总承包管理模式或 CM 承包模式（Fast Track Construction Management）时，业主与施工总承包管理单位或 CM 单位的合同一般采用成本加酬金合同。在国际上，许多项目管理合同、咨询服务合同等也多采用成本加酬金合同方式。

【子任务一】尝试从应用范围、业主的投资控制工作、业主的风险、承包商的风险、设计深度要求等方面比较总价合同、单价合同、成本加酬金合同，并尝试根据工程实际情况（风险分担、规模和工期、竞争情况、复杂程度、单项工程的明确程度、准备时间长短、外部环境因素）选择合适的合同类型。

二维码 10-4
【子任务一】解析

10.1.3　工程合同的订立

施工合同的订立，是指发包人和承包人之间为了建立承发包合同关系，通过对施工合同具体内容进行协商而形成合意的过程。

1. 订立施工合同的基本原则及具体要求

（1）平等原则

《民法典》第四条规定："民事主体在民事活动中的法律地位一律平等。"此项规定明确指出，当事人无论是什么身份，地位、经济实力如何，均不得享有特权，其在合同关系中相互之间的法律地位是平等的，都是独立的、享有平等主体资格的合法当事人。法律地位平等，包括订立和履行合同两个方面。平等原则是民事法律的基本原则，是区别行政法律、刑事法律的重要特征，也是《民法典》其他原则赖以存在的基础。

（2）自愿原则

《民法典》第五条规定："民事主体从事民事活动，应当遵循自愿原则，按照自己的意思设立、变更、终止民事法律关系。"《民法典》的自愿原则，既表现在当事人之间，也表现在合同当事人与其他人之间，任何单位和个人不得非法干预。自愿原则是法律赋予的，同时也受到其他法律规定的限制，是在法律规定范围内的"自愿"。

（3）公平原则

《民法典》第六条规定："民事主体从事民事活动，应当遵循公平原则，合理确定各方的权利和义务。"这里讲的公平，不仅表现在订立合同时的公平，显失公平的合同可以撤销；也表现在发生合同纠纷时公平处理，既要切实保护守约方的合法利益，也不能使违约方因较小的过失承担过重的责任；还表现在极个别的情况下，因客观形势发生异常变化，履行合同使当事人之间的利益发生重大失衡，公平地调整当事人之间的利益。

（4）诚实信用原则

《民法典》第七条规定："民事主体从事民事活动，应当遵循诚信原则，秉持诚实，恪守承诺。"在很多国家，诚实信用原则被尊称为民法中的"黄金法则"。诚实信用，主要包括三层含义：一是诚实，要表里如一，因欺诈订立的合同无效或者可以撤销。二是守信，要言行一致，不能反复无常，也不能口惠而实不至。三是从当事人协商合同条款时起，就处于特殊的合作关系中，当事人应当恪守商业道德，履行相互协助、通知、保密等义务。

（5）守法和公序良俗原则

《民法典》第八条规定："民事主体从事民事活动，不得违反法律，不得违背公序良俗。"该条规定集中表明了两层含义：一是遵守法律，二是不得损害社会公共利益。这一原则在一定程度上对合同的效力进行了规范，即合同并不是你情我愿就成立并生效了，还必须符合法律、行政法规的强制性规定，并接受社会公德的约束，个人利益要服从公众利益、社会利益。

2. 订立工程合同的形式和程序

（1）订立工程合同的形式

当事人订立合同，有书面形式、口头形式和其他形式。法律、行政法规规定采用书面形式的，当事人约定采用书面形式的，应当采用书面形式。书面形式是指合同书、信件和数据电文（包括电报、电传、传真、电子数据交换和电子邮件）等可以有形地表现所载内容的形式。

建设工程合同涉及面广、内容复杂、建设周期长、标的金额大，《民法典》第七百八十九条规定："建设工程合同应当采用书面形式。"

（2）订立工程合同的程序

《民法典》第四百七十一条规定："当事人订立合同，可以采取要约、承诺方式或者其他方式。"要约与承诺是当事人订立合同必经的程序，也是当事人双方就合同的一般条款经过协商一致并签署协议的过程。

1）要约

要约是希望和他人订立合同的意思表示，该意思表示应当符合下列条件：内容具体确定；表明经受要约人承诺，要约人即受该意思表示约束。

要约是一种法律行为，它表现在规定的有效期内，受要约人完全接受要约条款时，要约人负有与之签订合同的义务。否则，要约人须对此造成受要约人的损失承担法律责任。要约邀请不同于要约，要约邀请是希望他人向自己发出要约的意思表示，寄送的价目表、拍卖公告、招标公告、招股说明书、商业广告等为要约邀请。

2）承诺

承诺是受要约人同意要约的意思表示。承诺应当具备以下条件：承诺必须由受要约人或其代理人做出；承诺的内容与要约的内容应当一致；承诺要在要约的有效期内作出；承诺要送达要约人。

二维码 10-5
订立工程合同的程序

承诺可以撤回但是不能撤销。承诺通知到达受要约人时生效；不需要通知的，根据交易习惯或者要约的要求做出承诺的行为时生效。承诺生效时，合同成立。

10.2　工程合同的履约管理

合同的履行是指合同各方当事人按照合同的规定，全面履行告知的义务，实现各自的权利，使各方的目的得以实现的行为。

订立合同的目的就在于履行，通过合同的履行而实现各自的某种权益。合同的履行，是合同当事人双方都应尽的义务。任何一方违反合同，不履行合同义务，或者未完全履行合同义务，给对方造成损失时，都应当承担赔偿责任。

10.2.1　工程合同跟踪与控制

合同签订以后，当事人必须认真分析合同条款，向参与项目实施的有关负责人做好合同交底工作，在合同履行过程中进行跟踪与控制，并参加合同的变更管理，保证合同的顺利履行。

合同中各项任务的执行要落实到具体的项目经理部或具体的项目参与人员身上，承包单位作为履行合同义务的主体，必须对合同执行者（项目经理部或项目参与人）的履行情况进行跟踪、监督和控制，确保合同义务的完全履行。

1. 施工合同跟踪

施工合同跟踪包括两个方面内容，一是承包单位的合同管理职能部门对合同执行者的履行情况进行的跟踪、监督和检查；二是合同执行者本身对合同计划的执行情况进行的跟踪、检查和对比。

对合同执行者而言，应该掌握合同跟踪的以下几方面内容：

（1）合同跟踪的依据

合同跟踪的重要依据是合同以及依据合同而编制的各种计划文件；其次，还要依据各种实际工程文件，如原始记录、报表、验收报告等；最后，还要依据管理人员对现场情况的直观了解，如现场巡视、交谈、会议、质量检查等。

（2）合同跟踪的对象

1）承包的任务

①工程施工的质量，包括材料、构件、制品和设备等的质量，以及施工或安装的质量是否符合合同要求等。

②工程进度，是否在预定期限内施工，工期有无延长，延长的原因等。

③工程数量，是否按合同要求完成全部施工任务，有无合同规定以外的施工任务等。

④成本的增加和减少。

2）工程小组或分包人的工程和工作

可以将工程施工任务分解交由不同的工程小组或发包给专业分包单位完成，工程承包方必须对这些工程小组或分包人及其所负责的工程进行跟踪检查，协调关系，提出意见、建议或警告，保证工程总体质量和进度。

对专业分包人的工作和负责的工程，总承包商负有协调和管理的责任，并承担由此造成的损失，所以专业分包人的工作和负责的工程必须纳入总承包工程计划和控制中，防止因分包人工程管理失误而影响全局。

3）业主及其委托的工程师的工作

①业主是否及时、完整地提供了工程施工的实施条件，如场地、图纸、资料等。

②业主和工程师是否及时给予了指令、答复和确认等。

③业主是否及时并足额地支付了应付的工程款项。

2. 合同控制

通过合同跟踪，可能会发现合同实施中存在着偏差，即工程实施实际情况偏离了工程计划和工程目标，应该及时分析原因，采取措施，纠正偏差，避免损失，实施偏差分析，从而进行有效控制。

(1) 合同实施偏差分析的内容

1) 产生偏差的原因分析

通过对合同执行实际情况与实施计划的对比分析，不仅可以发现合同实施的偏差，而且可以探索引起差异的原因。原因分析可以采用鱼刺图，因果关系分析图（表），成本量差、价差、效率差分析等方法定性或定量地进行。

2) 合同实施偏差的责任分析

责任分析即分析产生合同偏差的原因是由谁引起的，应该由谁承担责任。责任分析必须以合同为依据，按合同规定落实双方的责任。

3) 合同实施趋势分析

针对合同实施偏差情况，可以采取不同的措施，应分析在不同措施下合同执行的结果与趋势，包括：

①最终的工程状况，包括总工期的延误、总成本的超支、质量标准、所能达到的生产能力（或功能要求）等。

②承包商将承担什么样的后果，如被罚款、被清算，甚至被起诉，对承包商资信、企业形象、经营战略的影响等。

③最终工程经济效益（利润）水平。

(2) 合同实施偏差处理

根据合同实施偏差分析的结果，承包商应该采取相应的调整措施，调整措施可以分为：

1) 组织措施，如增加人员投入，调整人员安排，调整工作流程和工作计划等。

2) 技术措施，如变更技术方案，采用新的高效率的施工方案等。

3) 经济措施，如增加投入，采取经济激励措施等。

4) 管理措施（包括合同措施），如进行合同变更，签订附加协议，采取索赔手段等。

10.2.2 工程合同变更与管理

合同变更是指合同成立以后至履行完毕以前由双方当事人依法对合

同内容进行的修改，包括合同价款、工程内容、工程数量、质量要求和标准、实施程序等的一切改变都属于合同变更。

工程变更一般是指在工程施工过程中，根据合同约定对施工的程序，工程的内容、数量、质量要求及标准等做出的变更。工程变更属于合同变更，合同变更主要是由于工程变更引起的，合同变更的管理也主要是进行工程变更的管理。

1. 工程变更的原因

工程变更一般主要有以下几个方面的原因：

(1) 业主新的变更指令，对建筑的新要求，如业主有新的意图、修改项目计划、削减项目预算等。

(2) 由于设计人员、监理方人员、承包商事先没有很好地理解业主的意图，或设计的错误，导致图纸修改。

(3) 工程环境的变化，预定的工程条件不准确，要求实施方案或实施计划变更。

(4) 由于产生新技术和知识，有必要改变原设计、原实施方案或实施计划，或由于业主指令及业主责任的原因造成承包商施工方案的改变。

(5) 政府部门对工程新的要求，如国家计划变化、环境保护要求、城市规划变动等。

(6) 由于合同实施出现问题，必须调整合同目标或修改合同条款。

2. 变更的范围

二维码 10-6
《中华人民共和国房屋建筑和市政工程标准施工招标文件（2010 年版）》

根据国家发展和改革委员会等九部委联合编制的现行《中华人民共和国房屋建筑和市政工程标准施工招标文件（2010 年版）》中的通用合同条款的规定，除专用合同条款另有约定外，在履行合同中发生以下情形之一，应该按照本条规定进行变更。

(1) 取消合同中任何一项工作，但被取消的工作不能转由发包人或其他人实施。

(2) 改变合同中任何一项工作的质量或其他特性。

(3) 改变合同工程的基线、标高、位置或尺寸。

(4) 改变合同中任何一项工作的施工时间或改变已批准的施工工艺或顺序。

(5) 为完成工程需要追加的额外工作。

3. 变更权

发包人和监理人均可以提出变更。变更指示均通过监理人发出，监理人发出变更指示前应征得发包人同意。承包人收到经发包人签认的变更指示后，方可实施变更。未经许可，承包人不得擅自对工程的任何部分进行变更。

涉及设计变更的，应由设计人提供变更后的图纸和说明。如变更超过原设计标准或批准的建设规模时，发包人应及时办理规划、设计变更等审批手续。

4. 变更程序

根据现行《标准施工招标文件》中通用合同条款的规定，变更的程序如下：

（1）变更的提出。在合同履行过程中，可能发生合同的变更，承包方可能会接到变更意向书。变更意向书应说明变更的具体内容和发包人对变更的时间要求，并附必要的图纸和相关资料。变更意向书应要求承包方提交包括拟实施变更工作的计划、措施和竣工时间等内容的实施方案。发包人同意承包方根据变更意向书要求提交的变更实施方案的，由监理人按合同约定的程序发出变更指示。

（2）承包方收到监理人按合同约定发出的图纸和文件，经检查认为其中存在相关情形的，可向监理人提出书面变更建议。变更建议应阐明要求变更的依据，并附必要的图纸和说明。监理人收到承包方书面建议后，应与发包人共同研究，确认存在变更的，应在收到承包方书面建议后的 14 天内做出变更指示。经研究后不同意作为变更的，应由业主方书面答复承包方。

（3）若承包方收到监理人的变更意向书后认为难以实施此项变更，应立即通知监理人，变更指示应说明变更的目的、范围、变更内容以及变更的工程量及其进度和技术要求，并附有关图纸和文件。承包方收到变更指示后，应按变更指示进行变更工作。

5. 承包人的合理化建议

在履行合同过程中，承包人对发包人提供的图纸、技术要求以及其他方面提出的合理化建议，均应以书面形式提交监理人。合理化建议书的内容应包括建议工作的详细说明、进度计划和效益以及与其他工作的协调等，并附必要的设计文件。监理人应与发包人协商是否采纳建议。建议被采纳并构成变更的，应按合同约定的程序向承包人发出变更指示。

承包人提出的合理化建议降低了合同价格、缩短了工期或者提高了工程经济效益的，发包人可按国家有关规定在专用合同条款中约定给予奖励。

6. 变更估价

现行《标准施工招标文件》中通用合同条款有以下规定：

（1）除专用合同条款对期限另有约定外，承包人应在收到变更指示或变更意向书后的 14 天内，向监理人提交变更报价书，报价内容应根据合同约定的估价原则，详细开列变更工作的价格组成及其依据，并附必要的施工方法说明和有关图纸。

（2）变更工作影响工期的，承包人应提出调整工期的具体细节。监理人认为有必要时，可要求承包人提交要求提前或延长工期的施工进度计划及相应施工措施等详细资料。

（3）除专用合同条款对期限另有约定外，监理人收到承包人变更报告书后14天内，根据合同约定的估价原则，按照总监理工程师与合同当事人商定或确定变更价格。

10.2.3 工程合同的信息管理

1. 工程合同信息管理的内容

二维码 10-7
合同变更与工程变更

工程合同信息包括合同前期信息、合同原始信息、合同跟踪信息、合同变更信息、合同结束信息。

（1）合同前期信息主要包括工程项目招标信息。

（2）合同原始信息包括合同名称、合同类型、合同编码、合同主体、合同标的、商务条款、技术条款、合同参与方、关联合同等静态数据。

（3）合同跟踪信息包括合同进度、合同费用、合同确定的项目质量等动态数据。

（4）合同变更信息包括合同变更参与方提出的变更建议、变更方案、变更指令、变更引起的标的变更。

（5）合同结束信息包括合同支付、合同结算、合同评价信息、合同归档信息。

2. 工程合同信息管理的特点

（1）工程合同信息管理的生命周期长。工程合同管理信息系统的信息管理覆盖从招标投标到合同结束全过程。包括合同前期的工程招标投标阶段、项目合同执行阶段、项目合同结束阶段。

（2）工程合同信息管理是工程项目管理信息系统的一个组成部分。工程项目管理信息系统包括工程项目范围管理、进度管理、费用管理、质量管理、合同管理、安全管理、质量管理等子系统。

（3）工程合同信息管理涉及项目各参与方。工程合同根据不同的类型，有两方合同、三方合同；围绕一个工程项目合同，有多个合同的参与方。

（4）工程合同信息管理的动态性。工程合同信息在全生命周期中不是静态的，随着项目的进展，合同的目标信息（进度信息、费用信息、质量信息）不断更新。如果合同条件发生变化，合同信息也就随之发生变更。为了控制合同执行，需要根据合同的实际信息和合同变更信息对合同风险进行分析，调整项目管理对策。因此，合同信息的动态特性是合同信息管理系统设计的重要依据。

(5) 工程合同信息管理的“协同性”。工程合同信息管理的“协同性”体现在，项目各参与方围绕同一个合同协同处理合同信息。合同信息管理必须与进度信息管理、费用信息管理、质量信息管理、范围信息管理等进行协同，合同信息管理应该与知识库管理、数据库管理、沟通管理等进行协同。

(6) 工程合同信息管理的网络特性。合同各参与方的办公地点不在同一个区域，而合同管理的“协同”又要求他们打破“信息孤岛”，同时进行信息处理，共享合同信息。因此，合同信息管理要求各参与方通过网络联通，共同处理相关的合同信息。合同信息管理系统的网络可以是“广域网”，可以是各参与方的“intranet”组成的合同管理的“extranet”，可以是“虚拟专用网络 VPN”，也可以通过“合同信息管理门户网站”和“项目管理门户网站”进行合同信息管理，甚至可以通过“项目管理信息门户 PIP”进行合同信息管理。

10.3　工程合同的索赔管理

工程合同索赔通常是指在工程合同履行过程中，合同当事人一方因对方不履行或未能正确履行合同，或者由于其他非自身因素而受到经济损失或权利损害，通过合同规定的程序向对方提出经济或时间补偿要求的行为。索赔是一种正当的权利要求，它是合同当事人之间一项正常而且普遍存在的合同管理业务，是一种以法律和合同为依据的合情合理行为。

工程施工承包合同执行过程中，业主可以向承包方提出索赔要求，承包方也可以向业主提出索赔要求，即合同的双方都可以向对方提出索赔要求。当一方向另一方提出索赔要求，被索赔方采取适当的反驳、应对和防范措施，称为反索赔。

10.3.1　索赔的概念与分类

在工程建设的各个阶段，都有可能发生索赔，但在施工阶段索赔发生较多。对施工合同的双方来说，都有通过索赔维护自己合法利益的权利，依据双方约定的合同责任，构成正确履行合同义务的制约关系。

1. 索赔的概念

索赔有较广泛的含义，可以概括为如下三个方面：

(1) 一方违约使另一方蒙受损失，受损方向对方提出赔偿损失的要求。

二维码 10-8
索赔的概念（微课）

（2）发生应由发包人承担责任的特殊风险或遇到不利自然条件等情况，使承包人蒙受较大损失而向发包人提出补偿损失要求。

（3）承包人本应当获得的正当利益，由于未能及时得到监理人的确认和发包人应给予的支付，而以正式函件向发包人索赔。

2. 索赔的特征

从索赔的基本概念的理解，可以看出索赔具有以下基本特征：

（1）索赔是双向的，不仅承包人可以向发包人索赔，发包人同样也可以向承包人索赔。

（2）只有实际发生了经济损失或权利受损害，一方才能向对方索赔。经济损失是指因对方因素造成合同外的额外支出，如人工费、材料费、管理费等额外开支；权利受损害是指虽然没有经济上的损失，但造成了一方权利上的损害，如由于恶劣气候条件对工程进度的不利影响，承包人有权要求工期延长等。

（3）索赔是一种未经对方确认的单方行为，它与通常所说的工程签证不同，在施工过程中签证是承发包双方就额外费用补偿或工期延长等达成一致的书面证明材料和补充协议。它可以直接作为工程款结算或最终增减工程造价的依据，而索赔只是单方面行为，对对方尚未形成约束力，这种索赔要求能否得到最终实现，必须要通过确认（如双方协商、谈判、调解、仲裁、诉讼）后才能实现。

3. 施工索赔的分类

二维码 10-9
索赔的分类（微课）

（1）按索赔有关当事人分类

1）承包人与发包人之间的索赔。

2）承包人与分包人之间的索赔。

3）承包人或发包人与供货人之间的索赔。

4）承包人或发包人与保险人之间的索赔。

（2）按索赔目的和要求分类

1）工期索赔，一般指承包人向业主或者分包人向承包人要求延长工期。

2）费用索赔，即要求补偿经济损失，调整合同价格。

（3）按索赔事件的性质分类

1）工程延误索赔。

2）工程加速索赔。

3）工程变更索赔。

4）工程终止索赔。

5）不可预见的外部障碍或条件索赔。

6）不可抗力事件引起的索赔。

7）其他索赔，如货币贬值、汇率变化、物价变化、政策法令变化等原因引起的索赔。

4. 索赔的起因

在装饰工程领域中，最常见的索赔的原因有以下几种：

（1）当事人违约

当事人违约常常表现为没有按照合同约定履行自己的义务。发包人违约常常表现为没有为承包人提供合同约定的施工条件、未按照合同约定的期限和数额付款等。监理人未能按照合同约定完成工作（如未能及时发出图纸、指令等）也视为发包人违约。承包人违约的情况则主要是没有按照合同约定的质量、期限完成施工，或者由于不当行为给发包人造成其他损害。

（2）不可抗力或不利的物质条件

二维码 10-10
可能构成工期索赔的事件（微课）

不可抗力又可以分为自然事件和社会事件，自然事件主要是工程施工过程中不可避免发生并不能克服的自然灾害，包括地震、海啸、瘟疫、水灾等；社会事件则包括国家政策、法律、法令的变更，战争，罢工等。不利的物质条件通常是指承包人在施工现场遇到的不可预见的自然物质条件、非自然的物质障碍和污染物，包括地下和水文条件。

（3）合同缺陷

合同缺陷表现为合同文件规定不严谨甚至矛盾、合同中的遗漏或错误。在这种情况下，工程师应当给予解释，如果这种解释将导致成本增加或工期延长，发包人应当给予补偿。

（4）合同变更

合同变更表现为设计变更、施工方法变更、追加或者取消某些工作、合同规定的其他变更等。

（5）监理人指令

监理人指令有时也会产生索赔，如监理人指令让承包人加速施工、进行某项工作、更换某些材料、采取某些措施等，并且这些指令不是由于承包人的原因造成。

（6）其他第三方原因

其他第三方原因常常表现为与工程有关的第三方问题而引起的对本工程的不利影响。

10.3.2　索赔的依据与证据

索赔要有依据和证据，每一条施工索赔事项的提出都必须做到有理、有据、合法，也就是说索赔事项是工程承包合同中规定的，要求索赔是正当的。提出索赔事项必须依据法律、法规、条例及双方签订的合同，同时必须有完备的资料作为凭据。

1. 索赔的依据

索赔的依据包括装饰工程施工合同中的有关条款以及《建筑法》《民法典》和建筑装饰法规的具体规定等。当承包商在施工过程中遇到干扰事件而遭受损失后，承包商就可以根据责任原因，寻找索赔依据，向业主方提出索赔。承包商在索赔报告中必须指出索赔要求是按照合同中哪一个条款提出的，或者是依据何种法律中哪一条规定提出的。寻找索赔理由，主要是通过合同分析和法律分析进行。

2. 索赔的证据

证据作为索赔文件的一部分，直接关系到索赔能否成功。工程师在对索赔进行审核时，往往重点审查承包商提出的索赔依据是否可靠合理，所提供的证据是否确凿、充分。作为承包商，如果希望索赔能够达到预期效果，必须辅以大量证据，以证明自己的索赔要求。因此，在建筑装饰工程施工过程中，为了保证索赔成功，承包方应指定专人负责收集和保管以下工程资料：

（1）各种合同文件，包括施工合同协议书及其附件、中标通知书、投标书、标准和技术规范、图纸、工程量清单、工程报价单或者预算书、有关技术资料和要求、施工过程中的补充协议等。

（2）工程各种往来函件、通知、答复等。

（3）各种会谈纪要。

（4）经过发包人或者工程师批准的承包人的施工进度计划、施工方案、施工组织设计和现场实施情况记录。

（5）工程各项会议纪要。

（6）气象报告和资料，如有关温度、风力、雨雪的资料。

（7）施工现场记录，包括有关设计交底、设计变更、施工变更指令，工程材料和机械设备的采购、验收与使用等方面的凭证及材料供应清单、合格证书，工程现场水、电、道路等开通、封闭的记录，停水、停电等各种干扰事件的时间和影响记录等。

（8）工程有关照片和录像等。

（9）施工日记、备忘录等。

（10）发包人或者工程师签认的签证。

（11）发包人或者工程师发布的各种书面指令和确认书，以及承包人的要求、请求、通知书等。

（12）工程中的各种检查验收报告和各种技术鉴定报告。

（13）工地的交接记录（应注明交接日期，场地平整情况，水、电、路情况等），图纸和各种资料交接记录。

（14）建筑材料和设备的采购、订货、运输、进场、使用方面的记录、凭证和报表等。

（15）市场行情资料，包括市场价格、官方的物价指数、工资指数、中央银行的外汇比率等公布材料。

（16）投标前发包人提供的参考资料和现场资料。

（17）工程结算资料、财务报告、财务凭证等。

（18）各种会计核算资料。

（19）国家法律、法令、政策文件。

3. 索赔成立的条件

索赔的成立，应该同时具备以下三个前提条件：

（1）与合同对照，事件已造成了承包人工程项目成本的额外支出，或直接工期损失。

（2）造成费用增加或工期损失的原因，按合同约定不属于承包人的行为责任或风险责任。

（3）承包人按合同规定的程序和时间提交索赔意向通知和索赔报告。

以上三个条件必须同时具备，缺一不可。

二维码 10-11
工期索赔成立的条件（微课）

二维码 10-12
不可抗力事件索赔（微课）

二维码 10-13
索赔判定

10.3.3　索赔的程序

根据合同约定，索赔是具有一定法定流程的。建筑装饰工程施工中，可以由发包人向承包人，承包人向发包人，分包人向承包人进行索赔。以下主要就承包人认为非承包人原因发生的事件造成了承包人的损失，向发包人提出索赔进行介绍，具体流程如图 10-2 所示。

索赔意向通知书如图 10-3 所示。

二维码 10-14
索赔程序

10.3.4　索赔的计算

1. 费用索赔的计算

（1）索赔费用的组成

按照合同约定，承包人有索赔权利的工程费用增加都是可以进行索赔的，不同的索赔事件造成的费用增加，可索赔的内容并不完全一致。一般来说，索赔费用的组成包括以下几个部分：

1）人工费。索赔的人工费是指完成合同以外的额外工作、非承包人原因的工作效率降低所增加的人工费用，超过法定工作时间加班劳动费，

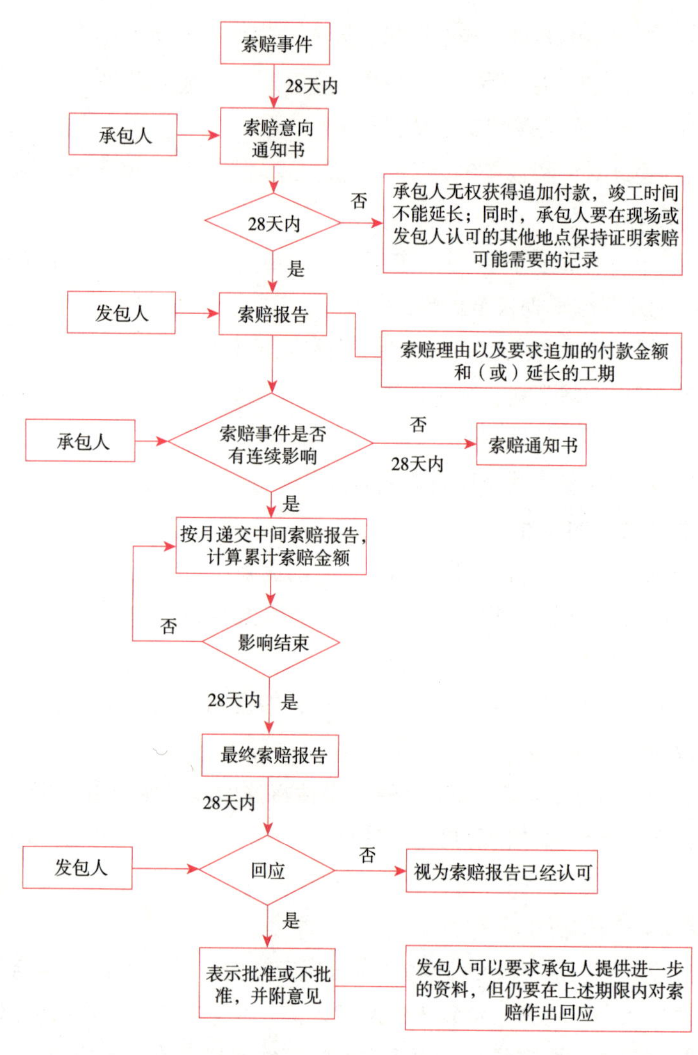

图 10-2　承包人索赔流程图

致：________

根据《建设工程施工合同（示范文本）》第___条___的约定，由于发生了________事件，且该事件的发生非我方原因所致。为此，我方向________________（单位）提出索赔要求。

附件：索赔事件资料

提出单位（盖章）________

负责人（签字）________

工程名称：　　　　　　　　　　　　　　　　　　　编号：

图 10-3　索赔意向通知书

法定人工费增长以及非承包人责任工程延期导致的人员窝工费和工资上涨费等。其中完成合同以外额外工作的人工费按计日工计算，停工及工作效率降低的损失费按窝工费计算。

2）材料费。索赔的材料费包括实际用量超过计划用量而增加的材料费，由于客观原因导致的材料价格大幅上涨，以及由于非承包人原因工程工期延长导致的材料价格上涨和超期储存费用。如果是承包人原因造成的材料损坏或失效，则不能提出索赔。所以，承包人应该建立健全材料管理制度，做好材料进场记录、领料记录，以便在建设工程施工索赔过程中提供资料。

3）施工机具使用费。索赔的施工机具使用费包括完成额外工作增加的机械使用费，由于非承包人原因导致工作效率降低增加的机械使用费，由于业主或监理工程师原因导致机械停工的窝工费。完成额外工作增加的机械使用费按机械台班费进行计算，计算窝工费时，当施工机具是企业自有时，按机械台班折旧费进行计算。当施工机具是外部租赁时，按设备租赁费进行计算。

4）分包费用。分包费用索赔应列入总承包人的索赔费用总额范围之内，一般包括人工费、材料费、机械使用费的索赔。

5）管理费。索赔的管理费分为现场管理费和总部（企业）管理费两部分。现场管理费主要包括承包人完成索赔事件增加工程内容以及工期延长期间的现场管理费，如管理人员工资、办公费、交通费、通信费等。总部管理费主要指的是工程工期延长期间所增加的管理费，如总部职工工资、办公大楼、办公用品、财务管理、通信设施以及总部领导人员赴工地检查指导工作等开支。

6）利息。发包人未按合同约定时间付款，应该支付延期付款的利息；发包人未正确进行扣款，应该支付错误扣款的利息。

7）利润。不同的索赔事件，利润能否索赔也不同。一般来说，工程范围变更、资料有缺陷或技术性错误，业主未能提供现场资料等情况，承包人可以索赔利润。

【案例 10-1】某施工机械因业主原因造成停工 10 个台班，每天安排 1 个台班。该机械台班费为 800 元／台班，第一类费用为 580 元／台班，折旧费为 480 元／台班，租赁费为 820 元／台班，该机械为租赁设备。可索赔费用为多少？

二维码 10-15
【案例 10-1】解析

（2）索赔费用的计算

索赔费用的计算方法包括实际费用法、总费用法和修正的总费用法等。

1）实际费用法。实际费用法的计算原则是以承包人按照索赔事件造成的、超出原计划费用的实际开支为根据，向业主要求费用补偿。主要依据施工中实际发生的成本记录或单据，该方法是计算工程索赔时最常用的一种方法，要求施工方在工程施工过程中及时而准确地收集、整理资料，同时注意费用项不要遗漏，最后累计各项索赔值得到总的索赔费用。

2）总费用法。发生多次索赔事件后，重新计算该工程的实际总费用，利用实际总费用减去投标报价时的估算总费用，得到索赔金额，该方法被称为总费用法。因为重新计算的实际总费用中可能包含承包人原因引起的费用增加，投标报价时的估算总费用也可能为了中标而过低，所以这种方法计算结果并不十分准确，一般只有在难以采用实际费用法时使用。

3）修正的总费用法。修正的总费用法是在总费用法的基础上进行的改进，即在总费用计算方法上进行调整，去掉一些不合理的因素，使其更合理。如核算投标报价费用时，将计算时段局限于受到外界影响的时间，而不是整个施工过程；只计算受影响时段内某项工作的损失；无关费用不列入总费用等。

二维码 10-16
【案例 10-2】解析

【案例 10-2】某国际工程合同额为 5000 万元，合同实施天数为 300 天。由国内某承包商总承包施工，该承包商同期总合同额为 5 亿元，同期内公司的总管理费为 1500 万元。因为业主修改设计，承包商要求工期延期 30 天。该工程项目部在施工索赔中总部管理费的索赔额是多少？

2. 工期索赔的计算

按照工作性质，工程工期延误可以划分为关键线路延误和非关键线路延误，关键线路上工作的延误一定会造成总工期的延长，影响竣工日期，所以非承包人原因造成的工期延误都可以进行索赔；而非关键线路上的工作一般都存在机动时间，延误是否影响总工期取决于该工作总时差和延误时间的长短。当延误时间少于总时差时，不予以顺延工期；当延误时间大于总时差时，该工作就会转化为关键工作，可以对总时差与延误时间的差值提出工期索赔，予以顺延工期。

工期索赔的计算方法主要有直接法、比例分析法和网络分析法三种。

二维码 10-17
工期索赔的计算（网络分析法）
（微课）

（1）直接法。如果某干扰事件直接发生在关键线路上，造成总工期的延误，可以直接将该干扰事件的实际干扰时间（延误时间）作为工期索赔值。

（2）比例分析法。如果某干扰事件仅仅影响某单项工程、单位工程或分部分项工程的工期，要分析其对总工期的影响，可以采用比例分析法，按工程量的比例计算工期索赔值：

二维码 10-18
工期索赔的计算（比例分析法）
（微课）

工期索赔值 = 原合同总工期 × 新增工程量 / 原合同工程量（10–1）

也可以按照造价的比例计算工期索赔值：

工期索赔值 = 原合同总工期 × 附加或新增工程造价 / 原合同总价 （10–2）

【案例 10–3】某工程基础施工中出现了意外情况，导致工程量由原来的 2800m³ 增加到 3500m³，原定工期是 40 天。承包商可以提出的工期索赔值是多少？

二维码 10-19
【案例 10-3】解析

【案例 10-4】某工程合同价为 1200 万元，总工期为 24 个月，施工过程中业主增加额外工程 200 万元。承包商可以提出的工期索赔值是多少？

二维码 10-20
【案例 10-4】解析

（3）网络分析法。网络分析法是一种利用工程网络计划分析关键线路，从而计算工期索赔值的方法，可以用于计算工程中一项或多项索赔事件共同作用引起的工期索赔。假设工程按照合同双方认可的网络计划确定的施工顺序、工作时间施工，索赔事件发生后，致使网络计划中某个工作或某些工作持续时间延长或开始时间推迟，从而影响总工期，则将索赔事件影响后新的持续时间和开始时间等代入网络计划中，重新计算得到的新总工期与原总工期之间的差值就是索赔事件对总工期的影响，也就是承包商可以提出的工期索赔值。

二维码 10-21
【案例 10-5】解析

【案例 10-5】业主与监理单位、施工单位针对某工程，分别签订了工程监理合同和工程施工合同。施工单位编制的进度计划符合合同工期要求，并得到了监理工程师批准。进度计划如图 10-4 所示。

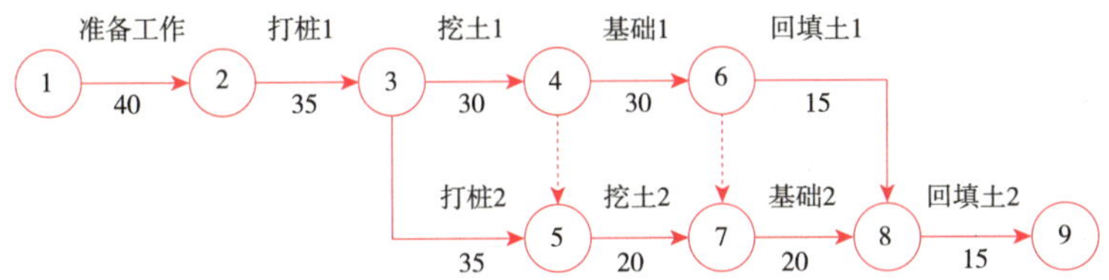

图 10-4　网络进度计划图

施工过程中，发生了如下事件：

事件一：由于施工方法不当，打桩 1 工程施工质量较差，补桩用去 20 万元，且打桩 1 作业时间由原来的 35 天延长到 45 天。

事件二：挖土 2 作业过程中，施工单位发现一个勘察报告未提及的大型暗浜，增加处理费用 2 万元，且作业时间由原来的 20 天增加到 25 天。

事件三：基础 2 施工完毕后，施工单位为了抢时间，自检之后马上进行回填土 2 施工。回填土 2 施工到一半时，监理工程师要求挖开重新检查基础 2 质量。

试解答以下问题：

（1）计算网络计划总工期，并写出网络计划中的关键工作。

（2）事件一、事件二发生后，施工单位可索赔的费用和工期各为多少？并说明理由。

（3）事件三中，监理工程师要施工单位挖开回填土进行基础检查的理由是什么？

单元小结

合同管理是工程项目管理中的重要内容之一。施工合同管理是对工程施工合同的签订、履行、变更、解除等进行策划和控制的过程。

工程合同可以按照不同的方法加以分类，按照合同的计价方式不同可以分为单价合同、总价合同和成本加酬金合同三大类。

合同履行是指合同各方当事人按照合同的规定，全面履行告知的义务，实现各自的权利，使各方目的得以实现的行为。

工程合同索赔通常是指在工程合同履行过程中，合同当事人一方因对方不履行或未能正确履行合同，或者由于其他非自身因素而受到经济损失或权利损害，通过合同规定的程序向对方提出经济或时间补偿要求的行为。

索赔事件，是指那些使实际情况与合同规定不符合，最终引起工期和费用变化的各类事件。

复习思考题

二维码 10-22
复习思考题答案

1. 阐述施工合同管理的概念，其主要内容包括哪些事项？
2. 施工合同文件的组成内容包括哪些？
3. 施工合同按计价方式不同可以分为哪几类？
4. 固定总价合同适用什么情况？
5. 成本加酬金合同有哪些特点？
6. 成本加酬金合同的形式有哪些？
7. 阐述订立施工合同的基本原则。
8. 订立工程合同的形式有哪些？订立工程合同的程序有哪些？
9. 承包人针对合同偏差的调整措施有哪些？
10. 根据《标准施工招标文件》的规定，发生哪些情况属于合同变更？
11. 建筑装饰工程施工索赔的依据和证据有哪些？
12. 阐述承包人向发包人提出施工索赔的流程。

世界职业院校技能大赛建筑装饰数字化施工赛项模拟赛题

一、单项选择题（每题 1 分，每题的备选项中只有 1 个最符合题意）

1.《建设工程施工合同（示范文本）》主要由（　　）三部分组成。

A. 总则、通用条件、专用条件

B. 总则、分则、附则

C. 总则、正文、附件

D. 合同协议书、通用合同条款、专用合同条款

2. 下列合同各项内容中，不属于合同主要条款的是（　　）。

A. 价款或者报酬　　　　　　　B. 保险条款

C. 履行期限、地点和方式　　　D. 当事人的名称

3. 关于合同示范文本的说法正确的是（　　）。

A. 示范文本能够使合同的签订规范和条款完备

B. 示范文本为强制使用的合同文本

C. 采用示范文本是合同成立的前提

D. 采用示范文本是合同生效的前提

4. 关于合同形式的说法正确的是（　　）。

A. 书面形式合同是指纸质合同

B. 当事人的行为可以构成默示合同

C. 书面形式是主要的合同形式

D. 未依法采用书面形式订立合同的，合同无效

5. 对于业主而言，成本加酬金合同的优点是（　　）。

A. 有利于控制投资　　　　　　B. 可通过分段施工缩减工期

C. 不承担工程量变化的风险　　D. 不需介入工程施工的管理

6. 关于施工合同变更的说法，正确的是（　　）。

A. 施工合同变更无需办理批准登记手续

B. 工程变更必须导致施工合同条款变更

C. 施工合同非实质性条款的变更，无需双方当事人协商一致

D. 当事人对施工合同变更内容约定不明确的推定为未变更

7. 施工合同履行过程中出现以下情形，施工企业可以被免除违约责任的是（　　）。

A. 施工过程中发生罕见洪灾，导致工期延误

B. 施工过程中遭遇梅雨期，导致工期延误

C. 施工企业的设备损坏，导致工期延误

D. 施工企业延迟施工遭遇泥石流，导致工期延误

8. 关于履约保证金的说法，正确的是（　　）。

A. 中标人必须交纳履约保证金

B. 履约保证金不得超过中标合同金额的20%

C. 履约保证金是投标保证金的另一种表述

D. 中标人违反招标文件的要求拒绝提交履约保证金的，视为放弃中标项目

9. 在工程实施过程中发生索赔事件后，承包人首先应做的工作是在合同规定时间内（　　）。

A. 向发包人发出书面索赔意向通知

B. 向工程项目建设行政主管部门报告

C. 向造价工程师提交正式索赔报告

D. 收集完善索赔证据

10. 下列工作内容中，属于反索赔工作内容的是（　　）。

A. 收集准备索赔资料　　B. 编写法律诉讼文件

C. 防止对方提出索赔　　D. 发出最终索赔通知

11. 政府投资工程的承包人向发包人提出的索赔请求，索赔文件应该交由（　　）进行审核。

A. 造价鉴定机构　　B. 造价咨询人

C. 监理人　　D. 政府造价管理部门

12. 索赔事件是指实际情况与合同规定不符合，最终引起（　　）变化的各类事件。

A. 质量、成本　　B. 安全、工期

C. 工期、费用　　D. 标准、信息

13. 承包商可以向业主提出索赔的情形包括（　　）。

A. 监理工程师提出的设计变更导致费用的增加

B. 承包商为了保证工程质量而增加的措施费

C. 分包商返工造成费用增加，工期拖延

D. 承包商自行采购材料的质量有问题导致的费用增加，工期拖延

14. 关于对承包人索赔文件审核的说法，正确的是（　　）。

A. 监理人收到承包人提交的索赔通知书后，应及时转交发包人，监理人无权要求承包人提交原始记录

B. 监理人根据发包人的授权，在收到索赔通知书的60天内，将索赔处理结果答复承包人

C. 承包人不接受索赔处理结果的，应直接向法院起诉索赔

D. 承包人接受索赔处理结果的，发包人应在索赔处理结果答复后28天内完成赔付

15. 关于施工合同索赔的说法，正确的是（　　）。

A. 承包人可以直接向业主提出索赔要求

B. 业主必须通过监理单位向承包人提出索赔要求

C. 承包人接受竣工付款证书后，仍有权提出在证书颁发前发生的任何索赔

D. 承包人提出索赔要求时，业主可以进行追加处罚

16. 关于建设工程索赔成立条件的说法，正确的是（　　）。

A. 导致索赔的事情必须是对方的过错，索赔才能成立

B. 只要对方存在过错，不管是否造成损失，索赔都能成立

C. 只要索赔事件的事实存在，在合同有效期内任何时候提出索赔都能成立

D. 不按照合同规定的程序提交索赔报告，索赔不能成立

17. 下列建设工程项目中，宜采用成本加酬金合同的是（　　）。

A. 时间特别紧迫的抢险、救灾工程项目

B. 采用的技术成熟，但工程量暂不确定的工程项目

C. 工程结构和技术简单的工程项目

D. 工程设计详细、工程任务和范围明确的工程项目

18. 某土方合同采用单价合同方式，投标总价为 30 万元，土方单价为 30 元 /m^2，清单工程量为 6000m^2，现场实际完成经监理工程师确认的工程量为 5000m^2，则估算工程款应为（　　）万元。

A. 15　　B. 20　　C. 30　　D. 35

19. 下列工程项目中，宜采用成本加酬金合同的是（　　）。

A. 工程结构和技术简单的工程项目

B. 工程设计详细，图纸完整、清楚，工作任务和范围明确的工程项目

C. 时间特别紧迫的抢救、救灾工程项目

D. 工程量暂不确定的工程项目

20. 某装饰工程按混合方式计价，其中大理石楼地面工程实行总价包干，包干价 20 万元；外墙铝板幕墙实行单价合同。该工程有关的工程量和价格资料见表 10–2，则该工程的结算价款是（　　）万元。

工程量及价格资料表　　　　表 10–2

项目	估价工程量（m^2）	实际工程量（m^2）	合同单价（元 /m^2）
大理石材楼地面	4000	4200	—
外墙铝板幕墙	2800	3000	240

A. 87.2　　B. 88.2　　C. 92.0　　D. 93.0

二、多项选择题（每题 2 分。每题的备选项中，有 2 个或 2 个以上符合题意，至少有 1 个错项。错选，本题不得分；少选，所选的每个选项得 0.5 分）

1. 下列信息和资料中，可以作为施工合同索赔证据的有（　　）。

A. 施工合同文件　　B. 工程各项会议纪要

C. 监理工程师的口头指示　　D. 相关法律法规

E. 施工日记和现场记录

2. 建设工程索赔成立应当同时具备的条件有（　　）。

A. 造成的费用增加数额已得到第三方核认

B. 与合同对照，事件已经造成承包人项目成本的额外支出

C. 造成费用增加的原因，按合同约定不属于承包人的行为责任

D. 发包人按合同规定的时间回复索赔报告

E. 承包人按合同规定的程序、时间提交索赔意向通知书和索赔报告

3. 若建设工程采用固定总价合同，承包商承担的风险主要有（　　）。

A. 报价计算错误的风险　　B. 物价、人工费上涨的风险

C. 工程变更的风险　　D. 设计深度不够导致误差的风险

E. 投资失控的风险

4. 下列工作内容中属于合同实施偏差分析的有（　　）。

A. 产生偏差的原因分析　　B. 实施偏差的责任分析

C. 合同实施趋势分析　　D. 实施偏差的费用分析

E. 合同终止的原因分析

5. 根据《标准施工招标文件》，合同履行中可以进行工程变更的情形有（　　）。

A. 改变合同中某项工作的施工时间

B. 为完成工程追加的额外工作

C. 改变合同中某项工作的质量标准

D. 取消合同中某项工作，转由发包人实施

E. 改变合同工程的标高

6. 根据《建设工程施工合同（示范文本）》，采用变动总价合同时，双方约定可对合同价款进行调整的情形有（　　）。

A. 一般性的天气变化导致的施工进度变化

B. 国家对工程建设强制性标准进行修订，导致工程成本改变

C. 承包人自身管理不善导致的工程变更、成本增加

D. 因自然灾害等不可抗力事件导致工程变更、额外费用产生

E. 工程造价管理部门所公布的建材价格调整信息，致使价格出现变动

7. 若建设工程采用固定总价合同，承包商承担的风险主要有（　　）。

A. 报价计算错误的风险　　B. 物价、人工费上调的风险

C. 工程变更的风险　　D. 设计深度不够导致误差的风险

E. 投资失控的风险

8. 根据《建设工程施工合同（示范文本）》，采用变动总价合同时，一般可对合同价款进行调整的情形有（　　）。

A. 施工方承担的损失超过其承受能力

B. 一周内非承包商原因停电造成的停工累计达到7h

C. 法律、行政法规和国家有关政策变化影响合同价款

D. 工程造价管理部门公布的价格调整

E. 外汇汇率变化影响合同价款

9. 某单价合同的投标报价中：钢筋混凝土工程量为1000m^3，投标单价为300元/m^3，合价为30000元；投标报价单的总价为8100000元。关于此投标报价单的说法，正确的有（　　）。

A. 钢筋混凝土的合价应该是300000元，投标人报价存在明显计算错误，业主可以先做修改再进行评标

B. 实际施工中工程量2000m^3，则钢筋混凝土工程的价款金额应该是600000元

C. 该单价合同若采用固定单价合同，无论发生影响价格的任何因素，都不对投标单价进行调整

D. 该单价合同若采用变动单价合同，双方可以约定在实际工程量变化较大时对该投标单价进行调整

E. 评标时应根据单价优先原则对总报价进行修改，正确报价应为8400000元

10. 成本加酬金合同的形式主要有（　　）。

A. 最大成本加税金合同　　B. 成本加固定费用合同

C. 成本加固定比例费用合同　　D. 成本加奖金合同

E. 最大成本加费用合同

11. 建设工程索赔成立应当同时具备的条件有（　　）。

A. 造成的费用增加数额已得到第三方核认

B. 与合同对照，事件已经造成承包人项目成本的额外支出

C. 造成费用增加的原因，按合同约定不属于承包人的行为责任

D. 发包人按合同规定的时间回复索赔报告

E. 承包人按合同规定的程序、时间提交索赔意向通知书和索赔报告

12. 下列信息和资料中，可以作为施工合同索赔证据的有（　　）。

A. 施工图纸、规范　　B. 市场行情资料
C. 监理工程师的口头指示　　D. 气象报告和资料
E. 施工日记和现场记录

13. 可以作为施工合同索赔证据的工程资料有（　　）。
A. 业主的口头指示　　B. 施工标准和技术规范
C. 工程会议纪要　　D. 官方发布的物价指数
E. 施工技术交底书

二维码 10-23
模拟赛题答案

14. 承包商可以提出索赔的条件有（　　）。
A. 发包人违反合同给承包人造成时间、费用的损失
B. 因工程变更造成的时间、费用损失
C. 发包人提出提前竣工而造成承包人的费用增加
D. 贷款利率上调造成贷款利息增加
E. 发包人延误支付期限造成承包人的损失

二维码 10-24
模拟赛题答案解析

15. 承包人向发包人提交的索赔报告，其内容包括（　　）。
A. 索赔证据　　B. 索赔事件总述
C. 索赔合理性论证　　D. 索赔款项（或工期）计算书
E. 索赔意向通知

11

Danyuanshiyi　Jianzhu Zhuangshi Gongcheng Shouwei Guanli

单元 11
建筑装饰工程收尾管理

本单元主要涉及竣工验收、项目管理考核评价、建筑装饰产品回访与保修等内容。与施工员、质量员、售后维修人员等岗位相关，学生学习后能掌握工程收尾阶段的相关知识，保障项目圆满结束并提供优质售后。在职业院校技能大赛中，考查学生对竣工验收流程的熟悉程度、对回访保修问题的处理能力。结合房屋工程质量保修的“315 维权案例”融入课程思政，培养学生的责任意识和诚信意识，让学生明白工程收尾管理是对整个项目的负责，也是对业主权益的保障，要始终坚守质量底线，维护企业信誉。

单元 11 课件

单元 11 课前练一练

教学目标

知识目标：

1. 了解竣工验收的概念、竣工验收的方式；

2. 熟悉竣工验收具备的条件和标准、竣工验收的程序，以及竣工验收资料的内容；

3. 掌握建筑装饰产品保修范围、保修期及责任，以及常见的回访。

能力目标：

1. 能够参与工程竣工验收，整理竣工资料，考核评价项目；

2. 能够参与产品回访保修工作。

典型工作任务——开展回访保修工作

二维码 11-1
典型工作任务

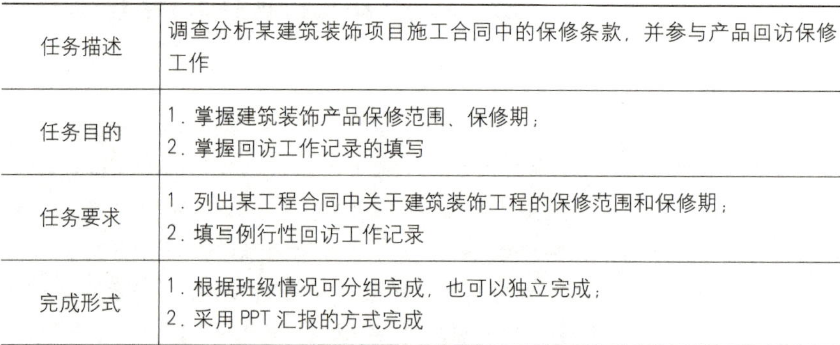

任务描述	调查分析某建筑装饰项目施工合同中的保修条款，并参与产品回访保修工作
任务目的	1. 掌握建筑装饰产品保修范围、保修期； 2. 掌握回访工作记录的填写
任务要求	1. 列出某工程合同中关于建筑装饰工程的保修范围和保修期； 2. 填写例行性回访工作记录
完成形式	1. 根据班级情况可分组完成，也可以独立完成； 2. 采用 PPT 汇报的方式完成

导读——透过“315 维权案例”看房屋工程质量保修

某市消费者王先生于 2021 年 8 月 5 日到当地消费者权益保护委员会（以下简称消保委）投诉称：其在某小区购置了一套排屋，于 2016 年 8 月 13 日验收交房，目前刚开始装修，发现地下室墙脚部位出现渗漏现象。向房地产公司反映后，因还在质保期（保修期）内，房地产公司负责维修了一面墙。维修后，发现另几面墙的墙脚也出现了渗漏。房地产公司推托是雨期地下室受湿引起，不再予以处理，而房屋的质保期也快到了，希望消保委出面予以协调解决。

二维码 11-2
房屋工程质量保修案例评析

接到投诉后，该市消保委工作人员及时向双方当事人了解情况，根据消费者王先生提供的图片信息，听取了房地产公司对该事件的处理意见。房地产公司承认该房屋地下室在质保期内出现渗漏，渗漏墙脚已进行挖槽开沟引水处理，消费者反映的另几面墙的渗水问题，是因为雨期受潮所致，建议用除湿机处理。但王先生认为不是受潮原因，除湿机没效果，担心房地产公司故意拖延时间，过质保期后处理此事会变得更加麻烦，希望房地产公司也用同样的方法处理剩下墙脚渗漏问题。考虑到此事比较专业，消保委工作人员事先咨询了相关建筑行业专家，取得了专家建议。在前期充分沟通的前提下，消保委工作人员组织双方到现场实地当面调解，现场排除了渗漏是因受潮引起的争议，并结合专家建议，双方达成一致的渗漏部位防水修补处理方案，由房地产公司实施维修，并且当场开始维修施工，王先生对维修方案表示认可。

思考：

对于房屋工程质量的保修，消费者如何正当维护自己的合法权益？

11.1　竣工验收阶段的管理

竣工验收阶段是工程项目建设全过程的终结阶段，当工程项目按设计文件及工程合同的规定内容全部施工完毕后，便可组织验收。通过竣工验收，移交工程项目产品，对项目成果进行总结、评价，交接工程档案资料，进行竣工结算，终止工程施工合同，结束工程项目实施活动及过程，完成工程项目管理的全部任务。

11.1.1　竣工验收的概念

竣工是指工程项目经过承建单位的准备和实施活动，已完成了项目承包合同规定的全部内容，并符合发包单位的意图，达到了使用的要求，它标志着工程项目建设任务的全面完成。

竣工验收是工程项目建设环节的最后一道程序，是承包人按照施工合同约定，完成设计文件和施工图纸规定的工程内容，经发包人组织竣工验收及工程移交的过程。

竣工验收的主体有交工主体和验收主体两方面，交工主体是承包人，验收主体是发包人，二者均是竣工验收行为的实施者，是互相依附而存在的；工程项目竣工验收的客体应是设计文件规定、施工合同约定的特定工程对象，即工程项目本身。

11.1.2　竣工验收的方式

为了保证建设项目竣工验收的顺利进行，验收必须遵循一定的程序，并按照建设项目总体计划的要求以及施工进展的实际情况分阶段进行。建设项目竣工验收，按被验收的对象划分，可分为：单位工程验收、单项工程验收及工程整体验收，见表 11-1。

不同阶段的工程验收　　表 11-1

类型	验收条件	验收组织
单位工程验收（中间验收）	1. 按照施工承包合同的约定，施工完成到某一阶段后要进行中间验收； 2. 主要的工程部位施工已完成了隐蔽前的准备工作，该工程部位将置于无法查看的状态	由监理单位组织，业主和承包商派人参加，该部位的验收资料将作为最终验收的依据
单项工程验收（交工验收）	1. 建设项目中的某个合同工程已全部完成； 2. 合同内约定有单项移交的工程已达到竣工标准，可移交给业主投入试运行	由业主组织，会同施工单位、监理单位、设计单位及使用单位等有关部门共同进行
工程整体验收（动用验收）	1. 建设项目按设计规定全部建成，达到竣工验收条件； 2. 初验结果全部合格； 3. 竣工验收所需资料已准备齐全	大中型和限额以上项目由国家发展改革委或由其委托项目主管部门或地方政府部门组织验收；小型和限额以下项目由项目主管部门组织验收；业主、监理单位、施工单位、设计单位和使用单位参加验收工作

11.1.3 竣工验收的条件和标准

1. 竣工验收的条件

（1）设计文件和合同约定的各项施工内容已经施工完毕。

（2）有完整并经核定的工程竣工资料，符合验收规定。

（3）有勘察、设计、施工、监理等单位签署确认的工程质量合格文件。

（4）有工程使用的主要建筑材料、构配件、设备进场的证明及试验报告。

二维码 11-3
不同阶段的工程验收

（5）有施工单位签署的工程质量保修书。

2. 竣工验收的标准

（1）达到合同约定的工程质量标准。合同约定的质量标准具有强制性，合同的约束作用规范了承发包双方的质量责任和义务，承包人必须确保工程质量达到双方约定的质量标准，不合格不得交付验收和使用。

（2）符合单位工程质量竣工验收的合格标准。我国国家标准《建筑装饰装修工程质量验收标准》GB 50210—2018 对单位（子单位）工程质量验收合格作出了相应规定。

（3）单项工程达到使用条件或满足生产要求。组成单项工程的各单位工程都已竣工，单项工程按设计要求完成，民用建筑达到使用条件或工业建筑能满足生产要求，工程质量经检验合格，竣工资料整理符合规定。

（4）建设项目能满足建成投入使用或生产的各项要求。组成建设项目的全部单项工程均已完成，符合交工验收的要求，建设项目能满足使用或生产要求。

11.1.4　竣工验收的程序

工程项目进入竣工验收阶段，是一项复杂而细致的工作，项目管理的各方应加强协作配合，按竣工验收的程序依次进行，认真做好竣工验收工作。

二维码 11-4
竣工验收的程序

（1）竣工验收准备。

（2）编制竣工验收计划。

（3）组织现场验收。

（4）进行竣工结算。

（5）移交竣工资料。

（6）办理交工手续。

11.1.5　竣工验收资料

竣工资料是工程项目承包人按工程档案管理及竣工验收条件的有关规定，在工程施工过程中按时收集，认真整理，竣工验收后移交发包人汇总归档的技术与管理文件，是记录和反映工程项目实施全过程中工程技术与管理活动的档案。

二维码 11-5
《建设工程项目管理规范》
GB/T 50326—2017

竣工资料必须真实记录和反映项目管理全过程的实际，它的内容必须齐全完整。按照我国《建设工程项目管理规范》GB/T 50326—2017 的规定，竣工资料的内容应包括工程施工技术资料、工程质量保证资料、工程检验评定资料以及竣工图和规定的其他应交资料。

（1）施工技术资料。施工技术资料是建设工程施工全过程中的真实记录，是在施工全过程的各环节客观产生的工程施工技术文件，它的主要内容有：开工报告（包括复工报告）；项目经理部及人员名单、聘任文件；施工组织设计（施工方案）；图纸会审记录（纪要）；技术交底记录；设计变更通知；技术核定单；工程复核抄测记录；工程质量事故报告；工程质量事故处理记录；施工日志；建设工程施工合同，补充协议；工程竣工报告；工程竣工验收报告；工程质量保修书；工程预（结）算书；竣工项目一览表；施工项目总结等。

（2）质量保证资料。质量保证资料是建设工程施工全过程中全面反映工程质量控制和保证的依据性证明资料，应包括原材料、构配件、器具及设备等的质量证明、合格证明、进场材料试验报告等。

(3) 检验评定资料。检验评定资料是建设工程施工全过程中按照国家现行工程质量检验标准，对工程项目进行单位工程、分部工程、分项工程的划分，再由分项工程、分部工程、单位工程逐级对工程质量做出综合评定的资料。工程检验评定资料的主要内容如下：

1）施工现场质量管理检查记录。

2）检验批质量验收记录。

3）分项工程质量验收记录。

4）分部（子分部）工程质量验收记录。

5）单位（子单位）工程质量竣工验收记录。

6）单位（子单位）工程质量控制资料核查记录。

7）单位（子单位）工程安全和功能检验资料核查及主要功能抽查记录。

8）单位（子单位）工程观感质量检查记录等。

(4) 竣工图。竣工图是真实地反映建设工程竣工后实际成果的重要技术资料，是建设工程进行竣工验收的备案资料，也是建设工程进行维修、改建、扩建的主要依据。

工程竣工后有关单位应及时编制竣工图，工程竣工图应逐张加盖"竣工图"章。"竣工图"章的内容应包括：发包人、承包人、监理人等单位名称，图纸编号，编制人，审核人，负责人，编制时间等。

(5) 规定的其他应交资料：

1）施工合同约定的其他应交资料。

2）地方行政法规、技术标准已有规定的应交资料等。

11.1.6 竣工结算

工程竣工验收后，承包人应按照约定的条件向发包人提交工程竣工结算报告及完整的结算资料，报发包人确认。工程竣工结算应由承包人实施、发包人审查、双方共同确认后支付。

1. 竣工结算的编制依据

(1) 合同文件。

(2) 竣工图和工程变更文件。

(3) 有关技术资料和材料代用核准资料。

(4) 工程计价文件和工程量清单。

(5) 双方确认的有关签证和工程索赔资料。

2. 竣工结算的编制原则

(1) 具备结算条件的项目，才能编制竣工结算。

（2）应实事求是地确定竣工结算。

（3）严格遵守国家和地区的各项有关规定，严格履行合同条款。

3. 工程价款结算的方式

（1）按月结算。即实行旬末或月中预支，月中结算，竣工后清算的办法。跨年度竣工的工程，在年终进行工程盘点，办理年度结算。

（2）竣工后一次结算。即建设项目或单位工程全部建筑安装工程建设期在 12 个月以内，或者工程承包合同价值在 100 万元以下的，可实行工程价款每月月中预支，竣工后一次结算。

（3）分段结算。即当年开工，当年不能竣工的单项工程或单位工程按照工程实际进度，划分不同阶段进行结算。分段结算可以按月预支工程款。

（4）承发包双方约定的其他结算方式。

11.2　项目管理考核与评价

项目考核评价的主体应是派出项目经理的单位。项目考核评价的对象是项目经理部，其中突出对项目经理的管理工作进行考核评价。

11.2.1　考核评价的依据和方式

工期超过两年以上的大型项目，可以实行年度考核。为了加强过程控制，避免考核期过长，应当在年度考核之中加入阶段考核，阶段的划分可以按网络计划表示的工程进度计划的关键节点进行，也可以同时按自然时间划分阶段进行季度、年度考核；工程竣工验收后应预留一段时间完成整理资料、疏散人员、退还机械、清理场地、结清账目等工作，然后再对项目管理进行全面的终结性考核。

项目终结性考核的内容应包括确认阶段性考核的结果，确认项目管理的最终结果，确认该项目经理部是否具备“解体”的条件等工作。

11.2.2　考核评价的指标

1. 考核评价的定量指标

（1）工程质量指标应按《建筑装饰装修工程质量验收标准》GB 50210—2018 的具体要求和规定，进行项目的检查验收，根据验收情况评定分数。

（2）工程成本指标通常用成本降低额和成本降低率来表示。成本降低额是指工程实际成本比工程预算成本降低的绝对数额，是一个绝对评价指标；成本降低率是指工程成本降低额与工程预算成本的相对比率，是一个相对评价指标。这里的预算成本是指项目经理与承包人签订的责任成本。用成本降低率能够直观地反映成本降低的幅度，准确反映项目管理的实际效果。

（3）工期指标通常用实际工期与提前工期率来表示。实际工期是指工程项目从开工至竣工验收交付使用所经历的日历天数；工期提前量是指实际工期比合同工期提前的绝对天数，工期提前率是工期提前量与合同工期的比率。

（4）安全指标。工程项目的安全问题是工程项目实施过程中的第一要务，在许多承包单位对工程项目效果的考核要求中，都有安全一票否决的内容。按照行业标准《建筑施工安全检查标准》JGJ 59—2011 将工程安全标准分为优良、合格、不合格三个等级。具体等级是由评分计算的方式确定，评分涉及安全管理、文明工地、脚手架、基坑支护与模板工程、"三宝"和"四口"防护、施工用电、物料提升机与外用电梯、塔式起重机、起重机吊装、施工机具等项目。

2. 考核评价的定性指标

定性指标反映了项目管理的全面水平，虽然没有定量，但却应该比定量指标占有更大权数，且必须有可靠的数据，有合理可行的办法并形成分数值，以便用数据说话。主要包括下列内容：

（1）执行企业各项制度的情况。通过对项目经理部贯彻落实企业政策、制度、规定等方面的调查，评价项目经理部是否能够及时、准确、严格、持续地执行企业制度，是否有成效，能否做到令行禁止、积极配合。

（2）项目管理资料的收集、整理情况。项目管理资料是反映项目管理实施过程的基础性文件，通过考核项目管理资料的收集、整理情况，可以直观地看出工程项目管理日常工作的规范程度和完善程度。

（3）思想工作方法与效果。项目经理部是建筑企业最基层的一级组织，而且是临时性机构，它随项目的开工而组建，又因项目的完成而解体。工程项目在建设过程中，涉及的人员较多、事务复杂，要想在项目经理部开展思想政治工作既有很大难度又显得非常重要。此项指标主要考察思想政治工作是否有成效，是否适应和促进企业领导体制建设，是否提高了职工素质。

（4）发包人及用户的评价。让用户满意是市场经济体制下企业经营的基本理念，也是企业在市场竞争中取胜的根本保证。项目管理实施效果的最终评定人是发包人和用户，发包人及用户的评价是最有说服力的。发包人及用户对产品满意就是项目管理成功的表现。

（5）在项目管理中应用的新技术、新材料、新设备、新工艺的情况。

在项目管理活动中，积极主动地应用新材料、新技术、新设备、新工艺是推动建筑业发展的基础，是每一个项目管理者的基本职责。

(6) 在项目管理中采用的现代化管理方法和手段。新的管理方法与手段的应用可以极大地提高管理的效率，是否采用现代化管理方法和手段是检验管理水平高低的尺度。随着社会的发展、科技的进步，管理的方法和手段也日新月异，如果不能在项目管理中紧跟科技发展的步伐，将会成为科技社会的淘汰者。

(7) 环境保护。在工程项目实施的过程中要消耗一定的资源，同时会产生许多的建筑垃圾，产生扰人的建筑噪声。项目管理人员应提高环保意识，制定与落实有效的环保措施，减少甚至杜绝环境破坏和环境污染的发生，提高环境保护的效果。

11.3　建筑装饰产品的回访与保修

建设工程质量保修是指建设工程项目在办理竣工验收手续后，在规定的保修期限内，因勘察、设计、施工、材料等原因造成的质量缺陷，应当由施工承包单位负责维修、返工或更换，由责任单位负责赔偿损失。这里质量缺陷是指工程不符合国家或行业现行的有关技术标准、设计文件以及合同中对质量的要求等。

回访是一种产品售后服务的方式。工程项目回访广义来讲是指工程项目的设计、施工、设备及材料供应等单位，在工程交付竣工验收后，自签署工程质量保修书起一定期限内，主动去了解项目的使用情况和设计质量、施工质量、设备运行状态及用户对维修方面的要求，从而发现产品使用中的问题并及时地去处理，使建筑装饰产品能够正常地发挥其使用功能，使建筑装饰工程的质量保修工作真正地落到实处。

11.3.1　建筑装饰产品保修范围与保修期

1. 保修范围

建筑装饰工程的各个部位都应该实行保修，包括建筑装饰以及配套的电气管线、上下水管线的安装工程等项目。

2. 保修期

保修期的长短，直接关系到承包人、发包人及使用人的经济责任大小。规范规定：建筑装饰工程保修期为自竣工验收合格之日起计算，在正常使用条件下的最低保修期限。《建设工程质量管理条例》第四十条规定，在正常使用条件下，建设工程最低保修期限为：

（一）基础设施工程、房屋建筑的地基基础工程和主体结构工程，为设计文件规定的该工程的合理使用年限；

（二）屋面防水工程、有防水要求的卫生间、房间和外墙面的防渗漏，为5年；

（三）供热与供冷系统，为2个采（供）暖期、供冷期；

（四）电气管线、给（水）排水管道、设备安装和装饰工程，为2年。

其他项目的保修期限由发包方与承包方约定。

建设工程的保修期，自竣工验收合格之日起计算。

11.3.2 保修期责任与做法

1. 保修期的经济责任

（1）属于承包人的原因。由于承包人未严格按照国家现行施工及验收规范、工程质量验收标准、设计文件要求和合同约定组织施工，造成的工程质量缺陷，所产生的工程质量保修，应当由承包人负责修理并承担经济责任。

（2）属于设计人的原因。由于设计原因造成的质量缺陷，应由设计人承担经济责任。当由承包人进行修理时，其费用数额可按合同约定，通过发包人向设计人索赔，不足部分由发包人补偿。

（3）属于发包人的原因。由于发包人供应的建筑材料、构配件或设备不合格造成的工程质量缺陷；或由发包人指定的分包人造成的质量缺陷，均应由发包人自行承担经济责任。

（4）属于使用人的原因。由于使用人未经许可自行改建造成的质量缺陷，或由于使用人使用不当造成的损坏，均应由使用人自行承担经济责任。

（5）其他原因。由于地震、洪水、台风等不可抗力原因造成的损坏或非施工原因造成的事故，不属于规定的保修范围，承包人不承担经济责任。负责维修的经济责任由国家根据具体政策规定。

2. 保修做法

保修做法一般包括以下步骤：

（1）发送保修书。在工程竣工验收的同时，施工单位应向建设单位发送房屋建筑工程质量保修书。房屋建筑工程质量保修书属于工程竣工资料的范围，它是承包人对工程质量保修的承诺。其内容主要包括：保修范围和内容、保修时间、保修责任、保修费用等。具体格式见建设部等2000年8月联合发布的《房屋建筑工程质量保修书（示范文本）》。

二维码 11-6
工程质量保修通知书

（2）填写工程质量修理通知书。在保修期内，工程项目出现质量问题影响使用，使用人应填写工程质量修理通知书告知承包人，注明质量问题及部位、联系维修方式，要求承包人派人前往检查修理。修理通知书发出日期为约定起始日期，承包人应在 7 天内派出人员执行保修任务。

（3）实施保修服务。承包人接到工程质量修理通知书后，必须尽快派人前往检查，并会同有关单位和人员共同做出鉴定，提出修理方案，明确经济责任，组织人力、物力进行修理，履行工程质量保修的承诺。

（4）验收。承包人将发生的质量问题处理完毕后，要在保修证书的保修记录栏内做好记录，并经建设单位验收签认，以表示修理工作完结。涉及结构安全问题的应当报当地建设行政主管部门备案。涉及经济责任为其他人的，应尽快办理。

11.3.3　回访工作

1. 回访工作计划

工程交工验收后，承包人应该将回访工作纳入企业日常工作之中，及时编制回访工作计划，做到有计划、有组织、有步骤地对每项已交付使用的工程项目主动进行回访，收集反馈信息，及时处理保修问题。回访工作计划要具体实用，不能流于形式。

二维码 11-7
回访工作计划

2. 回访工作记录

每一次回访工作结束以后，回访保修的执行单位都应填写回访工作记录。回访工作记录主要内容包括：参与回访人员；回访发现的质量问题；发包人或使用人的意见；对质量问题的处理意见等。在全部回访工作结束后，应编写回访服务报告，全面总结回访工作的经验和教训。回访服务报告的内容应包括：回访建设单位和工程项目的概况；使用单位或用户对交工工程的意见；对回访工作的分析和总结；提出质量改进的措施对策等。回访归口主管部门应依据回访记录对回访服务的实施效果进行检查验证。

二维码 11-8
回访工作记录

3. 回访的工作方式

（1）例行性回访。根据回访年度工作计划的安排，对已交付竣工验收并在保修期内的工程，统一组织例行性回访，收集用户对工程质量的意见。回访可用电话询问、召开座谈会以及登门拜访等行之有效的方式，一般半年或一年进行一次。

（2）季节性回访。主要是针对随季节变化容易产生质量问题的工程部位进行回访，所以这种回访具有季节性特点，如雨期回访基础工程、屋面工程和墙面工程的防水及渗漏情况，冬期回访供暖系统的使用情况，夏季回访通风空调工程等。了解有无施工质量缺陷或使用不当造成的损坏等问题，发现问题立即采取有效措施，及时加以解决。

（3）技术性回访。主要了解在工程施工过程中所采用的新材料、新技术、新工艺、新设备等的技术性能和使用后的效果，以及设备安装后的技术状态，从用户那里获取使用后的第一手资料，发现问题及时补救和解决，这样也便于总结经验和教训，为进一步完善和推广创造条件。

（4）特殊性回访。主要是对一些特殊工程、重点工程或有影响的工程进行专访，由于工程的特殊性，可将服务工作往前延伸，包括交工前的访问和交工后的回访，可以定期也可以不定期进行，目的是要听取发包人或使用人的合理化意见或建议，及时解决出现的质量问题，不断积累特殊工程施工及管理经验。

单元小结

建筑装饰工程收尾管理包括：竣工验收阶段管理、项目管理考核评价和建筑装饰产品回访与保修。

竣工验收是承包人向发包人交付项目产品的过程，是工程项目建设环节的最后一道程序，是承包人按照施工合同约定，完成设计文件和施工图纸规定的工程内容，由发包人组织竣工验收及工程移交的过程。

项目管理考核评价是对工程项目管理绩效的分析和评定，是对项目实施过程、实施结果和实施效果进行的评估和考核，是项目管理中重要的一环。

产品回访与保修是保障工程项目质量、服务质量和用户满意度的重要环节，是我国法律规定的基本制度。在工程保修期内，企业应认真履行保修责任，及时处理工程问题，以保障工程项目的安全、稳定和可靠性。

复习思考题

1. 简述竣工验收的概念。
2. 竣工验收的方式包括哪几种？
3. 竣工验收必须满足什么条件？
4. 竣工验收的程序有哪些？
5. 竣工资料主要有哪些内容？
6. 编制竣工结算的依据是什么？
7. 工程价款的结算方式有哪几种？

二维码 11-9
复习思考题答案

8. 项目管理考核评价的主体和对象是什么?

9. 项目管理考核评价的方式是什么?

10. 在正常使用条件下，建筑装饰工程的最低保修期限有哪些规定?

11. 简述工程项目保修期的经济责任。

12. 回访工作的方式有哪几种?

世界职业院校技能大赛建筑装饰数字化施工赛项模拟赛题

一、单项选择题（每题 1 分，每题的备选项中只有 1 个最符合题意）

1. 建设单位组织竣工验收，对不符合民用建筑节能强制性标准的，不得出具（　　）报告。

A. 竣工验收合格　　B. 建筑节能合格

C. 建筑节能达标　　D. 能耗验收合格

2. 关于建设工程返修的说法，正确的是（　　）。

A. 施工企业只对自己原因造成的质量问题负责返修，费用由建设单位承担

B. 施工企业对所有的质量问题均应当负责返修，费用由建设单位承担

C. 施工企业对非自己原因造成的质量问题负责返修，费用由责任人承担

D. 施工企业只对竣工验收时发现的质量问题负责返修并承担费用

3. 某基础设施工程未经竣工验收，建设单位擅自提前使用，2 年后发现该工程出现质量问题。关于该工程质量责任的说法，正确的是（　　）。

A. 设计文件中该工程的合理使用年限内，施工企业应当承担质量责任

B. 超过 2 年保修期后，施工企业不承担保修责任

C. 由于建设单位提前使用，施工企业不需要承担质量责任

D. 施工企业是否承担质量责任，取决于建设单位是否已经全额支付工程款

4. 根据《建设工程质量管理条例》，建设工程竣工后，组织建设工程竣工验收的主体是（　　）。

A. 建设行政主管部门　　B. 建设单位

C. 工程质量监督站　　D. 施工企业

5. 关于建设工程返修的说法，正确的是（　　）。

A. 建设工程返修不包括竣工验收不合格的情形

B. 对竣工验收不合格的建设工程，若非施工企业原因造成的，施工

企业不负责返修

C. 对施工中出现质量问题的建设工程，无论是否是施工企业原因造成的，施工企业都应负责返修

D. 对竣工验收不合格的建设工程，若是施工企业原因造成的，施工企业负责有偿返修

二、多项选择题（每题 2 分。每题的备选项中，有 2 个或 2 个以上符合题意，至少有 1 个错项。错选，本题不得分；少选，所选的每个选项得 0.5 分）

1. 建设工程竣工验收应当具备的条件有（　　）。

A. 已经办理工程竣工资料归档手续

B. 有完整的技术档案和施工管理资料

C. 有施工企业签署的工程保修书

D. 有工程使用的主要建筑材料的进场试验报告

E. 有勘察、设计、施工、工程监理等单位分别签署的质量合格文件

2. 根据《最高人民法院关于审理建设工程施工合同纠纷案件适用法律问题的解释》，当事人对确定建设工程实际竣工日期的下列说法，正确的有（　　）。

A. 建设工程整改后竣工验收合格的，以提交竣工验收申请报告的日期为竣工日期

B. 建设工程竣工验收合格的，以竣工验收合格之日为竣工日期

C. 承包人已经提交工验报告，发包人拖延验收的，以承包人提交验收报告之日为竣工日期

D. 建设工程未经竣工验收，发包人擅自使用的，以工程完工日期为竣工日期

E. 建设工程未经竣工验收，发包人擅自使用的，以转移占有建设工程之日为竣工日期

3. 关于工程保修期的说法，正确的有（　　）。

A. 基础设施工程的保修期为设计文件规定的该工程合理使用年限

B. 屋面防水工程的保修期为 4 年

C. 建设工程保修期的起始日是提交竣工验收报告之日

D. 保修期结束后，返还质量保证金

E. 在保修期内，施工企业一直负有维修保修义务

4. 关于工程建设缺陷责任期的说法，正确的有（　　）。

A. 缺陷责任期一般为 6 个月、12 个月或 24 个月

B. 缺陷责任期从承包人提交竣工验收报告之日起计

C. 缺陷责任期从工程通过竣工验收之日起计

D. 发包人原因导致竣工延迟的，在承包人提交竣工验收报告后 60 天后，工程自动进入缺陷责任期

E. 承包人原因导致竣工延迟的，缺陷责任期从实际通过竣工验收之日起计

5. 建设单位因急于投产，擅自使用了未经竣工验收的工程。使用过程中，建设单位发现该工程主体结构出现质量缺陷，遂以质量不符合约定为由将施工单位诉至人民法院。关于该合同纠纷的说法，正确的有（　　）。

二维码 11-10
模拟赛题答案

A. 由于建设单位擅自提前使用，施工单位不需要承担保修责任

B. 施工单位是否承担保修责任，取决于建设单位是否已经足额支付工程款

C. 承包人应当在建设工程的合理使用寿命内对地基基础和主体结构质量承担民事责任

二维码 11-11
模拟赛题答案解析

D. 主体结构的最低保修期限应是 50 年，施工单位需要承担保修责任

E. 主体结构的最低保修期限是设计文件规定的合理使用年限，施工单位应当承担保修责任

参考文献

[1] 张春霞，王松．建筑装饰工程项目管理[M]. 北京：中国建筑工业出版社，2021.

[2] 危道军．建筑装饰施工组织与管理[M]. 北京：化学工业出版社，2020.

[3] 袁景翔，张翔．建筑装饰施工组织与管理[M]. 北京：机械工业出版社，2017.

[4] 徐运明，陈梦琦．建筑施工组织[M]. 长沙：中南大学出版社，2022.

[5] 陆俊．建筑装饰工程施工组织与管理[M]. 北京：北京大学出版社，2008.

[6] 中国建设教育协会继续教育委员会．质量员（装饰方向）岗位知识[M]. 北京：中国建筑工业出版社，2021.

[7] 朱吉顶．施工员岗位知识与专业技能（装饰方向）[M].3 版．北京：中国建筑工业出版社，2023.

[8] 项建国．建筑工程项目管理[M]. 北京：中国建筑工业出版社，2005.

[9] 全国二级建造师执业资格考试用书编委会．建设工程管理[M]. 北京：中国建筑工业出版社，2014.

[10] 刘旭灵，陈博．建设工程招标投标与合同管理[M]. 长沙：中南大学出版社，2022.

[11] 李凡，黄嘉骏，徐运明．建筑工程质量与安全管理[M]. 长沙：中南大学出版社，2023.

图书在版编目（CIP）数据

建筑装饰工程施工组织与管理 / 张翠竹主编；陈梦琦，胡望，徐运明副主编 . -- 北京：中国建筑工业出版社，2024. 6. --（住房和城乡建设部“十四五”规划教材）（高等职业教育建筑与规划类专业“十四五”数字化新形态教材）. -- ISBN 978-7-112-29967-6

Ⅰ. TU721；TU767

中国国家版本馆 CIP 数据核字第 2024140Q2Y 号

本书以培养专业的建筑装饰行业应用型人才为目标，结合建筑装饰工程的国家教学标准与最新规范，由校企联合编写，系统阐述了建筑装饰工程施工组织与管理的目标与内容。本书共计 11 个单元，包括概述、建筑装饰工程施工准备工作、横道图进度计划、网络计划技术、建筑装饰工程施工组织设计、建筑装饰工程施工成本管理、建筑装饰工程施工进度管理、建筑装饰工程施工质量管理、施工职业健康安全与环境管理、建筑装饰工程施工合同管理、建筑装饰工程收尾管理等内容。本书采用全新体例编写，各单元的二维码链接内附有大量工程案例、微课视频、知识链接、延伸思考等内容。每个单元后附有案例分析和大量练习题内容，直接对接职业岗位培训考核内容与职业院校技能大赛“建筑装饰数字化施工”的竞赛内容。

本书兼顾职业院校教学与专业技能培养，既可以作为建筑装饰工程技术、建筑室内设计等专业教学教材，也可以作为土建施工及工程管理职业资格考试的培训用书。

为了更好地支持本课程的教学，我们向使用本书的教师免费提供教学课件，有需要者请与出版社联系，邮箱：jckj@cabp.com.cn，电话：（010）58337285，建工书院 http：//edu.cabplink.com。

责任编辑：杨　虹　周　觅
文字编辑：马永伟
责任校对：张惠雯

住房和城乡建设部“十四五”规划教材
高等职业教育建筑与规划类专业“十四五”数字化新形态教材
建筑装饰工程施工组织与管理
主　编　张翠竹
副主编　陈梦琦　胡　望　徐运明
主　审　蒋梓明
*
中国建筑工业出版社出版、发行（北京海淀三里河路 9 号）
各地新华书店、建筑书店经销
北京雅盈中佳图文设计公司制版
北京盛通印刷股份有限公司印刷
*
开本：787 毫米 ×1092 毫米　1/16　印张：$17^1/_4$　字数：328 千字
2024 年 8 月第一版　2024 年 8 月第一次印刷
定价：**56.00** 元（赠教师课件）
ISBN 978-7-112-29967-6
（43037）